建筑工程 EPC
供应链采购管理
理论与实践

The Theory and Practice of EPC Supply Chain
Procurement Management in Building Engineering

熊启全　王红春　著

中国建筑工业出版社

图书在版编目（CIP）数据

建筑工程 EPC 供应链采购管理理论与实践 = The Theory and Practice of EPC Supply Chain Procurement Management in Building Engineering / 熊启全，王红春著 . -- 北京：中国建筑工业出版社，2025. 3. -- ISBN 978-7-112-30950-4

Ⅰ. TU712

中国国家版本馆 CIP 数据核字第 20259LM086 号

责任编辑：张智芊
责任校对：赵　力

建筑工程EPC供应链采购管理理论与实践
The Theory and Practice of EPC Supply Chain Procurement Management in Building Engineering
熊启全　王红春　著

*

中国建筑工业出版社出版、发行（北京海淀三里河路 9 号）
各地新华书店、建筑书店经销
北京锋尚制版有限公司制版
北京同文印刷有限责任公司印刷

*

开本：787 毫米×1092 毫米　1/16　印张：16　字数：329 千字
2025 年 2 月第一版　　2025 年 2 月第一次印刷
定价：**68.00** 元
ISBN 978-7-112-30950-4
（43865）

序言

20世纪80年代实行改革开放后，我国从发达国家引入了一套建筑工程管理制度——菲迪克合同指南（FIDIC），其中广泛使用的一种工程管理模式叫“施工总承包”。采用这种工程管理模式后，大型或特大型、复杂工程的业主或开发商通常会聘请专业咨询公司编制《项目技术规范》《标书图纸》《工程量清单》和《施工合同条件》，由于每个工程项目建造（产品生产）是在不同的环境、条件下实施的，建造过程中必定会使用大量设备、筛选各种材料，采购部品所需的生产期、运输期、现场施工工期，建筑产品质量，调试验收，工程造价确认（决算），工程投产运维等问题或矛盾，业主将这些责任施加在建筑企业身上，寄希望承建方通过加强施工现场管理力度来解决这些问题。而现实条件是施工图设计是由业主聘请设计院提供的，其设计深度通常达不到住房和城乡建设部《建筑工程设计文件编制深度规定》的要求，业主聘用审图公司的审查重点往往也仅是设计文件是否存在违背国家强制性规范问题，所以，不论是国内还是海外设计院提供的施工图往往达不到指导施工的深度需求。面对这样的问题，成熟的建筑企业即便是业主不支付设计费，也会主动完成所谓的“施工图深化设计”，因为这些成熟的建筑企业非常清楚施工图及施工图深化设计过程，就是每个项目所涉及的设备费、材料费、人工费、管理费、税费、施工装备购买或租用等的询价、测算过程，即项目建造成本的复核过程。项目承包商为了避免项目亏损，做到心中有数，即使自掏腰包也要做好施工图设计。

建筑企业的经营行为在世贸组织（WTO）中的定义是“服务贸易（Service Trade）”的提供者，建筑企业提供业主所需的“服务”，即根据业主需要（合同约定）组织社会资源为业主定制一款建筑产品（房屋或其他），建筑企业通过上述服务获利的正常途径是“卖价与买价的正差价”，可是建筑企业与业主签署的合同在先，即先确定了建筑产品的卖价，中标后建筑企业再与下家（供应商、制造商、分包商）确定买价，通常建筑工程的设计、主材和主要设备的选择是业主方决定的，有的甚至是由业主采购的（即“甲供”），施工企业未被业主授予设计管理权限，为了保证项目不出现亏损（买价高于卖价），建筑企业不得不采取“设计优化”“同类产品替换”等举措来减少自己的亏损额，从而在产品的品质、工程工期、付款（造价）等方面与业主扯皮不断。现实中“施工总承包”的“总”是落不了地的，因为每个建筑物的生产过程是在不同环境条件下的履约过程，仅靠加强施工现场管理是解决不了工程前期设计中就存在的诸多问题，也无法解决建筑企业的“买价高于卖价的负差价”问题。在这样的前提条件下的生产过程必然会导致工程项目的业主方与建筑企业间矛盾重重、纠纷不断，一些承包商只好通过寻找、编制各种理由向业主进行索赔，有的甚至通过中止施工等手段迫使业主在工期、结算价等方面给予让步，双方的决策者只好用“拍脑袋打折”等方式来协调，再达不成一致就对簿公堂。

自20世纪70年代起参加国内工程项目建设，20世纪80年代作为中国第一批走出国门尝试国际工程总承包、参与国际建筑市场角逐的一名工程师，我不仅深刻地体验到国际建筑市场竞争的残酷性，还深入了解、学习发达国家建筑企业的技术标准、世界著名建筑企业的管理体系、项目管理实操运作等经验。在海外曾作为工程总包商代表管理过德国大型建筑公司（分包）；20世纪末，我曾赴日本最大的建筑企业调研其管理架构设置、项目管理及运行体系、工期及造价管控等；在国内，我经过建筑企业集团总部6个主要业务部门正职岗位的历练，还全程与日本某著名建筑公司联合总包过外资在青岛投资的大型工建项目，通过上述工程管理实践，我不仅了解了发达国家的工程管理理念、工程建造相关各方责任体系的划分，以及工程项目管理的实操技能，这些知识体系的积累还使我在上海环球金融中心（SWFC）施工图设计阶段就考虑到采购、施工以及运维等环节，特别是EPC 总承包企业（项目部）如何构建设计管理体系，采购方式及供应商管理体系的重塑，协调全球优质专业资源围绕大厦的功能提升、品质提升、工期缩短和低成本运维等需求进行创新。SWFC 是我国建筑企业在国内承接（创新）的第一个采用国际工程总承包管理模式建造的超高层建筑，由于当时中国尚无工程总承包的相关法规，应业主要求中标后，我们把发包时的“施工总承包”变更为“工程总承包”（签约时的合同额较“中标通知书”增加了3.7倍)。作为SWFC 总承包联合体项目部总经理，尽管我曾经历多个海内外大型、特大型工程总承包项目的历练，但是，在中国环境下要采用国际工程管理模式建造摩天大厦仍是个巨大的挑战。SWFC业主要求总承包商必须选择业主筛选的“全球最优秀的”设备或材料供应商作为总包的指定分包(NSC)，合同还约定工程总承包商要承担全部专业施工图设计(完善)及深化设计的协调管理责任，组织CWD的编制。过去中国的施工设计文件中从无编制CWD的先例，经历了长达7个月两次探索失败后，我们才理解CWD的编制相当于在图纸上模拟施工作业全过程，发现并解决所有设计或施工中可能遇到的空间关系等问题后才开始施工作业。编制CWD 可有效地避免施工现场常见的设计修改、返工、拆改等问题。为此，我们高价寻找了一群既有丰富施工图设计经验，又熟悉国家规范和现场作业流程的设计师(工程师)，先后完成了4000多张CWD(combined working drawing)编制，尽管SWFC中标合同中仅含60万元人民币的“施工图深化设计费”，我们不惜承担了约3800万元人民币的设计图完善及施工图深化设计费的差额(亏损)，实践证明CWD 的确起到了确保工程优质、快速的作用。在工程总承包项目管理团队的引领下，我们用被全球同行称作“绝对工期”的42个月时间就完成了492米高、建筑面积达38.16万平方米摩天大厦的建造(建成时刷新了两项世界超高层建筑的高度纪录)。我们不仅确保了合同约定的工期与品质等目标得以实现，还得到了业主的巨额经济奖励和社会同行的高度赞扬。

任何一个建筑企业的管理重心都应该是一个个与业主签约的建造项目，建筑企业的收入或利润源头都在项目上，而亏损原因也大多是项目管理失控，导致工程款入不敷出所致。本书作者大学毕业后就进入一家大型建筑企业，从一个专业工程师起步，三十多年的钻研、实践、摸索，使作者成长为一个深刻理解工程建造项目管理要义、熟悉工程项目建造技术规范、能够掌控建筑产品品质、施工速度和建造成本等全过程管理的、不可多得的优秀项目经理。作者反思了自己掌控的不同建筑产品生产过程(项目管理)中的切身体会，认为建筑企业要想顺利实现合同约定的建筑物品质、工期、造价等多项目标，就必须首先解决好设计管理问题。长久以来国内建筑企业一直把施工技术的研究、缩短建造工期作为自己的首要目标，在建造技术、速度等方面取得了巨大的成就，但在履行自己“工程建造管理服务商”职责方面，仍然存在设计管控能力不足、工程采购体系或手段原始等问题。作者通过研究国际供应链管理的理论发展过程，以及建筑物建造管理体系中采购管理体系的变革，结合2019年我国开始在房屋建筑及市政基础设施领域推行EPC 管理模式的需求，给建筑企业（总承包商）在采用EPC（设计-采购-施工）工程管理中，应该如何利用自身经验形成设计优化、施工图深化等方面的竞争优势提出建议。

2011年应中信集团邀请我加入中信，组建了中信大厦（中国尊）建造管理团队——中信和业投资有限公司。我们利用国际成熟的工程管理理念、采集全球已建成及在建超高层建筑建造经验和教训，结合中国国情建立了一套全新的EPCO（即设计、采购、施工、运维一体化）管理体系。中国尊的建造共聘请了5 个设计公司，2个总承包商，94个顾问公司（其中44个专业顾问公司、24个设计及施工顾问公司、21个造价及品质顾问公司、5个大厦运维顾问公司），筛选和协调了400多家制造商、供应商、分包商。通过对国内外工程管理体系的研究，中国尊的管理团队站在业主（开发商）角度深度剖析各种矛盾后发现，超高层建造涉及大厦品质、使用功能、建筑物性价比、开发期、施工工期、专业分包造价控制等多方面难题，但其中最大的难题是项目设计管理体系和运行规则的建立（即EPCO中的E）。总结过往教训，我们清晰地看到由多个设计或施工企业完成的“工程方案设计与施工图设计”“施工图设计与施工图深化设计”之间存在两条“鸿沟”，这两条“鸿沟”严重地影响了设计质量、工程进度和建造成本。为了填平这两条“鸿沟”，我们编制了《中国尊咨询服务招标采购管理办法》，解决了众多咨询服务项目的选择与协调管理问题。同时，我们选择有经验的专业分包和厂商的工程师作为设计顾问，提前参与施工图设计，通过构建科学的采购管理体系，有效地解决了设计管理难题。另外，工程尚未开建我们就确定了项目质量对标标准、建造周期和建安费总价的控制目标，通过分阶段核查上述三个目标，发现偏离就立即要求设计方、供货方、总承包商或专业分包纠偏，这些举措为实现中国尊建造“极高品质、超高速度、高性价比、低运维成本”打下了坚实的基础。

本书作者深度思考了当前中国建筑企业从“施工总承包商”向“工程总承包商”转变中必须解决的重大课题，指出过去几十年中国的工程设计、采购、施工、运维责任由多个经济实体（企业）分别承担，相互隔离的弊端已经非常严重地影响了中国建筑业的发展。作者认为，工程设计资源的选择与管理仍然是一个建筑企业急需解决的课题，将供应链理论与建筑行业现状相结合，提高管理绩效，这是建筑行业广大同仁都需要研究的课题。本书从供应链理论的源头到供应链构建最佳实践的传播，并结合中国建筑行业现状，详细地阐述了建筑企业应该如何通过采购管理体系的变革，提升建筑企业的核心竞争力，特别是针对设计资源的积累与有效管理，采购管理体系建立的重要性思考具有很高的参考价值。书中有关建筑行业供应链管理理论与实践的论述，为建筑企业提高总体管理绩效，工程项目降本增效提供了解决方案。EPC 条件下总承包商应对建筑产品的生产过程及建筑物的低成本运维负责，不断提升建筑产品的性价比，既是市场的客观需求，也是未来建筑企业不遗余力努力的方向。

作者认为在日本等国家有成千上万的小型企业，他们世代经营、传承，通过几代人的努力形成有独特的特色产品和专利技术，其背后最重要的原因是他们的产品质量获得了极好的“口碑”，从而拥有了长期、稳定的客户群。这些小企业只要专注于产品性价比，提供优质的服务，就能长期生存和发展。如果每一次投标都要经营复杂的人际关系，品质要求不明，相继压价（最低价中标原则），优秀供应商的产生与世代传承是很困难的。只有改变传统的采购与供应商管理体系和运作方式，才能形成健康的建筑产品生产的产业链等论点切中时弊，值得建筑企业的决策者思考。作者的论据、论点、案例和建议给我们提供了价值极高的思考导向，欢迎建筑行业的有识之士参与研究、讨论，共同为加速中国建筑行业的高质量发展献计献策。

中国建筑股份有限公司原总工程师
上海环球金融中心总承包联合体项目总经理
北京中信大厦（中国尊）开发、建造操盘手

前言

始于2016年的新一轮建筑行业改革，极大地调动了行业同仁实现高质量发展的积极性，特别是2019年《房屋建筑和市政基础设施项目工程总承包管理办法》公布实施，使业主通过明确责任，得到优质的产品，承包商通过设计–采购–施工一体化（EPC）提高管理效率成为可能，施工企业在实践过程中，逐渐认识到建筑工程EPC，设计管理是核心并贯穿始终。在设计管理落地环节，专项咨询顾问、专业供应商如何参与专项工程的优化、深化并充分发挥价值工程的作用，是一个关键问题。在这个环节，缺少系统、完整的理论体系指导，甚至一些传统的采购理念正在阻碍工程总承包管理的实施；行业亦缺少供应商集成管理的经验和传统；目前，建筑工程总承包商已充分认识到采购对项目整体绩效的重要性，提出“采购引导设计、采购指导施工、采购保障质量、采购控制进度、采购提升效益”理念，一些走在行业前列的大型央企正在变革采购与供应商管理模式，探索通过优化采购管理，利用供应商集成管理的优势，提高项目管理的整体绩效，甚至在个别产品线形成企业的核心竞争力。而这正是供应链管理理论的重要内容，过去三十年是供应链的最佳实践与传播时期，从大批量向小批量，从制造业到其他行业，但供应链理论与我国建筑工程管理的有机结合，是建筑行业改革提出的新课题。

本书论述供应链的起源、演变过程，及其在大批量生产制造业的最佳绩效；一些看似与采购无关的精益生产，其实现的途径必须有庞大的供应商协同配合；理解跨部门合作、跨企业合作的必要性，要深入精益生产的方方面面，共同绩效的提高才能成就总装厂的高效率。将部件“准时”送到总装生产线是丰田及其分包商共同努力的结果。“维护好上游质量”这种理念自然延伸到了工厂与供应商关系中。在建筑工程领域，专项工程高性价比的产品与服务，一定也是工程总承包与供应商高度协作的结果。

要解决实践领域的管理问题，必须从行业现状出发，过去二十多年的行业高速发展，所推行的“施工承包”模式，造成建筑师与供应商，承包商与供应商的相互关系在认知上是有偏差的，导致管理关系的协调及效率的提高受到阻碍。我们提出了行业“水土流失”现象及治理方案，帮助企业从“小采购”到“大采购”的变革中实现设计管理水平落地，这是建筑工程管理提升的必然路径。

论述基于建筑工程管理现状的供应链管理理论与实践是一个难题，一方面，建筑行业是小批量生产，而且是订单生产，按合同约定的地点、时间定制加工，但是建筑企业在某一地区是有生产规模的，对供应商是有批量要求的；另一方面，脱离设计环节以及价值工程，供应商集成管理的绩效很难体现，供应链管理的价值也说不清楚。而恰恰在过去几十年，建筑工程管理领域设计、采购、施工、运维各自独立，想实现互联互通却远隔千山万水，这其中有制度性的“山”，也有根植于大学教育知识体系和实践领域的认知惯性。幸运的是，这一轮行业改革，聚焦于设计、采购、施工、运维一体化，并通过EPC工程总承包，建筑工程供应链管理与实践正逢其时，如何通过变革供应商的管理来提高承包商的企业管理效率和市场竞争力，可以借鉴供应链管理在其他行业的最佳实践，这是本书的初衷。由于作者阅历粗浅，水平有限，只当抛砖引玉，欢迎行业同仁批评指正。

行业高质量发展是大家关心的话题，在管理实践中离不开系统的理论体系指导，更需要在实践中检验、总结提升。为了解决设计管理问题，2020年我们出版了《建筑工程深化设计管理理论与实践》，在随后的项目管理调研中发现采购管理观念和方式严重地阻碍设计管理的实施，因此历时三年的学习与总结，形成《建筑工程EPC供应链采购管理理论与实践》，希望为施工企业变革采购管理、提高管理效率和市场竞争力尽一份力，同时希望为参与建筑工程管理政策制定、咨询服务的领导、专家和从业者提供一个理解采购管理的视角，供大家在行业高质量发展的路上思考采购的价值和功能。

供应链理论的学习与本书成稿得到供应链管理专家刘宝红老师的指导，本书部分章节亦参考刘宝红老师的讲课内容，感谢刘老师将供应链概念及最佳实践讲得通俗易懂。感谢日本清水建设中国区采购负责人王军先生，钢结构设计师唐墩洲先生，建筑设计师彭刚先生，几次日本之行对日本设计、科研机构、建筑公司、众多供应商、建筑工程项目的考察，对作者认识供应商管理方式在设计、采购、施工、运维中的作用产生重要影响。本书成稿秦子文、王学利、李佳毅、韩宇波在收集资料方面，北京建筑大学王红春教授课题组研究生林彩凤、何心怡、周子祥、高筱玉、尹海月在内容撰写、案例补充等方面做了大量工作，责任编辑张智芊为本书编辑尽心尽力，在此一并致谢！

目录

第1章

供应链理论与实践

▶▶ **导读**

在全球化的浪潮中，更多行业的资源配置方式正经历着翻天覆地的变化，企业间的合作日益频繁，全球采购成为常态；同时，越来越多的国家和企业通过自身的比较优势参与全球化的市场竞争。回望过去百年，企业生产资源的组织模式逐渐由纵向一体化转向横向一体化，这种转变促进了跨企业间的协作，使得产品研发、生产、销售等环节更加高效地协同进行。供应链管理的实践逐步在不断发展中被优化和完善，已经凝练出了成熟的供应链管理理论。供应链管理最初在汽车行业得到应用，并逐步向其他行业扩展，包括建筑工程总承包管理领域。

1.1 供应链管理概述

1.1.1 供应链的概念

“供应链”的概念最早来源于20世纪80年代迈克尔·波特提出的价值链，但由于许多国内外学者研究供应链的角度不同，因此，供应链的概念目前并未形成统一共识。

在国外，美国供应链协会认为：“供应链是包括从供应商的供应商到顾客的顾客之间，所有对产品的生产与配销之相关活动流程。”美国供应链专家Handfield & Niches认为：“供应链包括了从原材料阶段一直到最终产品送到最终顾客手中与物品流动以及伴随的信息流动有关的所有活动。”Stevens认为：“供应链是通过价值增值过程和分销渠道控制从供应商到用户流，它始于供应的源点，终于消费的终点。”Harrison认为：“供应链是执行采购原材料，将它们转换为中间产品和成品，并且将成品销售到用户的功能网链。”《英汉物流管理大辞典》认为：“供应链是产品从生产者到消费者的整个流通过程，供应链亦称销售链，如果强调客户则称需求链。”

国内学者对供应链的认识也不尽相同。陈国权认为：“供应链是企业从原料和零部件采购、运输、加工制造、分销直至最终送到顾客手中的这一过程被看成是一个环环相扣的链条。”蓝伯雄认为：“供应链是原材料供应商、零部件供应商、生产商、分销商、零售商、运输商等一系列企业组成的价值增值链。”2001年发布的《物流术语》GB/T 18354—2001中对供应链的定义是：“生产及流通过程中，涉及将产品或服务提供给最终用户活动的上游与下游企业，所形成的网链结构。”

供应链概念的发展经历了从制造企业内部过程到涵盖外部合作伙伴的扩展。现代供应链的概念更加强调以核心企业为中心的网链关系，包括与供应商、分销商、零售商以及最终用户的连接。我国著名学者马士华在其著作《供应链管理》中认为：“供应链是围绕核心企业，通过对信息流、物流、资金流的控制，从采购原材料开始，制成中间产品以及最终产品，最后由销售网络把产品送到消费者手中的将供应商、制造商、分销商、零售商、直到最终用户连成一个整体的功能网链结构模式。”供应链是一个动态的生态系统，它描述了从商品需求的识别到生产过程，再到最终供应的连续流动。在这个生态系统中，供应商、制造商、分销商、零售商和消费者构成了一个相互依存的网络，通过采购、生产、运输、存储和销售等关键活动相互连接。供应链的概念注重围绕核心企业的网链关系，每一个企业在供应链中都是一个节点，节点企业之间是一种需求与供应关系。对于核心企业而言，供应链是连接其供应商、供应商的供应商以及客户、最终用户的网链。企业开展供应链始于运输管理方面，后又延伸至入库、最终产品库存、物料处理、包装、客户服务、采购和原材料等方面。在供应链中，除了物流、资金流和信息流之外，最重要的是增值流。在供应链上流动的资源和信息都应是一个不断增值的过程，因此，供应链的本质是增值链。

1.1.2 供应链的特征与类型

供应链将企业的生产活动进行了前伸和后延。供应链通过计划、生产、存储、分销、服务等一系列活动，在供应商和顾客之间形成一种衔接，从而使企业满足内外部顾客的需求。供应链主要具有以下特征：

（1）增值性

供应链的特点首先表现为它是一个高度一体化的提供产品和服务的增值过程。所有的生产运营都是将资源进行转换和组合，增加适当的价值，然后把产品分送到顾客手中。制造业通过物理形态的转变实现产品的增值；物流系统通过重新分布产品、服务和顾客，在分送过程中通过重新包装或分割尺寸，以及在销售点集中展示多种产品来增加价值。信息供应商则通过组织和提供定制化数据，满足顾客需求，推动价值创造。供应链时代的竞争是建立在高水平的、紧密的战略发展规划之上的，这要求供应链各方共同讨论战略目标、实现方法和手段，以提高整体绩效，实现共赢和增值。

（2）复杂性

供应链由具有不同目标的成员和组织构成，形成了一个复杂的网链结构。寻找特定企业的最佳供应链战略面临巨大挑战，因为即使需求预测准确，计划过程中仍需考虑季节波动、趋势变化、广告促销和竞争者定价策略等因素引起的需求和成本变化。这些随时间变化的需求和成本参数增加了供应链管理的复杂性。供应链同时具有物流、信息流和资金流三种表现形态，因而也增加了对其进行管理的复杂性。

（3）动态性

由于市场环境的不断演变和复杂性，供应链中的企业必须进行持续的动态调整和更新，以确保能够灵活应对外部变化，并追求整个供应链的最优化。此外，著名的“牛鞭效应”揭示了供应链中各节点企业之间的动力机制，可能导致决策失误、准确性下降和不确定性增强，这种影响沿着供应链向上游移动并逐渐增大。

（4）交叉性

供应链的节点企业可能为多个供应链上的节点企业提供产品服务，形成了众多供应链相互交叉的特征。例如，有一家汽车制造商A，它需要从不同的供应商那里获取各种零部件。供应商B提供发动机，供应商C提供轮胎，而供应商D提供电子设备；同时，供应商B不仅为制造商A提供发动机，还可能为其他汽车制造商E和F提供发动机。同样，供应商C和D也可能为其他行业的企业，如自行车制造商G和家电制造商H，提供他们的产品。像这样的节点企业经常处于几个不同的供应链中，它既是这个供应链的成员，又是另一个供应链的成员，从而使不同的供应链通过节点企业连接起来，形成相互交叉的网络结构。

（5）面向用户需求

提升顾客满意度是供应链全体成员的共同目标，顾客满意的实质是顾客获得超出他们承担的产品价格以上的那部分“价值”，供应链可以使得这部分“价值”升值。例如，供应链中的供应商与制造商、制造商与销售商之间建立的战略合作伙伴关系，使得供应商可以将原料或配件直接送给制造商，而制造商又可以直接将产品运送给销售商。这种直接的供应链流程减少了传统采购和销售环节，从而大幅降低了相关成本。随着物流环节的减少，包装和管理等成本也随之降低，使得供应链能以更低的价格向客户提供优质产品。此外，供应链还可通过改善产品质量、提高服务水平、增加服务承诺等措施来增大顾客所期待的那部分“价值”，从而提高顾客满意度。

供应链的类型是指供应链中网络结构所决定的节点企业之间的关系，以及供应链与外界作用的模式。供应链的类型根据不同的划分标准，可将供应链划分为以下几种类型：

（1）内部供应链和外部供应链

供应链可根据其作用范围划分为内部供应链和外部供应链。内部供应链是指企业内部产品生产和流通过程中所涉及的采购部门、生产部门、仓储部门、销售部门等组成的供需网络。外部供应链则是指企业外部的，与企业相关的产品生产和流通过程中涉及的原材料供应商、生产厂商、储运商、零售商以及最终消费者组成的供需网络。内部供应链与外部供应链相辅相成，共同构成了从原材料到成品再到消费者的完整供应链。可以说，内部供应链是外部供应链的缩小化。如对于制造厂商，其采购部门就可看作外部供应链中的供应商。它们的区别只在于外部供应链范围大，涉及企业众多，企业间的协调更困难。

（2）稳定的供应链和动态的供应链

根据供应链的稳定性，可以将供应链分为稳定的供应链和动态的供应链。基于相对稳定、单一的市场需求而组成的供应链稳定性较强，而基于相对频繁变化、复杂的需求而组成的供应链动态性较高。在实际管理运作中，管理者要根据需求的不断变化，适时调整供应链结构。

（3）平衡的供应链和倾斜的供应链

从供应链的容量与用户需求的关系角度，供应链可分为平衡的供应链和倾斜的供应链。一个供应链具有一定的、相对稳定的设备容量和生产能力（所有节点企业能力的综合，包括供应商、制造商、运输商、分销商、零售商等），但用户需求处于不断变化的过程中，当供应链的容量能满足用户需求时，供应链处于平衡状态，而当市场变化加剧，造成供应链成本增加、库存增加、浪费增加等现象时，企业不是在最优状态下运作，供应链则处于倾斜状态。平衡的供应链可以实现各主要职能之间的均衡，如实现低采购成本、规模效益，实现低运输成本、产品多样化和资金运转快。

（4）有效性供应链、反应性供应链和创新性供应链

根据供应链的功能模式（物理功能、市场中介功能和客户需求功能）可以把供应链划分为有效性供应链、反应性供应链和创新性供应链。有效性供应链侧重于物理功能，即以最低成本完成原材料到成品的转化及运输。反应性供应链侧重于市场中介功能，快速响应未预知的市场需求。创新性供应链侧重于满足最终消费者的需求，通过调整产品内容与形式来适应市场变化。

（5）直接型供应链、扩展型供应链和终端型供应链

根据供应链复杂程度，可将供应链分为直接型供应链、扩展型供应链和终端型供应链。直接型供应链是在产品、服务、资金和信息在往上游和下游的流动过程中，由公司、此公司的供应商和此公司的客户组成。扩展型供应链把直接供应商和直接客户的客户包含在内，所有这些成员均参与产品、服务、资金和信息往上游和下游的流动过程。终端型供应链包括参与产品、服务、资金、信息从终端供应商到终端消费者的所有往上游和下游的流动过程中的所有组织。

1.1.3 供应链管理的概念与内容

供应链管理的概念可以追溯到20世纪80年代，在论文中首次提到是1983年和1984年发表在《哈佛商业评论》上的两篇论文中。后来，供应链管理的概念得到迅速发展。

在国外，美国供应链协会认为："供应链管理包括管理供应与需求，原材料、备品备件的采购、制造与装配，物件的存放及库存查询，订单的录入与管理，渠道分销及最终交付用户在内的各项管理活动。"全球供应链论坛认为："供应链管理是从最终用户到最初供应商的所有为客户及其他投资人提供价值增值的产品、服务和信息的关键业务流程的一体。"Evens认为："供应链管理是通过前馈的信息流和反馈的物料流及信息流，将供应商、制造商、分销商、零售商，直到最终用户连成一个整体的管理模式。"Phillip认为："供应链管理不是供应商管理的别称，而是一种新的管理策略，它把不同企业集成起来以

增加整个供应链的效率，注重企业之间的合作。”Cooper等认为：“供应链管理是一种管理从供应商到最终客户的整个渠道的总体流程的集成哲学。”Mentzer等认为：“供应链管理是对传统的企业内部各业务部门间及企业之间的职能从整个供应链进行系统的、战略性的协调，目的是提高供应链及每个企业的长期绩效。”

在国内，徐贤浩等认为：“供应链管理是通过前馈的信息流和反馈的物料流及信息流将供应商、制造商、分销商直到最终用户联系起来的一个整体模式的管理，它与现行的企业管理模式有着较大区别。”《物流术语》GB/T 18354—2001中认为：“供应链管理是利用计算机网络技术全面规划供应链中的商流、物流、信息流、资金流等，并进行计划、组织、协调与控制。”陈国权认为：“供应链管理是对整个供应链系统进行计划、协调、操作、控制和优化的各种活动和过程，其目标是要将顾客所需的正确的产品能够在正确的时间按照正确的数量、正确的质量和正确的状态送到正确的地点并使总成本最小。”马士华在其《供应链管理》中认为：“供应链管理是用系统的观点通过对供应链中的物流、信息流和资金流进行设计、规划、控制与优化，整合供应链的上中下游，最大程度减少内耗与浪费，实现供应链整体效率的最优化并保证供应链中的成员取得相应的绩效和利益，来快速满足顾客需要的整个管理过程。”

国内外对于供应链管理，虽有许多不同定义，但基本都认为是通过计划和控制实现企业内部和外部之间的合作，实质上它们一定程度上都集成了供应链和增值链两个方面的内容。

供应链管理包括计划、采购、制造、销售、配送、退货六大基本内容。

计划：计划是所有供应链活动有序开展的保障，涉及物料、采购、生产、仓储、配送、销售、履约、库存等方方面面。好的计划是建立系列的方法监控供应链，以便它能够有效、低成本地为顾客递送高质量和高价值的产品或服务。

采购：采购是选择能为产品和服务提供货品和服务的供应商，与供应商建立一套定价、配送和付款流程并创造方法监控和改善管理，并把对供应商提供的货品和服务的管理流程结合起来的过程，包括询价、供应商管理、议价、签订合同、采购订单、采购送货、采购收货、验收、采购结算等。

制造：安排生产、测试、打包和准备送货所需的活动，是供应链中测量内容最多的部分，包括质量水平、产品产量和工人的生产效率等的测量。

销售：为产品寻找目标客户，通过直销或者分销网络模式将产品销售给最终用户。

配送：调整用户的订单收据、建立仓库网络、派递送人员提货并送货到顾客手中、建立货品计价系统、接收付款。供应链的上游供应商，将产品送达下游客户的过程。

退货：这是供应链中的问题处理部分。建立网络接收客户退回的次品和多余产品，并在客户应用产品出问题时提供支持。

1.2 供应链管理源头

在1.1节中，我们探讨了供应链管理的基本概述，包括供应链的概念、特征与类型，以及供应链管理的概念与内容。这些理论是在广泛吸纳实践经验和多元理论的基础上凝练而来的。因此，回溯供应链管理的实践起源和理论源泉，对于我们深入理解其内在逻辑和演进路径至关重要。

1950年，威廉·爱德华兹·戴明博士远赴日本，在日本科学家与工程师联合会上用8天时间深入讲授了统计学原理及质量管理原理。戴明博士向日本产业界传达了一个关键信息：面对资源的匮乏，节约和消除浪费才是最佳的资源利用方式。他强调，日本不能再像过去利用暴力强制向他国推销劣质产品的方式，而应该将“质优价廉”作为其发展的核心战略。正是在这一年，日本设立了戴明奖，用以表彰在质量管理领域取得成就的企业和个人。

同年，丰田英二在对美国通用汽车公司进行3个月考察后得出结论：虽然日本应向美国学习其大规模批量生产的方式，但必须结合日本的国情，调整生产组织方式。到了1973年，全球能源危机导致汽车行业全球企业普遍亏损，唯独日本的丰田公司盈利能力未受影响。这一现象使得人们开始认识到，是日本的全面质量控制（Total Quality Control，TQC）让日本在管理效率上超越了美国同行，而非仅仅因为日本劳动力成本低廉或国家补贴。

美国知识产业界开始认真研究并学习日本的经验。1985年，美国麻省理工学院成立了一个研究中心，专注于研究行业变化的根本推动力。到了1990年，《改变世界的机器》一书的出版，系统性地介绍了精益生产方式，并预言它将改变世界。

拥有100多年历史的美国采购经理人联合会（NAPM），通过发布采购经理人指数（PMI），跟踪生产、库存、订单量等关键指标，成为美国经济的重要风向标，也是世界上规模最大、影响最大的供应管理组织。2002年，该协会更名为“供应管理协会”。2004年，美国生产与库存管理协会（APICS）也更名为APICS——“运营管理协会”。同年，美国物流协会更名为“供应链管理专业协会”，标志着供应链管理在实践与理论领域的日趋成熟。至此，研发、销售、供应链管理成为现代企业管理三大核心内容。

1.2.1 全面质量控制在日本

第二次世界大战后，在盟军总司令道格拉斯·麦克阿瑟将军的资助下，戴明博士作为抽样技术顾问，于1947年和1950年来到日本，协助日本进行人口普查工作。1948年，日本科学家与工程师联合会（JUSE）成立，其宗旨在于提供统计质量控制服务。1950年初，JUSE的主要组织者小柳贤一博士见到了戴明，经过交谈意识到请戴明这样著名的统计专家来日讲座，可能会产生划时代的结果，于是邀请戴明去JUSE做有关统计质量控制的讲座。

1950年的夏季，JUSE举办了关于生产中统计方法的研讨班，参与者包括工程师和企业高级管理人员。戴明对日本统计协会和统计员们强调，他们的知识是国家最宝贵的资源。他提出，通过统计方法节约煤、铁、汽油、棉花、机械、铜和其他稀缺资源，等同于开发水、煤炭、石油、棉花和船舶、机械等新的资源。对于资源几乎全部依赖进口的日本而言，这一点尤为关键。戴明指出，日本必须以质量和价格的优势，让产品走向世界各地，消除战前日本产品的不良声誉，这需要全行业的努力和统计方法的应用，以提高产品质量和市场竞争力。

戴明博士在日本举办了超过1000场讲座，撰写了数百篇文章，JUSE的管理者也多次邀请了约瑟夫·朱兰博士、艾奇逊·邓肯等专家学者来日交流。1950年，戴明利用早期在日本讲授质量控制的所得收入及讲稿文字和作品译本的版税，设立了最初的戴明奖。在1950年至1993年这43年的时间里，戴明博士每年都会为日本的戴明奖颁奖仪式准备发言稿，并且只要可能，他都会亲自出席典礼。这个奖项极大地激励了日本企业在设计、质量和生产成本方面的持续改进。

在日本，管理人员采取了一系列措施来改善生产系统，其中最主要的措施之一便是组织品管圈（简称QC小组）的组织活动，这一概念由石川馨教授首创，它不仅是对系统改进的积极响应，更是一项卓越的管理创新，通过充分发挥现场工人的专业技能，共同推动生产系统的持续优化。这种举措体现了日本企业在征集个人智慧、减少或排除导致问题根源方面的独到之处。据统计，约有300万日本生产工人参加了有组织的品管圈活动，其中30万生产工人在JUSE注册，参加活动的工人平均年龄约为24岁，显示出年轻一代在质量管理中的活跃参与。《领班质量控制》作为品管圈活动的官方期刊，以其约9万份的发行量，成为传播质量管理知识的重要渠道。

戴明博士深刻认识到，只有通过改善设计、工程、测试等环节的管理，降低成本，提高生产效率，并改进生产过程，才能真正提升产品质量，实现市场竞争力。他强调，单纯降低成本而不注重改善质量是无效的。戴明博士借鉴车轮周而复始的运动特性，提出了PDCA（Plan计划、Do执行、Check检查、Action行动）循环的概念，认为每个管理行为可以通过这一循环实现持续改进。

那么质量是由什么构成？广义来讲，任何可以改进的对象都可以称为质量。当人们提到质量时，首先想到的往往是产品质量。然而在持续改进的过程中，最应关注的是“人”的质量。企业的三大基石是硬件、软件和人，只有当人才基础坚实时，企业的软硬件才能发挥作用。打造高质量的人才，就是帮助他们建立持续改进的意识；质量保证意味着确保产品质量，使客户感到满意、可靠，同时经济上具有合理性。因此，全面质量控制（TQC）是一种覆盖全员的有组织改进活动，通过管理者和员工的共同努力，在各个层级实现绩效改进，实现跨职能目标，如质量、成本、进度、人力发展和新产品的开发，最终目标是提升顾客满意度。1954年，朱兰使质量控制转变为一种管理绩效的工具。如今，质量控制作为一种工具，为所有与公司经营行为相关的因素提供持续互动，构建一个系统，以实现提高质量、顾客满意的目的。

1977年，日本小松公司的主席河合良一访问中国，向中国政府的高层官员强调了全面质量控制的重要性，北京建立的模范工厂在小松公司工程师的指导下取得了显著成效，这一成果激发了邓小平在全国范围内推广全面质量控制的决心。到了20世纪80年代，全面质量控制在中国得到了广泛传播，包括建筑行业在内。

1.2.2 师从美国，青出于蓝

第一次世界大战后，亨利·福特和通用汽车的阿尔弗雷德·斯隆引领了全球制造业的转型，由传统的手工艺生产模式（长期由欧洲企业所主导）迈向了大批量生产的新时代。这一变革对全球经济格局产生了深远的影响，美国迅速崛起成为全球经济的领头羊。

技术的持续革新，包括机床加工技术的进步、钢板冲压精度的提高以及测量系统的完善，为汽车的批量生产奠定了基础。福特公司自1903年起开始A型车的批量生产，历经5年20次修改，终于在1908年左右实现了零部件的完美互换。1913年春天，福特在底特律高地公园（Highland Park）的新工厂引入了革命性的流动生产线。到了1931年，福特在底特律建立了规模的红河联合企业（River Rouge Complex）。20世纪50年代，亨利·福特所倡导的大批量生产技术已经传播到世界各地，成为全球制造业的共同语言。

与此同时，1910年的沙俄尽管在德国、法国、美国等国家之后制造出了本国的汽车，但由于基础工业落后，这些以手工方式生产的汽车，并未能形成有效的产业规模。“十月革命”之后，苏联国内的汽车制造业依然停留在几家手工汽车装配厂和维修作坊的层面，远远未能达到现代汽车制造业的标准。到了1929年，苏联的汽车产量尚不足两千台，绝大多数汽车依赖进口。

然而，20世纪初的全球性经济危机对美国造成了巨大的冲击，全美经济断崖式下跌。

汽车行业的发展与经济形势密不可分，在经济危机的大背景下，汽车产量缩水超过80%，导致了大规模的失业和社会动荡。

在这一背景下，1929年苏联派出代表团前往美国，与福特公司就购买车厂事宜进行谈判。阿曼德·哈默，这位在美苏两国进行双边贸易的商人，因其与福特的良好私交及对苏联市场的深刻了解，在谈判僵持不下时发挥了关键作用。他以自己的亲身经历劝说福特："如果你现在拒绝他们，那你将有很长时间无法去那里做生意，那里可是一个巨大的市场，遍地都是黄金"。福特在黄金和苏联市场的双重诱惑下最终将"卢吉工厂"出售给了苏联。

卢吉工厂，因其位于伊利湖支流卢吉河畔而得名，是当时世界上首家综合性的现代汽车制造工厂，其生产流程大规模采用流水线作业。该工厂不仅包含炼钢、轧钢、轮胎、玻璃生产和汽车各总成和总装线，而且涵盖了十几个专业厂，厂区绵延数千里，规模宏大，堪称汽车产业链的缩影。

1929年5月31日，苏联政府与福特汽车公司正式签署了卢吉工厂的转让合同。根据合同条款，福特公司向苏联政府转让了全套生产设备，并提供了Ford-A、Ford-AA和Ford-Timken三种货车的全套技术资料，包括详尽的图纸。此外，自1929年至1934年的五年间，福特公司还需每年为苏联政府培训50名汽车工程师及实习生。苏联政府随后将这些生产设备和技术图纸分批运回国内，在伏尔加河畔的高尔基市建立了"高尔基汽车厂"。

1931年11月6日，随着高尔基汽车厂生产的第一辆汽车下线，苏联的汽车工业迈入了新纪元。该厂生产的汽车，即我们熟知的"嘎斯"牌汽车。

同时，苏联利用经济危机的有利时机，大规模引进西方的先进技术和人才，在主要工业部门建立了一大批骨干企业，为现代工业的发展奠定了基础。

在第二次世界大战期间，根据《租借法案》，美国开始向苏联提供战争物资，其中汽车占据了相当大的比例。截至1944年，美国向苏联供应的汽车总数超过了34万辆，其中最著名的是由万国汽车公司生产的万国牌KB系列货车，该车型以其卓越的战术性能成为当时美国及盟军的主战装备。

1943年，斯大林汽车厂以KB系列货车为原型，进行技术改造，生产出了自己的"吉斯150"车型，这一车型后来成为苏联援建中国时提供的车型之一。

中国第一汽车制造厂引进该车型后，为其编制了全新的型号"CA10"，包括CA10、CA10B、CA10C等型号。其中，"C"表示中国，"A"表示第一汽车制造厂，"10"则是货车的序号。

回顾苏联汽车制造业的发展历程，其与美国等西方国家的联系密不可分。苏联的主要车型多从美国汽车行业引进。如今，俄罗斯汽车制造业的发展相对落后，这与20世纪80年代西方汽车工业学习日本精益生产、提高效率，以应对全球化竞争的趋势不无关系。苏联的福特计划生产方式是否适应改革开放后的世界经济发展步伐，以及中国原有的计划体制多大程度上受福特汽车大批量计划生产方式的影响，值得我们进一步深入研究。

1950年春，年轻的日本工程师丰田英二踏上了前往底特律红河联合企业的三个月探索之旅。实际上，这并非丰田家族首次造访，丰田英二的堂兄丰田喜一郎早在1929年就曾到访福特，当时福特红河联合企业是世界上最大且效率最高的制造厂。丰田英二对这家庞大企业的每个细节都进行了深入研究，与丰田首席生产工程师大野耐一在第二次世界大战后的多次访问相结合，他们很快得出结论，美国的大批量生产模式并不适应日本的国情。这一认识催生了丰田生产方式，最终演化为全球制造业的标杆——“精益生产”。

丰田汽车公司，常被视作日本汽车公司中最具日本特色的公司，其总部位于较偏远的名古屋，而非国际化大都市东京。公司员工多来自农业背景，这在东京常被嘲笑为“一帮农民”。然而，时至今日，丰田公司已被广泛认为是全球效率最高、品质最卓越的汽车制造企业。

19世纪末，丰田家族在纺织机械领域取得了突破性进展，其超凡脱俗的技术特性首先在织布机上获得成功。20世纪30年代后期，在政府的推动下，丰田进入汽车行业，专门为部队生产军用货车。战前，公司采用手工生产方式，生产多种车型，轿车生产随之暂停。战后，丰田决心重返轿车和民用货车市场，但公司面临一系列挑战：

- 国内市场规模有限，需求多样化，从政府官员专用的豪华轿车到超市配送的大货车，再到适应日本拥挤城市和高能源成本的小型轿车。
- 丰田汽车公司及其他企业迅速洞察到，日本本土的劳动力市场已经发生了根本性转变，工人们不再接受被视为企业的可变成本，或被等同于可替代的零部件。在第二次世界大战后美军占领期间引入的新劳动法，显著提升了工人在雇用条件谈判中的议价能力，从而在争取更有利的劳动条件方面占据了更为有利的地位。与此同时，管理层在裁员方面的自主权受到了法律的严格限制，公司工会的权利得到了显著加强，它们代表所有员工争取权益，有效地弥合了蓝领与白领工人之间的社会和经济差异。工会通过其集体谈判的力量，确保了员工能够公平地通过基本工资和奖金的形式，参与到公司的利润分配中。
- 在日本，不存在所谓的“外籍员工”群体，即那些出于经济利益考虑而愿意忍受恶劣工作条件的短期居住外来移民。此外，日本社会中的职业选择并未受限于特定的少数群体，例如少数民族或妇女，这与西方国家的情况形成鲜明对比。在西方国家，上述群体已经成为许多大批量生产企业的劳动力核心组成部分。
- 经历了战争的破坏后，日本经济面临资金短缺和外汇储备不足的困境。这种情况限制了日本从西方国家引进大量最新生产技术的能力。

- 全球市场已经由大型汽车制造商占据主导地位，这些企业急切希望在日本建立自己的生产基地，以遏制日本汽车企业的出口潜力，防止其进入并挑战他们已经稳固的市场地位。

面对外部竞争的压力，日本政府迅速采取行动，颁布了一项关键性禁令，禁止外商直接投资进入日本汽车行业。这一政策对于丰田汽车公司（以及整个日本汽车行业）具有重大意义，它为丰田提供了一个在本国汽车产业中稳固立足的机会。然而，为了实现公司在全球范围内的突破和成功，仅仅依靠这一政策是不够的。

此外，日本政府在汽车产业的干预似乎过于深入。通过禁止外资进入、设置高关税壁垒，并鼓励一批日本公司在20世纪50年代初期进入汽车行业，日本国际贸易和产业省（MITI）开始深思熟虑其产业政策。MITI坚信，为了使汽车行业具备国际竞争能力，必须首先实现大批量生产。因此，他们提出了一系列计划，旨在将日本12家发展中的汽车公司合并为两大或三大企业集团，以便与底特律的三大汽车制造商竞争。这些兼并后的公司将分工生产不同规模的汽车，以减少国内市场的过度竞争，并通过大批量生产，在出口市场上以低成本作为竞争优势。如果这些计划得以实施，将可能引发一系列连锁反应。日本汽车行业在初期可能会迅速发展，但随着时间的推移，其发展轨迹可能会与当前韩国汽车行业的境遇相仿。一旦劳动力成本优势不复存在，作为全球汽车行业的新兴参与者，若未能在生产技术上实现显著创新，加之国内市场的竞争有限，日本汽车产业可能会在全球汽车工业的竞争中逐渐失去优势。尽管如此，它们也许仍能保持在国内市场的竞争地位，但在国际市场上，若未能在技术上有所突破，它们将难以对那些采用相似技术的公司构成实质性的威胁。

然而，丰田、日产等公司都拒绝了MITI的建议，开始生产各种类型的汽车，包括一些创新款式。丰田的首席生产工程师大野耐一很快意识到，福特的生产设备和方式并不适用于这一战略。手工生产方式虽然为人所熟知，但对于旨在为大众市场提供产品的公司来说，并不适合。大野耐一认识到需要一种新的生产方式，并且他成功找到了这种新方式。

第二次世界大战后，丰田汽车公司在丰田英二、大野耐一等革新者的领导下，开启了其创新之旅。他们的探索并非完全基于亨利·福特的生产模式，而是更多地受到高地公园新工厂实践的启发。1915年，高地公园新工厂的全面建成，标志着工业化的巅峰。该工厂采用的“流动生产”不仅优化了连续流动的总装生产线，还对加工T型车部件所需的各类型金属加工设备设置了严格的工序。这种生产布局使得原材料到最终产品的生产过程近似连续流动，显著缩短了生产周期。高地公园新工厂的许多组件，如仪表板、脚踏板、前悬架、后悬架和车轴发动机、变速箱、油箱和燃油管等，都按照准确的生产线速率，以近乎连续流动的方式运行。这种生产控制系统的简化，在很多情况下，仅需简单地指示组件单元生产，直至总装线上的相应位置的库存量达到允许限值，随后生产暂停，直至“短缺催办人”发出重新开始生产的指令，实现了原始的“拉动生产系统”。1927年刚建成的红河联合企业是一个规模巨大的加工群，其组织模式以加工城为主导。为保证系统的正常运行，红河联合企业需要制定庞大的生产计划，并通知每一个加工城下一步的生产安排。零部件需要经过相当远的行程，从一个加工工序到达下一个加工工序，然后运往全球的总装厂。到了20世纪20年代末期，福特的总装厂已超过50家。经过对福特公司的充分调研，丰田公司在完全不同的市场条件下，找到了以连续流且往往是单件流方式生产产品的方法。在产品多样性、市场多变性和产品生命周期短暂等条件下，丰田创造出了连续流生产方式。丰田公司以超乎想象的执着，借鉴高地公园新工厂的做法，创造出低成本、高顾客满意度的产品，并适应快速变化的市场。由此产生的所有改善和创新活动的制度化、标准化的结果，就是“精益生产”的经验，也是供应链理论的源头。

到了20世纪80年代，面对惨烈的市场竞争，福特汽车公司开始尝试采用精益生产方式来回归其原有的道路。然而，福特公司在20世纪80年代后期的努力，在20世纪90年代已经消失殆尽，其持续的衰落令人感慨。亨利·福特，这位人类工业文明历史上的巨人，1913年采用的“流动生产”达到了时代的成就巅峰；而他所建立的规模巨大的红河联合企业，以及1926年为《大不列颠百科全书》撰写的文章中提出的“大规模生产方式”概念，至今仍被沿用。

1.2.3 供应链协作、持续改进

全面质量控制（TQC）的基本原则之一，即确保下游产品或服务质量的最有效方式就是维护好上游的质量。这一理念自然扩展到工厂与供应商关系中，强调将经销商、供应商及分包商纳入质量管理体系，以提升供货和原材料的质量。TQC不仅包括成本削减、质量保证、数量管理，还涵盖了其他多个领域，从而催生了跨部门职能和跨企业合作的概念。

在汽车行业中，总装厂的职能是将主要部件组装成完整的汽车，但这一过程仅占整个制造过程的约15%。汽车制造的大部分工作在于设计和制造超过1万种独立零件，并将其组装成约100个的主要部件，如发动机、变速箱、转向器、悬挂系统等。协调这一复杂过程，确保所有部件以高质量、低成本并按时组装成汽车，对总装厂而言始终是一个挑战。大批量生产的初衷是通过一体化生产体系形成一个庞大而官僚的指挥系统，由上层下达所有指令。然而，即便是阿尔弗雷德·斯隆创新的管理制度，也难以完全胜任这个任务。

全球范围内，大批量生产的汽车总装厂在整合一体化方面采取了不同程度的策略。小型汽车公司如保时捷和萨博的自制率仅为25%左右，而通用汽车公司的自制率则高达

70%。福特汽车公司作为早期垂直整合的先驱，在红河联合企业中几乎实现了100%的整合一体化，但在第二次世界大战以后，其自制率降至约50%。

自制与外购的问题在大批量生产公司中引发了许多讨论。然而，在丰田公司，大野耐一和其他人员在考虑如何获取部件组装汽车和货车时，认为这个问题在很大程度上是次要的。真正的关键在于总装厂和供应商如何顺利合作以降低成本并提高品质，而不受法律体系的限制。在这一问题上，大批量生产方式似乎无论自制还是外购，都不能提供满意的解决方案。而在福特汽车公司和通用汽车公司，核心工程师负责设计汽车中大多数的1万多种零部件及其组成的部套系统。然后，公司将图纸交给供应商，无论是总装厂的分公司还是独立供应商，都要求他们根据特定的质量要求（通常按每千件零部件中允许有缺陷的最大数量）和交货时间竞标一定数量的零部件。在所有参与投标的外部公司和内部分公司中，报价最低者中标。

对于某些可在多种汽车上通用的零部件，如轮胎、电池、发动机等，或是涉及总装厂所不具备的专业技术的零部件，如发动机、计算机，独立供应商在竞标时常会修改已有的标准设计以满足特定汽车的规格要求。中标与否仍取决于价格、质量及交货的可靠度，且汽车制造经常在较短的通知期后更换供应商。在这两种情况下，无论是大公司的经理还是小公司的企业主，都清楚地意识到，当汽车工业的销量出现周期性下滑时，每个公司都是各自为政，他们的业务关系是典型的短期合作。

当不断发展的丰田公司开始考虑用这种方式解决零部件供应商问题时，大野耐一和其他人员却发现了许多问题。一方面，供应商仅根据图纸加工，没有机会激励他们根据在制造方面的经验对产品的设计提出改善建议。他们和大批量生产总装厂中的工人一样，实际上只是机械地执行命令。另一方面，一些供应商只能根据特定车型将他们自己的标准化设计进行修改，而没有优化这些零部件的切实可行的方法。事实上，他们对汽车上的其他有关情况几乎一无所知，因为总装厂将这些资料视为其专利。

问题远不止于此。在垂直供应链的框架中，通过供应商之间的竞争来识别短期内成本最低的供应商，这种做法可能会抑制供应商之间的横向信息交流，尤其是在制造技术进步方面的交流。尽管总装厂可能通过这种方式限制了供应商的利润率，但这并不能保证供应商通过持续的组织创新和流程创新来实现生产成本的稳步降低。

在质量控制方面，也存在类似的问题。由于总装厂对供应商的制造技术了解有限，无论供应商是否属于同一个企业集团，都难以确保质量的持续提升，除非设定极高的验收标准。在行业普遍产品质量水平趋于一致的情况下，进一步提高质量标准面临重大阻碍。

最后，协调零部件在整个供应链内的流动也是一个复杂的问题。供应商工厂的生产设备通常缺乏灵活性，类似于总装厂的冲床设备。而总装厂的订单需求经常因市场需求的变化而变动，这迫使供应商在设备转换生产下一种零部件之前，必须大量生产现有零部件，并在仓库中维持大量的成品库存，以避免因交货延迟而遭受总装厂的投诉或更糟糕的合同取消。这种做法导致了高昂的库存成本，并且常常在总装厂组装过程中才发现零部件存在缺陷，这进一步加剧了质量和成本问题。

为了解决这些问题，并满足20世纪50年代期间不断增长的需求，丰田公司开始在零部件供应方面建立一套新的精益生产方式。首要步骤是，无论供应商与总装厂之间的法律关系如何，都将供应商按职能分为不同级别，并赋予每一级公司相应的责任。一级供应商成为新产品开发团队中不可或缺的一部分。丰田公司要求他们开发能够与其他系统集成的新产品，如转向系统、制动系统或电气系统。

首先，供应商接收到一系列性能指标，这些指标定义了产品开发的具体要求。例如，他们需设计一套制动系统，该系统必须能够在连续10次的测试中，使一辆重量为2200磅（约1吨）的汽车以每小时60英里（约100公里）的速度在200英尺（约60米）的距离内安全停止，同时保证制动系统不出现热衰退现象。此外，制动系统的设计必须适应轮轴末端的空间限制，即6英寸×8英寸×10英寸（约150毫米×200毫米×250毫米）。供应商需以每套40美元的价格将制动系统交付到总装厂。随后，供应商需开发出一套产品原型并进行交货试验。若产品原型满足性能要求，供应商将获得批量生产订单。丰田公司不指定制动系统的具体材料或工作原理，而是赋予供应商在工程设计方面的自主决策权。此外，丰田公司还鼓励一级供应商之间进行开放式讨论，以改进设计过程。由于这些供应商通常专注于特定部件的研发，他们在专业领域内不存在相互竞争，因此能够安全地分享信息，实现互利共赢。

每个一级供应商进一步组织了二级供应商网络，这些二级供应商被指派生产特定的零部件。作为制造领域的专家，虽然他们在产品设计方面可能不具备专业知识，但在工艺流程和工厂运营方面却拥有深厚的专业背景。例如，负责制造发电机的一级供应商需要从二级供应商那里获取大约100个不同的零部件。由于二级供应商在特定部件制造领域内的专业性和独特性，他们之间不存在竞争关系，这为组织成供应商集团并促进制造技术进步的信息交流提供了便利。

丰田公司避免了将供应商垂直整合成一个单一且庞大的官僚体系，同时也没有让他们成为完全独立且仅以市场竞争关系相连的公司。相反，丰田公司采取了一种中间道路，将其内部的供应业务剥离，形成准独立的一级供应公司，丰田公司仅保留部分股份，发展出与其他独立的供应商相似的合作关系。这种模式下，丰田公司与一级供应商之间相互持股。

例如，丰田公司持有日本电装22%的股份，这是一家专门制造电气部件和发动机计算机的领先企业；持有丰田合成14%的股份，该公司专业生产座椅和线路系统；持有爱信精机12%的股份，该公司专注于发动机金属部件的生产；以及在生产装饰件、内装饰和塑料件的公司中持有19%的股份，这些企业之间还存在着广泛的交叉持股现象。此外，丰田公司经常扮演其供应商集团的金融支持者角色，提供必要的贷款以资助新产品的工艺设备投资。同时，丰田公司还与供应商集团共享人力资源，通过借调应对工作量的激增，或将丰田的高级经理级人员（非最高层人员）调任至供应商公司担任关键职位。

尽管这些供应商是独立的法人实体，拥有独立的财务账户，他们是真正的利润中心，与那些仅在表面上拥有利润中心的垂直一体化大批量生产企业形成鲜明对比。丰田公司还鼓励这些供应商拓展业务范围，承担其他汽车公司组装厂和行业公司的业务，这些外部业务往往能带来更高的利润率。例如，日本电装的年营业额高达70亿美元，是全球最大的汽车电气、电子系统和发动机计算机制造商。丰田公司持有其22%的股份，而日本电装有60%的业务服务于丰田。丰田的供应商集团持有日本电装另外30%的股份，德国的博世公司则持有6%的股份，其余股份在公开市场交易。

这些供应商不仅在财务上与丰田公司紧密相连，而且在产品开发过程中也发挥着重要作用。他们交叉持有丰田公司和丰田集团其他成员的股份，依赖丰田的外部投资，并接纳丰田的成员进入其人事体系，从而在实质上形成了命运共同体。

最终，大野耐一先生开发了一种创新的供应链协调机制，即著名的“准时生产”系统（Just in Time，JIT），在丰田公司内部被称为“看板生产”。大野耐一的理念是将众多供应商和零部件工厂整合成一台精密运转的机器，类似于亨利・福特在高地公园工厂的实践。他要求上游工序仅生产足够供应下游工序即时需求的零部件数量。这一系统的核心在于利用搬运零部件至下游工序的容器，当容器中的零部件用尽时，容器将自动返回至上一道工序，触发生产更多零部件的信号，从而实现生产与需求的同步。

尽管JIT的概念在理论上看似简单，但其在实际应用中却面临诸多挑战。JIT系统的实施实际上消除了传统的安全库存，这要求生产过程中的每一个环节都必须高度精确和可靠。任何单一组件的故障都可能导致整个生产流程的停滞，从而凸显了该系统对供应链管理和生产过程控制的严格要求。大野耐一认为，JIT系统的真正威力在于其对生产过程中潜在问题的暴露和解决。通过消除缓冲库存，系统迫使所有参与者在问题演变成全面生产中断之前，提高警觉并采取预防措施，从而推动持续的改进和优化。

丰田英二和大野耐一经过20多年的不懈努力，成功地在丰田的供应链中全面实施了包括JIT在内的一整套精益生产理念。他们的成功不仅体现在生产率的显著提升，还包括产品质量的持续改进，以及对市场需求变化的快速响应能力。

在新产品开发阶段，丰田公司选择与具有设计能力的长期合作供应商共同参与设计过程；这种长期的合作关系确保了信息的顺畅沟通，供应商对丰田公司的要求有着深刻的理解，同时丰田也对供应商在各自专业领域的技术能力有着清晰的认识。这种协同作用促进了整车功能需求的转化和零部件设计的创新。专业供应商凭借其在特定领域的经验积累和技术储备，能够提出更具成本效益的解决方案。这种集成设计管理框架的应用，对建筑工程领域中EPC（工程–采购–施工）模式提供了重要启示，尤其是在处理复杂专项工程的技术标准和要求方面。在建筑工程领域，招标文件的技术标准和要求往往难以完全满足，导致成本、质量、工期问题的出现。借鉴丰田的供应商管理方式、供应商集成管理和选择机制，以及招标方式的变革，可能为解决这些问题提供新的思路。这种跨界的借鉴，即“他山之石，可以攻玉”，为建筑工程领域管理创新带来了新的视角。

大野耐一关于JIT的正式解释，强调了其不仅是指零部件在生产线需要时即时到达，而是一种更为广义的“节点刚刚好”的概念。例如，如果下午1点需要组装的部件上午11点到达，这样总装车间就不会有库存。在我国的施工行业中，施工现场空间有限，经常没有存料场地，目前基本上做到了按需到货，但控制精度、效率有待提高。要实现汽车生产线的连续生产流而没有库存，需要跨企业合作，在采购、供应过程中，真正解决潜在的问题，而非简单地将问题转移给下一道工序。通常，总装厂的工程师一半时间在对口的零配件厂家加工现场协调解决问题，而供应商的工程师也有大量时间在总装厂，这样才能保证流水线不停，而出厂的产品不用再验证是否合格，而是将可能的质量问题消灭在生产过程中。

在产品开发的初期阶段，精益生产制造商便开始筛选并选定其所有的配套供应商。相较于西方大规模汽车制造商通常需要的1000 ~ 2500家供应商，日本的主要精益制造商在开发一款新车型仅需要不到300家供应商。这一选择过程相对简便，因为这些供应商往往已经是制造商现有车型的长期合作伙伴，并且正在供应相同或类似的零部件。需要明确的是供应商的选择不是根据投标，而是根据以往的合作关系及其表现的记录选定。

精益制造商的供应商数量显著少于大规模制造商，原因在于精益制造商倾向于将整个组件的生产任务委托给所谓的一级供应商，由这些供应商负责向总装厂提供完整的部件。例如，日产汽车为其新型的英菲尼迪Q45车型仅指定了一个座椅供应商，负责提供整套座椅系统。相比之下，通用汽车则可能需要与多达25家供应商合作，这些供应商各自提供座椅生产所需的不同零部件。

在精益制造商的供应链结构中，一级供应商通常管理着一个二级供应商组成的网络，这些二级供应商是独立的公司。这些公司依据一级供应商提供的详细图纸和规格要求，生产特定的零部件。此外，供应链中还可能存在三级甚至四级供应商，这些公司负责制造更为细分的零部件，从而形成一个多层级、高度专业化的供应体系。

精益系统中，参与开发计划的一级供应商在产品规划过程的早期，即投产前两至三年，便派遣人员（称为常驻设计工程师）加入产品开发团队。在一级供应商工程师的持续参与下，汽车的各个系统如悬挂、电气、照明、空调、座椅、转向器等，被分配给相关专业供应商进行工程设计。一级供应商全面负责整个部件的设计和制造，确保满足与整车制造商协商确定的性能要求。供应商的开发团队在“主查”的领导下，以及来自总装厂和二级供应商的常驻设计工程师的协助下，着手进行具体的开发和设计工作。

例如，1988年，日本领先的刹车制造商日新工业在本田的研发中心常驻了一个由7名工程师、2名成本分析员和1名联络员组成的产品开发团队，与本田的技术人员共同设计新车型。

在精益生产模式中，总装厂对于某些关键零部件的设计和生产保留有严格的控制，这些零部件通常对车型的市场成功至关重要。出于专有技术保护或消费者观念的考虑，总装厂倾向于将发动机、变速箱、关键的车身钢板以及汽车电子管理系统等核心部件的制造保留在内部。这些部件的内部生产有助于确保技术优势和市场竞争力的维护。

精益总装厂与供应商之间的敏感信息交流得以有效实现，其关键在于建立了一个合理的成本、价格和利润确定框架。这一框架促进了双方基于互利共赢的合作意愿，而非相互之间的猜疑和戒备。

供应商和总装厂之间的合作关系通常通过一份称为基本合同的文件来明确。这份合同既是双方长期合作的象征，也确立了价格和质量保证、订货、交货、专有权和物料供应的基本准则。它为双方的合作奠定了坚实的基础，与西方供应商和总装厂之间相对对立的关系形成鲜明对比。自20世纪60年代起，类似的合同在日本的一级和二级供应商之间变得普遍，标志着一种基于长期合作和相互信任的供应链管理哲学。

现在让我们深入探讨供应商与总装厂之间的合作关系是如何在实践中得以具体实施的？

总体来说，供应商与总装厂之间的合作关系是通过精益供应实现的，实现精益供应有一种独特的价格确定与成本分析系统、在车型生命周期内持续低成本的能力和供应商协会的建立和运作三个关键。

精益供应的第一个关键在于一种独特的价格确定与成本分析系统。首先精益总装厂确定轿车或卡车的目标价格，然后与供应商共同研究如何在这一价格条件下生产出符合目标成本的汽车，同时确保双方都能获得合理的利润。换句话说，这是一种基于“市场价格减法”推导的系统，与传统的基于“供应商成本加法”的定价系统不同。为实现目标成本，总装厂和供应商采用“价值工程”方法，将生产过程中的每个环节的成本细分，识别降低成本的潜在因素。价值工程分析完成后，一级供应商与总装厂进行谈判，重点不在于价格本身，而在于如何达到目标成本并确保供应商获得合理的利润。这一过程与传统的大规模生产方式中的价格确定方法恰恰相反。当复杂的建筑工程，投标前或项目策划时，如何测算成本。如果有成熟的完善的供应商合作关系，其完全成本及优化方案空间是可以预测的。若基于现在传统的招标办法，工程总承包商面对一个新的、复杂的建筑工程，这个问题必然成为难题。

精益供应的第二个关键是其在车型生命周期内持续低成本的能力。与传统的大规模生产制造商不同，后者通常预期中标供应商在合同初期以低于成本的价格销售产品，并通过逐年的价格上调来回收投资。精益制造商则采取了一种更为现实和前瞻性的成本管理策略，他们认为第一年的零部件定价应当是对供应商实际成本加上合理利润的准确反映。总装厂深知生产过程中存在的学习曲线效益，并认识到即便面临原材料成本和劳动力成本的轻微上升，产品成本在随后几年中仍有下降的空间。这一认识基于对生产流程持续改进的坚定信念即所谓的“改善”，它是精益生产核心的持续改进哲学。通过不断的小步改进，精益制造商能够实现比传统大规模制造商更快的成本降低。然而，成本降低所带来的好处如何分配成为关键问题。总装厂和供应商通过协商和谈判确定产品在4年生命周期内的成本下降曲线。这一过程中，任何由供应商通过自发的改进措施实现的成本节约，超出双方共同商定的成本降低目标的部分，将完全归供应商所有，这是精益供应系统中鼓励供应商持续改进的主要机制。

通过一个具体案例来阐释精益供应机制的运作原理。假设在新产品投产的第一年，一套仪表盘的价格定价为1200日元。在此定价基础上，供应商与总装厂达成协议：一旦成本降至1100日元，双方将平等分享节省下来的成本；若进一步降至低于1100日元，则超出部分将完全归供应商所有。在随后的生产过程中，通过总装厂与供应商的共同努力，成本成功降至1100日元。根据协议，总装厂每套仪表盘付给供应商1150日元，供应商和总装厂双方共享这部分利润。如果供应商通过自身的创新措施在第一年进一步将成本降至1080日元，那么供应商将保留这部分额外收益，仍然得到1150日元。这种成本节约和利润共享的机制在未来连续3年内同样适用。

在“改善”模式下，总装厂同意与供应商分享共同创造的利润，同时允许供应商保留他们通过自身措施获得的成本节约收益。这种做法与西方供应商普遍担忧无法分享到这些利润的情况形成鲜明对比。另一方面，日本的总装厂通过供应商提出的创新和节约成本的建议，以及他们积极的合作意愿，获得了持续的好处。这种体系通过相互合作的良性循环取代了传统的互不信任的恶性循环，促进了供应链中各方的共同成长和进步。

在零部件设计完成并投产之后，传统的大批量生产和精益生产供应系统之间存在显著差异。其中一个关键差异是，在精益生产模式下，新车投产后很少需要进行设计更改。这一现象的原因在于，精益生产过程中对工作的严格控制，确保了生产出的汽车完全符合设计规格。

另一个显著的区别体现在零部件的交货方式上。在精益生产领域表现卓越的公司普遍采用直接将零部件输送至总装线工厂的交货策略。这些公司通常每小时或至少每天多次进行零部件的直接交付，并且对交付的零部件实施免检政策。这种做法和大野耐一提出的JIT原则高度一致。

为了JIT体系的有效运作，精益生产系统采用了一种创新机制：零部件空箱从总装厂返回至供应商，作为生产更多零部件的直接信号。然而，精益生产的顺畅运行还依赖另一项关键创新——均衡化生产。均衡化生产是精益生产体系的一个显著特征，它允许制造商以极高的灵活性调整产品组合，仅需几小时的通知时间即可响应市场变化。此外，精益生产系统对轿车和卡车的总产量波动极为敏感，这要求生产计划必须保持高度的稳定性和可预测性。在固定成本体系中，雇员成本被视为不变成本，这种体系通常难以适应产量的快速变动。因此，丰田和其他精益生产的倡导者致力于实现均衡化生产（平准化生产），通过平滑生产计划中的波动，使总装厂的总产量保持相对稳定。在出口市场上，日本精益制造商凭借成本和质量的长期优势，已经保持竞争力超过30年。这种优势是他们能够在市场低迷时期通过降低价格来维持产量的稳定，从而保护其市场份额和生产效率。

日本人实行均衡化生产的另一个目的是维持供应商产量的稳定，从而使供应商能够更有效地利用人力和设备资源，优化生产流程，减少浪费。相比之下，在西方的供应链管理中，供应商常常面临订单数量和品种的突然变更，且往往只有极短的通知期。这种不稳定性导致供应商为了应对总装厂订单的突然变更，不得不维持高水平的库存积压，作为缓冲库存来保证供应链的连续性。当总装厂要求立即供货且订单频繁变化时，供应商往往只有一个应对策略：预存大量已制造的零部件，并保持丰富的原材料库存，以备不时之需。这种做法不仅增加了库存成本，也降低了供应链的响应速度和灵活性。

而在日本总装厂采取了更为合作的态度，通过提前通知供应商产量调整计划，减轻了供应商面临的压力。若产量调整可能持续，总装厂会与供应商共同努力寻找其他业务机会，而不是像西方同行那样将工作突然收回，以确保自身雇员的充分就业。这种合作精神体现了日本企业文化中同甘苦共患难的价值观。在很大程度上，供应商被视为总装厂的延伸，其雇员被视为不变成本的一部分。

当然，即使是最优化的零部件供应系统也可能偶尔出现故障，即便是最优秀的精益制造商也将零缺陷作为追求的目标而非一个既成的现实。然而，传统大批量生产与精益生产供应体系在处理不合格品出现时的态度和方法存在关键差异。在传统的大批量生产体系中，零部件的质量检验通常由总装厂的检验员在收货区域执行。如前所述，当不合格品数量较少时，它们通常会被直接丢弃或退回给供应商。如果不合格品数量较多，整批货物可能会被拒收并退回。这种做法在一定程度上是可行的，因为传统总装厂通常保有大约一周的零部件库存量，这使得它们能够在等待下一批质量合格的零部件送达的同时，继续进行生产活动。精益制造商面对零部件质量控制的策略与传统大批量生产方式截然不同。在精益生产体系中，由于库存水平极低，任何零部件的不合格都有可能导致严重的生产中断。在极端情况下，这可能意味着拥有2500名工人的总装厂将突然陷入停工状态。然而，这种极端情形实际上极为罕见，尽管零部件在装运前通常不经过检查。

这种现象背后有两个关键原因。第一，零部件供应商深知不合格产品所带来的严重后果，并因此致力于通过严格的质量控制措施来避免问题的发生。供应商普遍持有一种危机意识，正如一个供应商所言："我们没有铁饭碗，我们承担不起失败。我们没有失败过。"一旦发现不良品，总装厂的质量管理部门会立即启动一种称为"5个为什么（5 Whys）"的问题分析方法。这种方法旨在通过连续提问来识别问题的根本原因。供应商与总装厂通力合作，共同进行根本原因分析，并制定纠正措施，以防止此类问题的再度发生。第二，供应商通常会派遣一名常驻工程师到总装厂，以便在问题出现时能够迅速响应并提供技术支持。如果常驻工程师无法确定问题所在，总装厂的工程师将前往供应商处进行现场调查。这种互动不是单方面的指责，而是一种基于相互尊重和合作的双边探讨，目的是共同找到解决问题的方法。

而在传统大批量生产体系中，供应商往往禁止这些现场访问，他们的典型反应是"我的工厂是我自己的事！"相比之下，日本的精益供应协议总是为总装厂人员提供进入工厂的通道。当总装厂调查小组到达供应商现场时，他们会发现问题的表象之下隐藏着更深层次的原因。例如，调查小组可能发现不良品的产生是由于一台设备不能保证适当的公差。但设备本身并非问题根源，通过连续提问的技巧——即"5个为什么"分析方法——调查小组深入挖掘问题的潜在原因。首先，他们发现设备无法保证公差是因为操作人员未接受充分的培训。进一步的询问揭示了操作人员频繁离职的现象，这导致生产线上总是新手在操作。离职的原因是工作内容单调、环境嘈杂且缺乏挑战性。最终，小组认识到，真正的问题在于组织层面——即工作程序的设计未能充分考虑员工的工作体验和职业发展。一旦这一问题得到解决，未来问题再次发生的可能性就会大大降低。在不断进行"5个为什么"分析以及努力改善生产过程以降低成本并提高利润的过程中，精益供应商深刻理解了如何达到更高制造水平的切实途径。

精益供应的第三个关键是供应商协会的建立和运作。这些协会作为一个协作平台，使得同一个总装厂的所有一级供应商能够共享在制造零件方面的创新发现和最佳实践。例如，丰田汽车公司就建立了三个地理区域性的供应商协会：关东协会、东海协会和关西协会，截至

1986年，分别有62家、136家和25家一级供应商的会员。日产汽车公司也成立了两个供应商协会：松本协会和贵空协会，分别吸引了58家和105家供应商参加。此外，许多大型供应商还组织了二级供应商协会，如日本电装公司旗下的电装巨力协会。这些协会在促进先进制造理念和方法的传播方面发挥了至关重要的作用。它们不仅加强了供应商之间的信息交流，还推动了质量控制和生产效率的持续改进。例如，在20世纪50年代末和20世纪60年代初，统计过程控制（SPC）和全面质量管理（TQM）的理念开始在制造业中得到应用。在20世纪60年代后期，价值分析（Value Analysis，VA）和价值工程（Value Engineering，VE）的概念进一步促进了成本效益和功能优化的实践。到了20世纪80年代，计算机辅助设计（Computer-Aided Design，CAD）技术的引入，为设计和制造流程带来了革命性的变化。

在传统大批量生产模式下，供应商协会中的知识交流对于供应商而言是难以想象的。这些供应商意识到，分享如何以更少的资源投入生产出成本更低的零部件的经验，可能会导致他们在随后的竞标中处于劣势，或者即使中标，也可能因为过低的标价而无法盈利。因此，生产工艺的改进往往成为专业工程学会的任务，如在美国的工业工程师学会，尽管这些专业机构致力于推动工艺改进，但其过程通常是间接的，进度缓慢。

相比之下，精益生产模式下的供应商深知，只要他们真诚地致力于改进和创新，总装厂将确保他们的投入能够得到公正的回报。因此，与协会中的其他成员进行开放的交流，不仅有助于提升整个供应链的水平，也使每个参与的供应商都能从中获益。换句话说，积极参加供应商协会的活动，共享最佳实践和解决问题的策略，是符合每个成员自身利益的。

在西方，普遍有一种误解，认为精益供应系统中的所有零部件都是由单一供应商独家配套的。对于需要巨额设备投资的大型复杂系统，如变速箱、电喷系统、发动机、计算机等，这确实是常见的做法。然而，对于简单零部件，情况并非总是如此。

精益总装厂对于供应商的尽职尽责持有合理的关切，这一点与丰田及其他制造商对于维持工作节奏的持续关注是一致的。他们坚持采用看似传统的连续总装线，这一生产布局因其在确保生产节奏方面的高效性而被证明是极为有效的。为了激励各工厂持续提升和努力，总装厂通常会将其零部件订单分配给供应商协会中的两个或多个成员。这种订单分配的做法并非出于压低价格的目的。价格的确定不是通过公开招标的方式，而是通过总装厂与预先选定的供应商之间的相互评估和协商来决定的，这种定价机制的真正意图在于防止任何供应商在质量标准或交货可靠性方面出现任何懈怠。

在面对供应商未能满足质量和交货可靠性要求的情况时，传统大批量生产模式倾向于采取直接解雇供应商的做法。相对而言，精益总装厂则不采取这种极端措施，而是采取一种更为细致和策略性的调整手段。具体来说，精益总装厂会将不合格供应商在一定时期内的零部件订单的一部分转移到其他供应商，以此作为一种惩罚性措施。由于成本和利润是基于预设的标准批量精确计算的，因此，部分订单的转移对供应商的营利能力构成了显著影响，这种做法不仅对不合格供应商构成了经济上的直接后果，而且也传递了一个明确的信号，即质量标准和交货可靠性是供应链合作中不可妥协的关键要素。丰田汽车公司及其他精益生产实践者发现，这种惩罚机制在维持供应商行为的一致性和强化供应链的长期合作关系方面极为有效。

尽管精益制造商可能会在某些情况下终止与供应商的合作关系，但这种决策绝非轻率或随意的。供应商对于总装厂的评价体系有着清晰的认识。实际上，所有日本制造商普遍采用一套简明的供应商评分系统，该机制基于一系列量化指标，包括在组装线上发现的不合格品数量、准时交货的比例以及成本降低的绩效等，对供应商进行综合评估。供应商在总装厂技术人员的帮助下，将自己的评分与行业内竞争对手进行比较，通过这种方式识别问题并集中关注需要改进的领域。这种评分系统不仅涉及对供应商绩效的量化统计，还涵盖了对其持续改进态度和努力程度的定性评价。只有在供应商表现出长期缺乏改进意愿或成效时，才会考虑终止合作关系。正如一位总装厂的采购经理在接受采访时所指出的："我们愿意与任何展现出真诚改进努力的供应商维持合作关系。我们的关系是基于相互尊重和共同努力的前提之上。然而，如果我们认定供应商已经放弃了这种努力，那么我们将不得不重新评估我们的合作关系。"

精益供应体系的核心要素在于其对供应链关系的重新定义。精益总装厂不以市场议价能力所形成的价格作为与外部供应商关系的基石，也不以层级式的命令与控制作为与内部供应部门互动的主要模式。相反，他们采用长期协议的方式，构建一个分析成本、制定价格和共享利润的合理框架。这种长期协议不仅是一种商业契约，更是一种促进合作伙伴之间相互坦诚交流、不断提高生产效率和质量的机制。通过这种方式，所有参与方都能从中受益，同时避免了因一方谋求自身利益而损害另一方的潜在风险。在日本，供应商与总装厂之间的关系建立在相互依存的基础上，而非单纯的信任。这种依存关系通过共同商定的准则和标准得以体现，确保了双方的合作是基于长期、稳定和互利共赢的前提。值得注意的是，稳定的准则和标准并不意味着参与方可以放松努力。相反，这些准则实际上激励着每个人持续地寻求改善和创新的机会。精益生产制造商通过将设计和制造零部件的大部分责任外包给供应商，显著减少了自身的工作量。这种策略使得丰田汽车公司在生产一辆汽车所需的原材料、设备和成品部件的总成本中，自身承担的比例仅为27%。丰田以其3.7万名雇员每年生产400万辆汽车，而相比之下，通用汽车公司年产800万辆汽车，却需要全球范围内高达85万名雇员的支持。

造成这些差别的一个原因是丰田在各项操作中的高效率，但更关键的因素在于精益制造商相较于大规模制造商，需要执行的任务要少得多。日本精益制造商通常只对汽车中大约30%的零部件进行详细设计，其余部分由供应商负责。相比之下，在20世纪80年代初期，美国的大规模制造商需要对81%的零部件进行详细设计。此外，这些大规模制造商需要管理的外部供应商数量是丰田的3～8倍。这一现象背后的原因是，由于大规模制造商涉及更多的零部件详细设计，并在公司内部生产大部分所需要零部件，理论上应该需要较少的外部供应商。然而，实际情况与之相反，他们还需要维持一个更为庞大的采购部门。例如，1987年，通用汽车的零部件采购部门拥有6000名员工，而丰田的相应部门仅有337人。因此，采购管理在产品定义阶段扮演着至关重要的角色。有观点认为，设计院若投入充足的资源，便能完成高性价比的专项工程产品定义。然而，经过数十年的实践证明，由于设计院的专业部门长期与采购、制造、安装、运维等环节脱节，导致其对专项产品材料、构造、工艺和成本敏感度不足。与制造商相比，设计院对新技术、新材料、新工艺的适应和采纳速度明显较慢，这种设计与制造之间的脱节，已成为设计行业亟待解决的问题。采购环节作为设计与制造之间的桥梁，对于促进二者的融合具有关键作用。实际上，传统的大批量生产供应系统已不再适应现代制造业的发展。在通用汽车及其他制造业领域，过去10年的激烈市场竞争和新技术的广泛应用，已经促使西方大规模制造商及其供应商之间的关系发生了显著变化。目前，公众可以频繁听到关于建立信任、伙伴关系和独家供应的讨论。这些变化不仅停留在口头上，它们反映了制造业对更高效、更灵活的供应链管理方式的追求，但并不一定意味着完全转向精益供应模式。在激烈的市场竞争压力下，西方汽车制造商正致力于探索新的策略以进一步降低零部件成本。一些遭遇重大财务挑战的公司，例如克莱斯勒，在1981年采取了直接降低供应商零部件价格的措施。这一策略虽然短期内可能有效，但并非长期可持续发展的解决方案。相比之下，其他公司则寻求通过更充分地利用规模经济，在零部件生产中实现长期成本降低，这意味着优化供应链系统的结构和减少供应商数量。这种供应链优化的过程在持续进行中，可以从大规模制造商的供应商数量的显著减少中得到印证。从20世纪80年代初期的2000～2500家，到末期降至1000～1500家，这一变化趋势清晰地表明了供应链整合的力度。目前，这些大规模制造商正努力将每个总装厂的供应商数量降至350～500家，并在很大程度上已经实现了这一目标。

对供应商进行分层管理，并委托一级供应商负责整个组件的制造，是日本汽车制造业普遍采用的策略。例如，将座椅等关键部件的设计与生产全权交由一级供应商负责，从而显著减少了供应链中的供应商数量，从25家减少至1家。这种策略不仅优化了供应链结构，也大幅降低了总装厂的管理成本。

即使不采取供应商分层，总装厂也可以通过简化部件设计，减少零部件数量来降低供应商的数量。例如，通用汽车公司某车型的前保险杠总成的零部件数量是福特类似车型部件的10倍，这直接导致了通用汽车的供应商数量是福特的10倍。这一现象突显了设计复杂性对供应链管理的影响。而随着环境保护要求的提高和消费者需求的多样化，轿车和卡车的设计变得越来越复杂，车辆上的各种系统不断增多，但每个系统中的零部件数量却在减少。这种趋势反映了汽车制造业在系统复杂化和组件简化之间的持续竞争。目前，零部件数量的减少似乎占据了优势，导致为总装厂配套的供应商数量减少。尽管一些观察者认为西方总装厂可以借鉴日本汽车行业的独家供应模式，但这种看法并不准确，也未能把握问题的核心。这些观察者误以为独家供应是日本总装厂与供应商之间长期合作关系的关键，但实际情况并非如此。在日本，长期合作关系的建立并不依赖于独家供应，而是基于双方合作的合同框架，这一框架确保了合作的稳定性和可预测性。

西方供应系统的另一个显著变化是总装厂对质量的日益重视。在美国，所有总装厂都建立了供应商质量评分系统，这些系统不仅评估每批交付的质量，还对供应商在较长时期内提供的所有零部件进行综合评分。福特汽车公司在20世纪80年代中期率先推出了一个全面的供应商评分体系，即Q1计划。随后，通用汽车和克莱斯勒公司分别推出了长矛计划和五星计划。这些计划都是基于统计方法对供应商进行评分和评比，涵盖了在总装厂发现的不良品数量、供货情况、供应商的质量改善活动、技术水平和管理水平等多个方面。这些计划的目的是激励供应商不断提升业绩和质量水平，对于推动供应商采用如统计过程控制（SPC）等质量监控技术具有重要作用。

统计过程控制（SPC）的核心在于通过系统性的数据收集与分析，实现对生产过程的实时监控与质量控制。在这一框架下，机床操作工负责记录每个生产出的零部件或其样品的尺寸，确保与设计规格的一致性。一旦发现偏差，操作工需立即对机床进行微调，以校正生产过程；面对机床功能失常等复杂问题，操作工则需及时上报并寻求专业技术支持。从理论上讲，通过SPC的持续应用，不良品的产生应得到有效遏制。部分Q1计划包括进一步扩展了SPC的应用范围，强调与总装厂之间的信息共享与沟通，将生产记录作为持续改进和质量提升的依据。

然而，对于传统大规模制造商而言，实现这一理想状态仍有一段很长的路要走。尽管如此，随着供应商逐渐采纳并运用SPC工具，他们能够更准确地识别导致不良品产生的具体环节，分析其根本原因，并采取针对性措施以防止问题重现。随着时间的推移，SPC会逐渐融入生产工人的日常操作之中，成为他们确保产品质量的常规手段，许多日本公司在20世纪60年代中期就做到了这一点。

在精益供应的发展过程中，一个关键步骤是价值分析方法的应用，该方法强调在生产链的每个环节中交流和分析成本的详尽信息。具有讽刺意味的是，这些方法最初是由通用电气在1947年发明的，并在20世纪60年代初期被日本迅速采纳。然而，直到1988年，仅有19%的美国供应商向他们的总装厂客户提供了这类深入的成本信息。这一现象并不令人意外，因为西方总装厂与供应商之间传统的敌对关系和基于权势的互动模式并未经历根本性的转变。实际上，20世纪90年代初期，北美的供应系统开始展现出新的特征，包括供应商承担更多设计责任、签订长期合同（通常为三至五年，而非一年或更短）、实施高质量标准、多频次交货，以及许多零部件的独家供应。尽管这些变化在表面上与日本的精益供应有相似之处，但西方供应商迈向精益供应的步伐尚未完成。这种转变背后的驱动因素主要是成本压力和现有的大批量生产逻辑。例如，为了实现规模经济，企业采取独家采购策略；为了转移库存负担，采用准时生产等方法。实际上，精益供应的发展不仅是一种生产实践的变革，更是一种供应链关系的重塑。如果不对现有的、基于权势的讨价还价关系进行根本性的转变，精益供应的实现将面临重大障碍。精益供应要求总装厂与供应商之间建立一套新的合作准则，这套准则应涵盖共同分析成本、确定价格和分享利润的机制。缺乏这样的准则，供应商很可能继续沿用传统的操作模式，无法实现精益供应的目标。在基于权势的供应链关系中，供应商寻求更加主动的地位，以减少对总装厂的依赖并增强自身的竞争力。为此，供应商采取的主要策略包括采用先进的制造技术和将单独的零部件集成为模块化的系统组件。然而，如果没有深入的价值分析，总装厂在面对复杂零部件的定价时往往缺乏准确的信息和判断依据。

在汽车制造业中，尖端技术的融合正引发供应链角色的显著转变。技术的采用，例如防抱死制动系统（ABS）、发动机电子控制系统和树脂材料车身部件，已导致供应商不再局限于独立零部件的设计和制造，而是在整车系统的设计和集成中扮演更加核心的角色。这种转变不仅提升了供应商在产品设计和功能整合方面的专业能力，也增强了他们在整车开发过程中的影响力。随着汽车技术的复杂性日益增加，传统的以总装厂为主导的大批量生产模式正面临适应性挑战。在此背景下，能够提供技术先进的系统或复杂零部件的供应商，有机会在价值链中获得更为关键的地位。这不仅为供应商带来了更高的利润空间，同时也增强了他们在与总装厂谈判中的议价能力。例如，摩托罗拉、西门子和通用电气塑料等电子和材料科学领域的领先企业，已首次将其技术和产品引入汽车行业。这些新进入者的技术专长和市场影响力，为汽车供应链带来了新的竞争动力和创新潜力。供应商在技术先进性和复杂性方面的贡献，使他们能够在与总装厂的合作关系中占据更有利的地位。这种地位的提升是供应商持续采用和整合先进技术的基本动机，也是他们维持市场竞争力和实现长期发展的关键策略。

1.2.4 戴明与PDCA循环

戴明（W. Edwards Deming），一位质量管理领域的先驱，强调了在公司的研发、设计、生产和销售等关键阶段之间进行持续的交流与互动的重要性。他认为，为了实现更高质量的产出，进而提高顾客满意度，这些阶段必须遵循质量至上的原则，形成一个连续的循环过程。戴明的这一理念后来被称为“戴明环”（Deming Cycle），其核心是一个不断运转的改进过程。戴明环的概念随后被扩展至管理的各个层面，其中循环的四个阶段分别对应着具体的管理行为（具体见表1-1）。

戴明环与PDCA循环的联系 表1-1

设计——计划（Plan）	产品设计对应管理中的计划
生产——执行（Do）	生产对应执行—按设计制造加工产品
销售——检查（Check）	用销售数据来检查顾客是否满意
研发——行动（Act）	如果有顾客投诉，须将该阶段整合至设计阶段，为下一轮的努力采取有效的行动。这里的“行动”指的是为了改进而实施的动作

日本的管理实践者对戴明环进行了本土化的改造，发展出了PDCA循环，即计划—执行—检查—行动（Plan-Do-Check-Act）模型，这是一种广泛应用于各类管理阶段和情境的持续改进方法论。PDCA循环是一系列系统化的活动，旨在推动组织不断向更高效率和更优质量迈进。

PDCA循环是对当前形势的深入分析，涉及收集关键数据，以此为基础制订针对性的改进计划。该计划的制定是一个系统化的过程，要求对现有流程、产品或服务的性能进行全面评估，以及识别潜在的改进领域。

一旦改进计划确定，便进入执行阶段，此时组织开始执行既定的策略和措施。执行过程中，关键在于对执行活动进行持续监控，确保各项措施得以按照计划进行，并及时调整以应对任何偏离预期的情况。

随后，在检查阶段，组织通过定量和定性的方法评估实施结果，以判断是否达到了预期的改进目标。这一评估过程对于验证改进措施的有效性至关重要。

最终，在行动阶段，组织根据检查阶段的反馈进行根本原因分析，并采取必要的措施。成功的试验和实践将被标准化，以确保新方法能够在组织内得到广泛采纳和持续实践。这一标准化过程是确保改进成果可持续的关键，它促使组织在不断变化的环境中保持竞争力和创新能力。

PDCA循环如图1-1所示，其是围绕特定的工作分工构建的，其中“计划”和“行动”通常由管理者负责，而“执行”由工人完成，最后“检查”由检测者执行。

计划（Plan）：管理者负责制定改进计划，这包括确定质量目标、分析现状、确定改进措施，并制定实施策略。计划阶段是PDCA循环的起点，要求管理者运用系统思维和前瞻性规划。

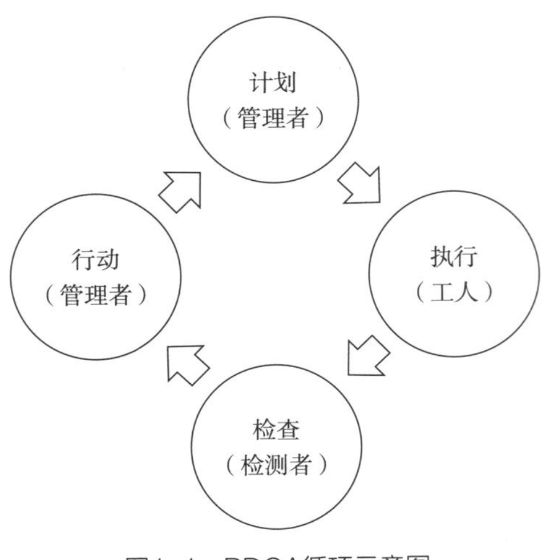

图1-1　PDCA循环示意图

执行（Do）：工人根据管理者制定的计划执行具体的生产或服务活动。执行阶段要求工人准确无误地实施计划，确保每个操作步骤都符合既定的质量标准。

检查（Check）：检测者负责监控执行阶段的结果，通过收集数据和进行质量检验来评估执行效果。检查阶段是反馈机制的关键环节，确保能够及时发现偏差并采取相应措施。

行动（Act）：管理者根据检查阶段的反馈进行分析，如果结果符合预期，则将成功的经验标准化并推广应用。如果存在问题，则需要制定新的改进措施，并启动下一个PDCA循环。因此，最初的PDCA循环实际上是基于一种分层的质量管理结构。

PDCA循环周而复始地运转，原有问题得到解决的同时又会产生新的问题，所以就需要不断地进行循环，它能对管理体系进行改进，也能对技术标准进行修正，如此循环不止，从而不断提升企业的综合能力。对于PDCA循环理论来说，有两个具有标志性的特征。

（1）大环套小环

在PDCA循环过程中，涉及的每一个环节之间都是保持紧密联系的，相互协调整合形成一个互相联系相互制约的套嵌整体，形成一种大环套小环的循环。在各个层级的部门中，PDCA循环的内容和需求不尽相同，层层递进，形成大环整体提升带动小环进步，小环的改善推动大环的前进，具体见图1-2。

（2）循环呈阶梯式上升

PDCA循环不是简单的原地循环，它是不断向上攀升的动态循环，是永无止境的，它将每一次成功的改进转化为新的标准，为下一次的改进提供基础。这样，改善的收益便实现了最大化。这种循环性质体现了持续改进的理念，即每一次的改进都是向更高标准迈进的起点。

在日本的管理实践中，PDCA循环被视为一种重要的工具，用于实现持续的改进和发展。与西方员工可能将标准视为固定目标的观点不同，日本的PDCA循环实践者将标准看作是不断超越的起点，即“做得更好”。

日本的管理策略可以分为两个方面：维护和改善。PDCA循环是实现改善的关键工具，它不仅确保了改善的成果得以持续，而且通过不断的挑战和改良，推动了组织向更高的质量标准发展。在启动PDCA循环之前，确立现有的标准是至关重要的，因为这为改善提供了明确的出发点。确立和维护标准流程的关键机制是SDCA循环，即标准化—执行—检查—行动（Standardize-Do-Check-Act）循环。SDCA循环的四个阶段如下：

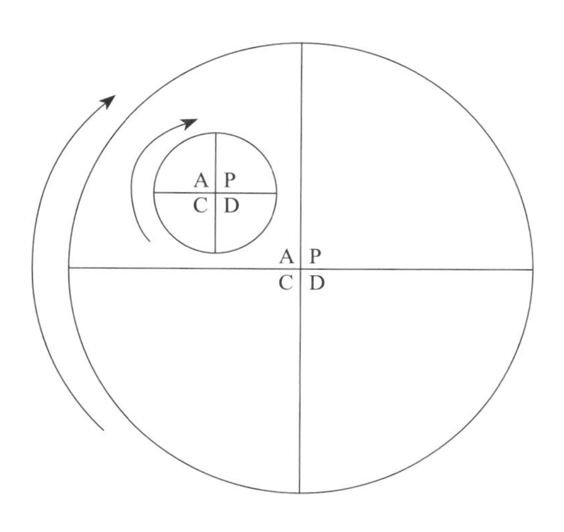

图1-2　PDCA循环大环套小环示意图

标准化（Standardize）：此阶段的核心在于将最佳实践和经过验证的流程制定为正式的标准操作程序。这些标准为组织提供了一致的工作准则，确保所有成员都能遵循相同的质量要求和性能标准。

执行（Do）：在标准化的基础上，执行阶段要求组织成员严格遵循既定的标准操作程序。这一阶段的关键在于准确无误地实施流程，确保每一步操作都与标准一致。

检查（Check）：检查阶段涉及对执行结果的监控和评估，目的是确保流程的输出符合预定的质量标准。通过收集数据和进行分析，组织能够识别任何偏差，并评估流程的一致性和有效性。

行动（Act）：行动阶段是对检查阶段发现的问题或机会的响应。在此阶段，组织需要采取必要的措施来纠正偏差，优化流程，并更新标准操作程序以反映改进的实践。此外，行动阶段还包括对成功的改进措施进行标准化，以确保其在组织内的持续应用。

只有在SDCA循环正常运行，确保流程的稳定性和标准化之后，组织才能转向PDCA循环，以进一步提升和优化现有的标准。管理层应该致力于使SDCA和PDCA循环协同运行，形成一个持续改进和稳定的循环系统。初始流程往往伴随着偏差和不稳定性，SDCA循环的作用在于通过标准化和稳定化措施，减少这些偏差，实现流程的稳定运转。当流程达到一定稳定性后，PDCA循环则用于进一步提高标准，推动组织的持续改进和发展。

图1-3展示了SDCA循环的工作流程。只有当SDCA循环有效运行并实现流程的稳定性和标准化之后，组织才能进一步利用PDCA循环来提升现有的标准。PDCA循环在SDCA循环的基础上，通过计划阶段的创新思维，执行阶段的改善实施，检查阶段的效果评估，以及行动阶段的持续优化，推动组织向更高的质量标准迈进。因此，SDCA循环的作用在于巩固流程的稳定性和实现标准化，为PDCA循环的改进提供坚实的基础。而PDCA循环则专注于在已有标准的基础上进行持续的改善和优化，以实现组织性能的持续提升。

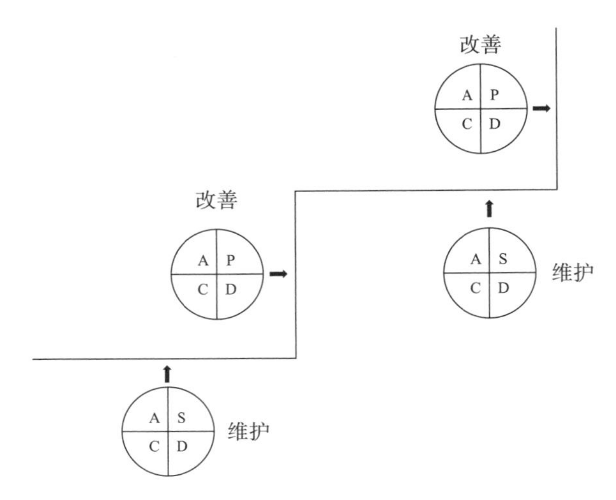

图1-3　PDCA循环和SDCA循环与改善和维护间的互动关联

在现实世界中，永恒静止的状态是不存在的。任何系统自其建立之初便开始了其生命周期的旅程，不可避免地面临着逐渐衰退的自然趋势。创新虽然能够为组织带来突破性的变革，但其影响力往往受到市场竞争和不断变化的标准的侵蚀。与之相对的，持续改进则体现为一种持续而稳定的力量，随着时间的推移，它能够产生累积效应，推动组织实现渐进式的提升。在质量管理的领域中，标准不仅是维护现状的工具，它们更是持续改进过程中的关键参考点。当绩效水平达到可接受的程度时，标准的固化可能会阻碍进一步的发展。然而，持续的改善努力不仅能够维护现有的标准，还能够推动标准的升级和优化。改善战略家认为，标准本质上是试验性的，它们是组织在追求卓越过程中的临时里程碑。随着不断的努力和改进，这些标准将逐步提升，就像石阶一样，一阶一阶向上升级。这种理念解释了为什么质量控制小组在解决一个问题后会迅速转向下一个挑战，以及为什么PDCA循环在全面质量管理运动中受到如此重视。

持续改进还体现了对集体努力的依赖。它要求组织内所有成员的积极参与和共同贡献，以确保改进精神的持续传承和发展。管理层在这一过程中扮演着至关重要的角色，必须有意识地投入持续的努力，以营造和维护一个支持性的环境，从而推动和激励员工参与改善活动。这种管理层的支持与对重大成就或突破性进展的吹捧式表扬截然不同，持续改进更注重过程的优化和完善，而不仅是最终的结果。它强调对改进过程中每一步的细致关注，以及对员工日常努力的认可和鼓励。日式管理的优势在于其能够成功地开发并实施一套既认同结果又重视手段的系统。第二次世界大战后，众多日本公司面临着在废墟中重建的巨大挑战。这一时期的艰难环境为管理者和工人带来了前所未有的新挑战，同时也催生了对持续进步的迫切需求。在这种背景下，持续改进逐渐成为日本企业文化的核心，不仅是为了维持企业的生存，更是为了实现不断的进化和发展。幸运的是，20世纪50年代末至20世纪60年代初，戴明和朱兰博士等质量管理大师将他们的理论引入日本，为日本公司提供了一套强有力的工具和方法，以促进持续改进的理念。这些工具包括统计过程控制（SPC）和全面质量管理（TQM），它们将改进过程量化，为组织提供了一种更为科学和系统化的改进方法。在日本，这些理念和系统得到了进一步的发展和完善。基于SPC和TQM的原则，日本企业开发了一系列新的管理理念、系统和工具，使得持续改进的过程更加具体化和可操作。

我们不难发现，当前供应链管理领域内成熟的理论架构及其应用的最佳实践，其根源可追溯至1915年建成的底特律高地公园新工厂，这一创新的工业模式标志着现代大规模生产的开端。而供应链理念的进一步演进，则始于1950年，当时丰田英二对福特的红河联合企业进行了深入考察，这次访问激发了丰田对生产流程的深刻反思。随后的三十年间，通过不懈的创新和全面质量管理的持续改进，供应链管理逐步成熟。尽管如此，将这些分散的实践进行系统化的整理、深入分析，并最终构建起一套完整的理论体系的工作，则是由美国学者和实践者完成的。

1.2.5　了不起的课题组

1985年初，麻省理工学院为国际汽车计划（IMVP）项目奠定了理想的组织架构，成立了一个集科技、政策和工业发展于一身的综合性研究中心。该中心由丹尼尔·鲁斯（Daniel Roos）教授担任首任主任，其使命在于打破传统研究的桎梏，探索创新的国际交流体系，以促进工业、政策制定者和学术界的互动。该中心致力于理解行业变革的根本动力，并优化决策流程以应对这些变化。该中心组建了一支无地理中心国际化团队，成员来自世界各地，确保了多元化视角的融合。在接下来的五年中，该课题组深入研究了大规模生产方式与精益生产方式之间的差异。通过广泛收集行业内部信息，与行业高管进行深入交流，并超越行业内部的固有思维模式，课题组逐渐形成了一种信念——精益生产的理念不仅适用于汽车行业，而且可以运用到全球各行各业。他们相信，向精益生产转型将对人类社会产生深远的影响——它将真正改变世界。

1990年，课题组坚信全球将迈入精益生产时代，并将研究成果编撰成书《改变世界的机器》出版。该书详细阐述了大批量生产与精益生产的比较，以及精益生产的优势所在，并描述了精益生产系统的五大要素：产品设计、供应链整合、客户关系处理、从下单到交货的生产流程管理以及联合企业管理。精益生产以其高效性，能够以更少的资源投入获得更高的产出和客户满意度。随着全球化的推进，专业分工日益普及，供应链管理在全球各行业中得到广泛应用，并发展成为一门独立的管理学科。

1.2.6 采购成为供应管理

在美国的企业环境中，传统采购并未被赋予显著的战略地位。这主要归因于公司高度的垂直整合，以及对外资源的有限依赖。在这种背景下，采购部门的核心职能通常局限于处理订单的日常事务，即响应内部客户（例如工程师）的购买需求，执行订单下达、价格确认、交期协调等基本交易活动，以确保物资的及时供应。

在中国，情况亦然。在传统的计划经济体制下，商品和服务的价格由政府统一规定，这在一定程度上削弱了采购的战略发展空间。在某些行业，尤其是那些相对封闭的领域，我们仍可观察到传统经济模式的影响，采购部门的角色和重要性尚未得到充分的认可与发挥。

随着采购在组织中的战略地位日益提升，其工作重心也经历了显著的转变，从传统的订单处理逐渐转向对供应商的战略管理，再过渡到供应管理。20世纪80年代，麦肯锡公司的一位顾问在《哈佛商业评论》上发表了具有里程碑意义的文章《采购必须成为供应管理》，该文为采购的战略转型吹响了号角。与采购管理的传统职能——围绕订单处理相对应，供应管理更加注重对供应商的全面战略管理。这涉及对开支的深入分析、需求的精准确认、供应商的全面评估、选择与签订协议以及对供应商绩效的持续管理，旨在确保以合适的成本获取高质量的资源。从时间跨度的角度看，供应管理的范畴已经向前延伸至设计阶段和新产品开发过程，向后则扩展至产品生命周期的终结。这种延伸不仅覆盖了产品从构思到退市的整个生命周期，而且对公司的资产、现金流等关键财务指标产生了直接影响，从而对公司的营利能力产生了深远的影响。

美国供应管理协会（ISM）作为全球规模最大、影响力最大的供应管理专业组织，其前身是美国采购经理人联合会（NAPM）。ISM目前拥有超过四万名专业会员，其发布的采购经理人指数（PMI）作为一项关键的经济指标，追踪生产、库存、订单量等关键经济活动的变动，被新闻媒体、学术界、华尔街和政府部门广泛引用，成为评估美国经济状况的重要风向标。ISM的发展历程反映了供应管理在美国企业中日益增长的重要性。在100多年的发展过程中，随着供应管理在美国公司中的战略地位不断提升，ISM的侧重点也经历了从采购到供应管理，再到供应链管理的演进。

图1-4简单地展示了美国采购的演进过程，从最初的采购代理发展到采购管理，再发展到供应管理。在最初的采购代理阶段，内部客户已经确定了需求，选定了供应商并商定了价格，采购部门的职责是执行合同签订、下达订单并确保物料的采购和到货。这一时期的专业组织称作美国采购代理人协会，成立于1915年。随着时间的推移，采购职能开始扩展，不仅包括订单处理，还涵盖了供应商的寻找、管理、价格谈判和合同协商，这一阶段

标志着采购管理的兴起。相应的，专业组织更名为美国采购经理人联合会，这一变化发生在1968年。再后来，进入更为综合的供应管理阶段，采购职能进一步扩展，不仅包含供应商管理，还涉及运输、物流、进出口等环节的协调，确保产品从供应商处顺利到达企业仓库。这一演变体现了采购向供应管理的全面转型，专业组织也随之更名为美国供应管理协会，这一变革完成于2002年。

purchasing agent

1915年
美国采购代理人协会成立

1968年
更名为美国采购经理人联合会

2002年
更名为美国供应管理协会

图1-4　美国采购到供应管理的过程

但是，美国供应管理协会的核心仍然是采购与供应管理，并未全面覆盖广义上的供应链管理。2002年前后，当美国采购经理人联合会更名为美国供应管理协会时，面对为何不采用“美国供应链管理协会”的疑问，协会的回答是供应链管理作为一个概念过于宽泛，尚未形成成熟的理论框架和实践模式。的确，在供应链领域，无论是美国还是中国的职业经理人，当被问及其职位头衔时，多数人的回答倾向于采购、运营或物流等，而非供应链管理。即使是冠以供应链经理头衔的专业人士，他们的职责往往也聚焦于供应链的某一具体环节，而非涵盖整个供应链的宏观管理。然而，无可否认的是，从采购管理到供应管理的转变，是向供应链管理迈进的一大步。

职业认证的发展亦反映了采购向供应管理演进的趋势。美国供应管理协会原先提供的认证是注册采购经理（Certified Purchasing Manager，C.P.M.），该认证历经30余年，全球获得认证的专业人士超过4万人。C.P.M.认证内容广泛，覆盖了价格谈判、质量控制、交付管理、合同管理、供应商选择、供应商谈判、国际贸易、企业经营及人力资源管理等多个领域。为了适应采购向供应管理的演进，美国供应管理协会在2008年推出了“供应管理专业人士认证”（Certified Professional in Supply Management，CPSM），取代了原有的C.P.M.认证。CPSM认证的推出标志着职业资格认证向供应链管理更近一步。相较于C.P.M.，CPSM设定了更高的专业标准，反映了供应（链）管理相较于采购管理在专业知识和技能方面的更高要求。

美国生产与库存管理协会（American Production and Inventory Control Society，APICS）是一个专注于生产与库存管理领域的专业组织。与供应管理协会侧重采购形成对应，APICS历来更侧重于生产与库存管理。随着供应链管理作为一门综合性学科的兴起，APICS为了适应这一发展趋势，并体现其在供应链管理领域的战略转型，该组织在2004年

图1-5　APICS更名，进入供应链管理时代

进行了品牌重塑，更名为APICS——美国运营管理协会（图1-5）。此次更名反映了APICS对运营管理领域内供应链管理重要性的认识，同时也表明了其在拓展服务范围和专业视野方面的积极姿态。尽管进行了名称变更，但APICS仍然保留了其缩写形式，这不仅是对品牌历史的一种传承，也是对其在生产与库存管理领域深厚专业优势的一种强调。在美国乃至全球范围内，APICS作为运营管理领域的权威机构，继续推动着该领域的创新与发展。

在美国宏观经济中，尽管APICS可能不具备如美国供应管理协会所发布的采购经理人指数（PMI）那样的宏观经济影响力，但在生产与库存管理领域，APICS仍然享有不可撼动的崇高声望，它所提供的生产与库存管理认证（CPIM）在生产企业中受到广泛认可与重视。CPIM认证的内容侧重于生产的计划、控制和实施，即如何将销售计划转变为需求计划，进而制定主生产计划，并细化至具体的生产计划与物料供应计划，最终实现生产线的调度和控制。这一认证体系覆盖了生产与库存管理的全方位知识与技能，自1973年首次推出以来，全球已有10.7万人获得了此项认证，彰显了APICS在该领域的权威性和影响力。

伴随着更名，APICS在2005年推出了“供应链专业人士认证”（Certified Supply Chain Professional，CSCP）。从命名上即可见，CSCP认证旨在针对供应链管理；从认证内容来看，它试图全面覆盖供应链管理的三大核心范畴：采购与供应管理、生产运营管理、物流管理；从认证级别来看，CSCP相较于CPIM除了更高的要求，特别是在候选人需具备一定年限的相关工作经验方面，而CPIM认证则未对此作出硬性规定。在过去的10多年中，CSCP认证与CPIM认证并存，CSCP认证在某种程度上可视为CPIM向供应链管理领域的自然延伸，这反映了APICS在全球供应链管理专业领域内，与美国供应管理协会形成有力竞争的战略意图。

2014年4月30日，APICS宣布与供应链委员会（Supply Chain Council，SCC）实现战略合并。此次合并的动机是多方面的。首先，是为了共同应对自2008年金融危机以来全球经济持续低迷所带来的挑战，尤其是在美国，专业协会普遍面临经费紧缩的问题，通过合并，两个组织期望能够优化资源配置，增强财务稳定性和行业影响力。其次，合并也是为了应对运营管理在美国日益衰落的局面，随着外包业务的兴起和供应链全球化的深入发展，很多企业的本土生产制造活动被外包给低成本国家的供应商，原本由运营部门负责的任务逐渐向采购部门转移。这种行业趋势导致了运营领域的专业人才流失，许多原本专注于生产、库存、计划等方面的专业人士转向其他行业，从而削弱了以这些人才为基础的运营管理协会的行业地位。

近年来，APICS继续与其他职业协会进行战略性合并，不断扩大其专业领域的覆盖范围。2015年7月，APICS与原来的美国运输和物流协会（原American Society of Transportation and Logistics，ASTL）实现了合并，这标志着APICS正式进军物流领域，也为它的认证库里增添了一个新的成员——运输与物流认证（Certified in Transportation and Logistics，CTL）。通过这一系列的兼并，不仅丰富了其专业资质认证的组合，也显著增强了其在供应链管理领域的服务能力。如今，APICS可以被视为美国供应链职业协会中涉猎范围最广泛的组织之一。

供应链管理专业人士协会（Council of Supply Chain Management Professionals，CSCMP）是美国第三个与供应链管理相关的协会，也具有显著的影响力，它的前身是物流管理协会（Council of Logistics Management，CLM）。随着物流管理逐渐融入并扩展至供应链管理的更广泛领域，CSCMP为适应这一转变，试图从其物流管理的角度出发，来塑造和引领供应链管理的未来发展。

CSCMP的发展历史，生动体现了从小到大、从单一到全面的演变过程。如图1-6所示，1963年成立的美国实物配送管理协会代表了物流行业的早期形态，运输为其核心职能。这一时期的物流行业主要聚焦于基础的运输任务，即组织和管理车队，实现物品从一点到另一点的实体流动。进入20世纪80年代，物流行业的职能开始扩展，不再局限于运输环节。物流专业人士开始涉足更为复杂的流程，包括仓储、配送、海关清关等，同时管理

1963年
美国实物配送管理协会成立

1985年
更名为美国物流管理协会

2004年
更名供应链管理职业人协会

图1-6　供应链管理专业人士协会（CSCMP）的发展历程

与物流活动相关的信息流，这标志着物流管理的诞生。于是在1985年，美国实物配送管理协会更名为美国物流管理协会，以反映其在运输之外的更广泛业务。再后来，物流管理进一步融合了采购、运营管理等职能，逐步发展成为供应链管理。这一转变在2004年得到了正式的确认，美国物流管理协会更名为美国供应链管理职业人协会，标志着其正式从物流领域跨越到更为广阔的供应链管理领域。在供应链领域，专业人士对于CSCMP的起源和发展轨迹有着深刻的认识。一提到CSCMP，供应链领域的专家们便能洞察到其在物流管理领域的深厚根基。

从专业认证的角度来看，CSCMP在很长一段时间内并未拥有能与ISM和APICS相匹敌的专业认证项目。直到最近，CSCMP推出了SCPro认证，整个认证分为三个层级：基础级是供应链管理的核心知识体系，涵盖供应链管理领域的八个关键模块；第二级是供应链挑战的分析与实施，通过案例探究的方式，评估学员将理论知识应用于实际问题解决的能力；最高级是供应链转型与创新，要求学员在学术机构导师的指导下，深入分析具体企业的真实状况，策划并实施供应链改进项目，以实现诸如提升投资回报率、缩短周转周期等具体的业务成效。SCPro认证目前尚未引进到国内，在美国的影响力也尚在建立过程中。

通过对美国三大供应链相关职业协会的发展历程进行分析，我们可以预见，在不久的将来，供应链管理将继续作为一个多学科融合的综合领域而存在，并在采购、运营和物流的基础上进一步发展和创新。目前，一个明显的集成趋势正在行业协会、工业界和教育界中逐渐显现。众多企业已经整合了采购、运营和物流管理三个部门，并在此基础上设立了全球供应链管理部门。在此过程中，企业资源计划（ERP）软件提供商，如SAP和Oracle，通过其先进的软件解决方案，极大地促进了跨职能协作的便利性和效率。学术界亦积极响应这一趋势，越来越多的院系和专业开始更名或设立供应链管理课程，以培养适应现代供应链管理需求的专业人才。在美国MBA排名中，供应链管理/物流管理专业已经正式与会计、金融、营销、国际管理等传统专业并列，说明供应链管理作为一个独立而成熟的专业领域已经得到了学术界和业界的广泛认可。供应链管理作为从传统的采购、运营和物流管理发展而来的综合性领域，其核心在于对从供应商的供应商到客户的客户的产品流、信息流和资金流进行集成管理，以实现对客户价值的最大化以及供应链成本的最小化。随着全球化竞争的加剧，企业之间的竞争将不再是企业与企业之间的竞争，而是供应链与供应链之间的竞争。在过去二三十年中，美国汽车业在与日本汽车大厂的激烈竞争中一败涂地，就是一个供应链战胜另一个供应链的经典案例。

1.3 供应链管理的最佳实践

彼得·德鲁克（Peter Drucker）曾戏称汽车行业为“工业中的工业”，在20世纪，汽车工业曾两次引领了生产方式的根本变革。第一次世界大战后，亨利·福特和通用汽车的阿尔弗雷德·斯隆将全球制造业由欧洲主导的手工艺生产方式转变为大批量生产模式；第二次世界大战后，日本丰田汽车公司的丰田英二和大野耐一提出了精益生产的概念，这种卓越的生产系统不仅在日本其他公司和行业中得到广泛采纳，也为日本赢得了当今全球经济中的领先地位。

20世纪70年代，丰田生产方式在全球范围内引起了广泛关注，因为丰田是在石油危机期间，少数几个不仅生存下来，且保持较高盈利率的公司之一。有许多证据可以证明丰田的成功，比如其无债务的财务状况，以及其盈利能力堪比大型银行。

丰田以其卓越的质量控制系统而闻名，1966年，它成为首家获得日本质量控制奖的公司。至今，仅有7家公司获此殊荣，这一奖项成为众多企业梦寐以求的荣誉。丰田的工人建议系统同样备受赞誉。丰田生产方式（有时亦称为“看板”系统）被业界广泛认为，相较于泰勒的科学管理法和福特的批量生产流水线系统，是一种更为先进的生产管理系统。大野耐一作为丰田生产方式的创始人，他的理念源于对生产效率的深刻洞察。面对生产少量多样化汽车的需求，丰田生产方式应运而生，旨在创建一种灵活的生产系统，以适应产品多样性和市场需求的波动。这种方法与西方传统的大规模生产模式——专注于单一型号汽车的大量生产——形成了鲜明对比。同时，大野耐一还坚定地致力于消除生产过程中的所有浪费。他将浪费进行了细致的分类，以便于识别和消除，这些分类包括：

- 过度生产：超出客户需求的生产量，导致资源的不必要消耗。
- 机器时间浪费：机器等待操作或材料的非生产时间。
- 运输浪费：在生产过程中不必要的物料搬运。
- 加工浪费：不必要的或过度的加工步骤。
- 库存浪费：在生产和供应链中非必要的存货。
- 动作浪费：工人不必要的动作，增加了劳动强度而未增加价值。
- 缺陷浪费：因产品缺陷导致的返工、报废或客户退货。

大野耐一认为，过度生产是导致其他类型浪费的根源。为了解决浪费问题，大野耐一发明了具有划时代意义的丰田生产方式，其核心特征包括准时制生产和自动停止。

“准时制”指将精确数量的所需部件在合适的时刻送到连续运行的生产线上。这一概念的实施颠覆了传统的生产思维——即在部件备好后才进行下一步生产。然而，大野耐一逆转了这一顺序，使每个生产阶段返回到上一阶段去获取准确数量的所需部件。这种方法使库存需求水平明显降低。

尽管大野耐一在1952年就提出了“看板”概念，并开始在机器操作和生产线中试验性地应用，但丰田耗费了将近10年的时间才将此概念全面推广至所有工厂。这一概念在工厂成功确立后，大野耐一开始将其经验推广至丰田的分包商。早年，他曾邀请分包商参观丰田工厂，并派遣工程师提供专业咨询，以确保部件能够“准时”送达生产线，这是丰田与其分包商共同努力的结果。

看板是一种信号板或标签，用于在生产流程中传递信息。每个元件箱在进入生产线时都会附上一个看板，指示所需的数量和类型。由于元件是按需供应的，看板在元件使用后可以被回收并重复使用，既记录了完成的工作量，也为新的部件下订单提供了依据。看板系统的精妙之处还在于看板能够协调生产线上各部件的流动，最小化生产过程中的延误。比如，一台发动机组件在早晨进入工厂，经过高效的生产流程，同一天傍晚就能作为成品车的一部分离开工厂。看板系统作为丰田生产方式的一个关键工具，其本身并非终极目标，而是实现高效生产和流程优化的手段之一。

准时制概念有以下优点：①缩短生产周期：JIT通过优化生产流程，可以显著减少从订货到交货的所需时间；②减少非增值活动：JIT通过减少生产过程中的等待和缓冲时间，有效降低了非增值活动；③降低库存水平：通过精确的物料需求计划，JIT减少了库存成本，同时提高了资金流动性；④流程间平衡：JIT促进了不同生产流程间的平衡，确保了资源的高效利用以及收支的平衡；⑤问题可视化：JIT通过即时反馈机制，使生产过程中的问题迅速显现，便于快速解决。

丰田生产方式的另一个结构特色是自动停止，与自动运行不同。自动停止是一个新造词，它表示将机器设计为在检测到异常或质量问题时能自动停止运行的系统。丰田的生产线均配备了这种自动停止机制，使得一旦生产出不合格品，相关机器及整个生产系统将自动暂停。这种设计要求对问题源头进行彻底的分析和整顿，以防止错误的重复发生，而不仅仅是表面的应急修复。大野耐一视此为生产理念中的一次革命性变革。工人在机器正常运行时无须持续监控，只有在机器停止时才进行检查，允许一名工人同时监管多台机器，显著提高了劳动生产率。这种生产方式要求工人具备更广泛的技能和责任感，因为他们需要监管不同的机器并随时准备应对生产中的异常情况。此外，这种方法还为机器布局和生产流程带来了更大的灵活性。工人的职责和技能范围因此而显著扩大，要求他们乐于发展多技能，以适应多样化的生产需求。该概念还延伸到手工流水线工作中，工人在发现任何异常时都有权停止生产线，这种授权进一步强化了质量控制和员工参与度。

现代自动化生产中存在一个常见错误，即在未充分考虑下游流程需求的情况下，进行过度生产。此外，由于传统自动化机器设备通常缺少内置的自我诊断机制，一旦发生运行故障，可能会影响整个批次，造成大量产品的质量问题。丰田生产方式通过在每台机器上配备自动停止装置来预防这类问题的发生。

参观丰田工厂的访客注意到，工厂的天花板上到处悬挂着众多大型信号板，这些信号板是生产线上的视觉管理系统的一部分。当某台机器发生故障时，相应的信号灯会亮起，提醒操作者立即关注并处理问题机器。丰田生产方式的目标是实现全年生产量的平稳化，即通过平衡不同部件的生产计划，避免在特定时段（如月末）出现工作量的激增。这种系统有助于更好地适应需求增长缓慢且多变的市场环境，满足顾客的多样化需求。可以想象，丰田生产方式的基础是持续改进和全面质量控制。它认为唯有在所有生产环节，包括外部供应商的分包流程中，实现最高标准的质量控制，才能确保生产流程的顺畅运行。任何质量上的疏漏都可能导致生产中断。因此，丰田在8项日本质量控制大奖中荣获5项，这绝非偶然，而是其对质量控制不懈追求的必然结果。

丰田在改进工厂布局、调整批量生产与连续流生产的关系，以及改善工人作业效率等领域取得了显著成就。换言之，看板系统和准时制概念是丰田在上述领域持续改进和努力的成果。特别是在库存管理方面，丰田的创新达到了新的高度。通过在这些核心领域的深入努力，丰田实现了比欧美汽车制造商高出10倍的资本周转率，这一成就凸显了其生产方式的卓越效率和效益。

汽车行业供应商按图加工，无论是日本的丰田公司还是美国底特律的三大汽车巨头，在面临日益增长的成本压力时，都在寻找降低成本的新途径，发现零配件供应商的成本是可以在供需双方共同努力下优化零配件设计来降低成本，从而实现双赢。日本企业似乎已经找到并实施了这种双赢的管理机制，成功地调动供应链上的企业共同努力，并共享成果。相比之下，美国的老牌汽车企业，尽管曾经拥有福特创立的红河联合企业的辉煌历史，却难以摆脱大批量生产模式的惯性。随着市场环境和国际竞争条件的变化，从传统的按图加工订货方式转变为更加灵活的供应商管理方式，并建立利益共享的管理框架，其难度愈发加大。这种转变的滞后，导致三大汽车公司在市场竞争中逐渐失去优势，最终使得底特律沦为工业遗址之城，引发了深刻的反思。值得注意的是，自1928年起，福特公司的大批量生产管理体系，包括设计、设备、技术、管理团队等，大规模地移植到了苏联。在美国经济大萧条时期，多达约十万工程技术管理人员在苏联工作，这一方面帮助苏联快速实现了汽车工业的工业化，另一方面也将大批量生产的管理传播到苏联。照图制造、大批量生产的管理模式在当地以法规制度形式传承和延续。此时，距离Miles（麦尔斯）出版《价值分析与价值工程技术》一书还有三十年，该书对后来的生产管理和成本控制理念产生了深远的影响。

1.4 供应链管理实践的传播

在建筑行业，由于设计、采购、施工、运维分离的背景下，项目论证、方案设计、初步设计阶段若得不到有采购、施工、运维知识的支撑，设计只对《建筑工程设计文件编制深度规定》负责，采购时产品定义不清，采购与施工时按图执行，运维与总承包商、厂家脱节的状况，是否可以从日本汽车行业的最佳实践中得到一些启示。

供应链管理实践经历了由日本向欧洲、北美的传播，以及从汽车行业向其他行业的扩散，展现出了其非凡的影响力。美国学术界将这些实践总结为现代企业管理理论的重要组成部分。20世纪90年代后期，华为公司引入了国际商业机器公司（International Business Machines Corporation，IBM）的集成供应链管理，旨在打破职能部门间的壁垒，实现横向联系，从而提升整个供应链的效率。2005年，联想集团并购IBM的PC业务，并全面继承了IBM的供应链管理体系。2009年，海尔集团也成立了专门的供应链管理部门。近二十年来，供应链管理的概念已经深入人心，广泛应用于建筑、零售、服装、餐饮、电子商务等多个行业。这些行业逐渐认识到供应链管理的价值，打破部门之间和企业之间的壁垒，通过全局优化来提高公司绩效的重要性。供应链管理已经成为企业参与市场竞争的核心手段。建筑工程供应链管理的基本原理应当从供应链的源头开始探索。通过吸收日本工业界在全面质量管理和精益生产方面的成功经验，并结合其他行业的最佳实践，来优化自身的供应链管理。

自20世纪60年代起，日本汽车工业开始逐渐向海外扩展，其中日产公司是这一战略行动的先行者。1958年，日产在墨西哥设立了发动机工厂和总装厂，这标志着日本汽车制造商首次在海外建立生产基地。此后，除了一些产量有限的组装工厂外——这些工厂通常由持有许可证的当地企业运营，而非由日本公司直接管理——在1968年之后的很长一段时间内，日本没有其他汽车企业进入受保护的发展中国家市场。例如，1966年，巴西政府禁止整车进口后，丰田公司采取了向当地的巴西企业出售许可证的方式，通过进口零部件在巴西组装Land Cruiser系列汽车。在1982—1992年的十年间，日本汽车企业在美国中西部地区建立了一个规模庞大的汽车工业基地，其产业规模可与法国相媲美，甚至超过了英国、意大利和西班牙。到了20世纪90年代后期，日本公司在北美地区的汽车生产能力至少占据了三分之一的市场份额，并且具备在距本土7000英里之外的异国他乡设计和制造整车的能力。

与此同时，供应链管理的最佳实践也随着日本的全球化战略向世界各地传播，且实现了跨行业的传播。这种传播不仅局限于制造业和大批量行业，更拓展到了非制造业和小批量行业。

1.4.1 日本企业的供应链管理实践

在日本，以一家排名前十的大型建筑承包商为例，该公司在全日本拥有1.3万多家供应商，其中1200家供应商已为其服务超过100年。这种长期的合作关系在日本企业中并不罕见，家族企业的子承父业传统促进了企业间世代相传的稳定合作。供应商家族的子女通常会在大学毕业后加入总承包商公司工作，待到家族企业需要传承时，再回归并接管家族业务。这些总包企业与供应商之间的合作关系极为稳固，总包企业每年会组织供应商开展一系列活动，旨在统一采购标准，强化合作要求，并奖励表现优异的供应商。此外，总包企业还会在日本不同地区有意识地支持供应商的业务，确保他们全年的业务稳定。关于成交合同价的确定，总包企业的采购部部长明确指出，由于对供应商成本结构的深入了解，价格谈判并非难题，得益于与高质量供应商的长期合作，日本总包企业在工期和质量控制方面面临的挑战较小。这位部长自豪地表示，他曾是日本顶尖的项目经理，能将项目半年后的施工计划精确安排到半天的工作量。

这家总承包商的供应商一般是小而专业的企业，通常拥有5 ~ 10名员工，专注于某一两个专业领域。尽管规模不大，但他们在专业技术、产品构造和工艺方面极其精湛，对自己的产品和专业领域有着深刻的了解和自豪感。这些供应商在店面入口处明确展示价目表，对长期合作伙伴和临时采购者采用不同的定价策略。特别值得一提的是，有一家东京的钢楼梯供应商，他们没有生产车间，主要从事深化设计、现场测量、下料和安装供货服务。得益于他们的专业支持，总包企业能够在施工期间使用消防钢楼梯作为临时通道，并最终将其作为正式工程的一部分。这些钢楼梯的尺寸与结构设计精准匹配，表面处理整洁美观，加工工艺精湛，细节考虑周到。尽管该专业分包商没有自己的钢楼梯加工厂，但他们凭借长期的专业技术积累，为总包企业分担了大量的技术性工作，精心安排与钢楼梯相关的专业工序，确保了最终产品的精细度和质量。这家总承包商在中国有采购办事处，该办事处的主要职能是利用中国地区的低成本优势，按照日本严格的质量标准，生产并供应半成品，以此支持公司的全球采购战略。实现全球范围内的材料和部件采购，得益于公司在深化设计管理方面的卓越能力，以及将设计要求有效转化为采购操作的能力。以单元式幕墙为例，日本公司的采购负责人首先对生产班组的工艺技能、工作效率、加工节点及原材料供应商的质量标准进行评估，基于评估结果，确定生产班组、工艺流程和原材料采购加工渠道，以确保半成品的质量和一致性。半成品样品需经过总包项目经理和深化设计师的严格验收，之后才能进入大批量生产阶段，并最终运往施工现场进行现场验收。这一系列严谨的流程不仅确保了采购人员对产品工艺质量和成本结构的深刻理解，而且促进了与供应商之间的长期合作关系的建立。在长期合作的基础上，双方在商务条件、价格等方面达成共识，形成了互利共赢的合作模式。总包公司还特别邀请供应商实地考察日本的工地，全面了解单元体从工厂生产到现场安装的全过程，以便供应商理解采购方对原材料选择、加工质量、运输安排、现场验收和安装工艺等方面的具体要求，从而加强双方的合作基础。

此外，这家总承包商在上海的设计所负责人对单元体幕墙的一个关键防水节点有深入的研究。该设计所负责人明确指出，此类详图是总包方根据施工图要求制定的，已成为企业内部图集的标准组成部分，对确保施工质量起着至关重要的作用。这些详图不仅是质量保证的基石，更是总承包商设计师与供应商长期合作、共同研讨产品需求和工艺技术的智慧结晶，逐渐塑造成为企业的质量工艺标准。随着新工艺、新材料的诞生，在与设计师就产品功能的碰撞研讨中，催生了新的工艺节点。企业从产品性价比的角度出发，对这些新节点进行评估和迭代更新，以此推动产品性能和成本效益的持续优化。所以，产品设计师扮演着双重角色，一方面，他们需要深入理解并满足最终用户的需求，降低企业的生产成本；另一方面，在采购过程中，他们借助采购平台，与供应商就专业材料节点、工艺设备等方面进行深入探讨，不断优化最终产品的性价比实现方式，从而推动建筑产品技术的持续创新和发展。总包企业（或设计单位）借助采购环节的长期合作，与供应商共同努力，致力于使最终产品品质更优、更具市场竞争力、全供应链成本更低。在这一过程中，总承包商的采购权和供应商管理方式发挥着关键作用。

1.4.2 美国苹果公司的供应链管理实践

史蒂夫·乔布斯在重返苹果公司的第一年，推出了“非同凡想”的广告和创新的iMac，再一次向世人展现了他的非凡创意和远见卓识，这些特质在他在苹果公司的第一阶段就已经显现。然而，对于乔布斯是否具备成功运营一家公司的能力，业界普遍持保留态度，因为在他此前的职业生涯中，这方面的才能并未得到充分展现。令人惊讶的是，乔布斯开始深入以细节为导向的实际工作中，这让他的同事们感到意外。他们记忆中的乔布斯，是一个充满奇思妙想，不受世俗束缚的梦想家。“他成为一个真正的经理人，不再是我们记忆中的行政官或空想家。这种转变让我既惊讶又欣慰。”时任董事长埃德·伍拉德回忆道，他正是那位说服乔布斯回归的关键人物。乔布斯的管理准则是“专注”。他采取了一系列果断措施，取消了多余的生产线，并在开发中的操作系统软件中剔除了那些非关键性的功能。他还进一步放宽了对产品制造过程的直接控制，将从电路板到成品计算机的整个制造流程外包出去。他对供应商的要求极为严格，这体现了他对产品质量和生产效率的高标准。乔布斯接管苹果公司之初，公司的产品库存周期已超过两个月，这比任何一家科技公司都要长。由于计算机产品的保鲜期与鸡蛋和牛奶一样短暂，这么长的库存周期对利润构成了高达5亿美元的潜在损失风险。到1998年初，乔布斯通过优化供应链管理和生产流程，成功将库存周期缩短至一个月。

乔布斯的成功并非一蹴而就，他在管理上坚持原则，不采取温和的“怀柔政策”。面对安邦快运（Airborne Express）一家分公司在零件运送速度上的不足，乔布斯指示一位苹果公司的经理终止与其的合约。该经理提出反对意见，担心此举可能引发法律诉讼。对此，乔布斯坚定回答：“告诉他们，如果他们不能满足我们的要求，就永远不要想从我们这里拿到一分钱。”这场争议最终导致该经理辞职，并引发了一场耗费一年时间才得以解决的法律纠纷。该经理曾表示，如果他能继续留在苹果，其股票期权的价值可能达到1000万美元，但他清楚自己无法承受乔布斯的管理风格。乔布斯对供应链的严格要求同样体现在对新经销商的规定上，要求其将库存减少75%，而这一目标最终也得到了实现。这家公司的CEO评价说：“乔布斯丝毫不能容忍差错。”另一个典型案例是VLSI公司在芯片供应上出现问题，无法按时交付足够数量的芯片时，乔布斯在一次会议上大发雷霆。尽管遭遇了乔布斯的严厉批评，VLSI公司最终还是成功地按时交付了芯片。在乔布斯手下工作了三个月之后，苹果公司的运营主管因承受不住巨大的工作压力而选择辞职。随后的一年中，乔布斯亲自接管了运营部门，因为他对前来应聘的候选人持有保留态度，认为他们“在生产制造方面持有过时的观念”。他想寻找的是一位能够建立准时制工厂和供应链的人才，类似于迈克尔·戴尔公司做的那样。1998年，他遇到了蒂姆·库克，当时37岁的库克彬彬有礼，是康柏计算机公司的采购和供应链经理。后来，库克的加入，不仅填补了苹果公司运营经理的空缺，而且随着时间的推移，他逐渐成为乔布斯在运营苹果公司方面不可或缺的战略伙伴。乔布斯评价他的合作伙伴库克时表示：“蒂姆·库克的背景正是我们所寻求的。他在采购领域的专业经验，正是苹果公司当时所需的。我在日本考察了许多实施准时制生产的工厂，并为Macintosh和NeXT公司建立过类似的生产系统。我对我想要的有着清晰的愿景。当我遇到库克时，我惊喜地发现他和我有着相同的见解。我们开始了紧密的合作，很快我就确信他对运营有着深刻的理解，并且非常清楚自己的职责所在。我们在愿景和高级战略上达成了共鸣，能够进行有效的互动。我有时会忘记事情，而库克总能及时提醒我。”

蒂姆·库克在亚拉巴马州的罗伯茨代尔长大，这是一个坐落于莫比尔市和彭萨科拉市之间的小镇，仅需半小时车程即可抵达风景如画的墨西哥湾。他的父亲在当地一家造船厂担任工人。库克的学术旅程起始于奥本大学，学习工业工程，之后在杜克大学继续深造，取得了商业学位。随后的12年，他在北卡罗来纳州的三角研究园（Research Triangle）为IBM工作。乔布斯面试他的时候，库克刚到康柏公司工作。作为一名始终以逻辑严谨著称的工程师，康柏公司的职位对他来说似乎是一个更加理性的职业选择。但是，他被乔布斯所散发的个人魅力和苹果公司的创新精神深深吸引了。库克回忆道：“在乔布斯首次面试我的5分钟内，我就决定把谨慎和逻辑置于一旁，选择加入苹果。我的直觉告诉我，这是一生中唯一的机会，能够为一位创意天才工作。”于是他从康柏辞职加入了苹果。他后来反思说：“工程师理应通过理性分析来作出决策，但在关键时刻，本能和直觉往往发挥着不可或缺的作用。”

在苹果公司，库克扮演了将史蒂夫·乔布斯的直觉转化为实际行动的关键角色。他默默耕耘，全心投入工作，至今未婚。库克的日常作息极为规律，通常在凌晨4点半起床处理邮件，随后进行一小时的健身，并于清晨6点前抵达办公室。 每个周日的晚上，他都会安排电话会议，为下周的工作做足准备。在面对乔布斯这位易怒且情绪多变的领导者时，库克总能以冷静的姿态、亚拉巴马州人特有的沉着口音和坚定的目光来稳定局势。正如《财富》杂志的亚当·拉辛斯基所描述的，库克虽然偶尔展现幽默，但通常面带严肃，他的幽默感也是含蓄而微妙的。在会议上，以长时间的沉默而闻名，这常使与会者感到不安，而此时唯一能听到的便是他撕开能量棒包装纸的声音。

在库克的早期任职期间，一次会议中他得知苹果的一家中国供应商出现了问题。他直言不讳地表示：“这太糟糕了，应该有人马上去中国处理这件事。”30分钟后，他注意到一位运营主管仍坐在会议室，便面无表情地问：“你怎么还没走？”那位主管立刻起身，未带任何行李，直接开车前往旧金山机场，搭乘下一班飞机前往中国。这位迅速行动的主管后来成为库克的得力助手。

库克对苹果的供应商进行了大刀阔斧的改革，将主要供应商数量从100家减少到24家，并要求他们减少其他公司的订单，同时说服许多供应商搬迁到苹果工厂旁边。此外，他还关闭了公司19个库房中的10个。随着仓库数量的减少，库存无处安放，库克进而实施了减少库存的措施。到1998年初，乔布斯已经将库存周期从两个月缩短至一个月。然而，到了同年9月底，库克已经将库存周期缩短至6天；到了第二年的9月，这个数字更是缩短至两天，有时仅为15个小时。库克还成功将制造苹果计算机的生产周期从4个月缩短至2个月。这些改革不仅大幅降低了成本，而且确保了每一台新计算机都安装了最新的组件，从而提升了产品的市场竞争力。

在美国，不仅是苹果公司进行了供应链改革，还有很多公司均进行了供应链改革，例如，EPC巨头福陆公司通过其完善的供应链管理，将战略供应商在设计阶段就纳入项目，利用供应商的经验和专业技术来降低项目总成本并加快项目进度。根据美国建筑工业研究院的统计，福陆公司通过供应商的早期介入，能够降低成本4%～8%，并加快项目进度10%～15%。当我国开始推广EPC 工程总承包时，建筑工程总承包企业通过全面、深入的供应商协作，通过设计、采购、施工各环节联动，是否也可以取得同样的绩效？

1.4.3 中国企业的供应链管理实践

华为创立于1987年，1987—1997年的10年是华为初期供应链的建设期，华为初期供应链总体而言更像生产系统，供应链的业务处于功能建设阶段。然而，初期供应链在公司发展规模不断扩大的同时其弊端也开始显现，其所在的电信设备行业有其批量小、品种多、复杂度高的特点，但随着规模的扩大使得供应链活动造成巨大的资源损耗，致使华为面临着巨大的企业运营压力。1997年，华为公司CEO任正非开始意识到供应链的重要性，他说："集成供应链（Integrated Supply Chain，ISC）解决了，公司的管理问题基本上就解决了。"1998年，华为开始全面引进了IBM的管理模式，ISC就在其中。ISC相较于初期供应链更加系统化，它是将提供单一或多种产品和服务的供应商、制造商、销售商和客户群体协同串联成链式网络。通过对产品或服务生产全过程的设计和严格把控，充分整合商流、物流、资金流和信息流，优化配置企业内外部资源，供应链效能得到充分发挥，从而达到降低供应链总体运作成本的目标。集成供应链管理主要就是依托软件与技术的结合，将企业原来孤岛式的各部分统络在一起，所有的职能部门以及供应链运作流程的各节点实现信息互联互通。除此之外，集成供应链管理通过信息系统集成实现组织间的协同，简化企业内部的工作流程，将供应链各成员企业和不同层级的供应商归拢整合，供应链运行逐渐向高效化、信息化转变。华为的这一战略举措开创国内集成供应链管理领域的先河。自2016年起，华为进一步推动供应链的数字化转型，并于2020年后在综合人工智能主动型供应链方面取得显著进展。

海尔集团在1998年开始业务流程再造，步入了供应链整合阶段。一是以"市场链"为基础的业务流程再造。通过对业务流程进行调整，把原来各事业部的采购、资金流、销售业务分离出来，重建独立的业务流程、物流、资金流、促销点，集团全面实施标准化营销、标准化采购、监督，并通过整合人才研发、技术品质管理、信息管理、设备管理、法律、企业安全等传统科技资源，以创新的技术开发、人才研发、客户信息管理以及"三

T”核心流程支持（TCM整体计划、TPM设备管理、全面质量控制）保证系统的实施。自海尔开启供应链整合模式之后，形成了横向网络化的同步业务流程，实现了资源共享与规模效应，提升了订单响应速度及成本竞争力。二是“一流三网”的同步模式为订单信息流提速。“一流”是指以订单信息流为中心，“三网”分别是全球配送资源网络、全球采购资源网络、计算机信息网络。以订单信息流为中心，将海尔遍布全球的分支机构整合在统一的平台上，从而使供应商和客户、企业内部信息网络这“三网”同时开始执行与运作，为订单信息流的增值提供支持。具体来说，“一流三网”的同步模式主要内容包括：①整合全球供应链资源网，快速满足用户需求，建立双赢的合作伙伴关系；②整合全球配送资源网，实现JIT过站式物流；③构建计算机信息网络建设，连接新经济速度，提高对客户的响应速度。

联想集团在2005年并购了IBM的PC业务，全盘接受了IBM的供应链管理体系。通过这次并购，联想迅速将其中国区供应链与全球供应链相对接，实现了全球布局的关键一步，构建起一个覆盖广泛、响应迅速的全球供应链网络。其使得联想能够更有效地管理从原材料采购、生产制造到产品分销的整个流程，优化库存水平，缩短产品交付时间，并提高对市场变化的适应能力。

近年来，供应链管理的概念在中国各行各业得到更深入的认识和应用。大型企业和中小企业都开始重视供应链管理的价值，认识到打破部门间的壁垒、实现全局优化对于提升公司绩效的重要性。在制造业，供应链管理有助于降低成本、提高生产效率；在建筑业，它能够确保材料供应的及时性和工程进度的顺利进行；在电商业，供应链管理优化了库存控制和配送效率；而在餐饮业，它则关乎食材的新鲜度和服务质量。这些行业通过供应链管理的实践，不仅提升了自身的竞争力，也推动了整个产业链的协同发展和创新。

第2章

建筑工程采购管理现状

▶▶ **导读**

建筑行业发展至今，总承包商资源组织横向集成已成惯例，总承包商与供应商的采购关系管理越来越成为影响项目管理效率的核心问题，在建筑工程管理中经常出现的质量、进度、成本、运维等问题，其根源深究起来均与采购管理高度相关，这既是本书成因，也是本节要重点论述的内容。基于此，本节将从承包商更好地满足用户需求，为用户提供高性价比的产品和服务，提高市场竞争力的角度详细论述建筑工程采购管理的现状及特点。

2.1 建筑工程总承包企业采购管理发展历程

自20世纪中叶以来，中国的建筑行业经历了从计划经济到市场经济的深刻转型。新中国成立初期，受苏联模式的影响，工程建设领域采取了集中化的计划管理方式。“一五”计划期间，苏联援建的156个重点项目的建设标志着我国大规模工业化的起步，参与这些项目的施工企业大多在后续的发展中成为行业的中坚力量。当时，面对百废待兴的局面，我国建筑行业在设备、技术、建设等方面的管理采取了苏联的计划经济管理模式，直到1965年至1980年大规模“三线建设”时期，物资和设备由国家统一调配仍是常态，采购模式依旧延续了计划经济的特点。

改革开放后，市场机制开始逐步引入，但建筑行业的采购体系并未完全适应新的市场环境，先后经历了供应短缺、价格双轨制两个特殊时期。特别是在房地产市场的高速发展期（1996—2016年），施工企业主要负责属地材料的采购，而复杂的材料设备采购多由业主方或开发商承担，施工企业缺乏大型复杂的采购实践经验，这一时期的施工企业仍未能建立起全面的建筑工程产品采购体系。

自2016年起，随着国家承发包方式的改革，以及响应行业新时代高质量发展的要求，建筑行业开始向工程总承包商对产品负责、设计采购施工一体化的方向发展，随之广泛推广的EPC工程总承包模式，就是要求总承包商作为有采购权的核心企业，通过对最终产品形成过程中的信息、资金、物流进行管理，为最终用户提供性价比更高的产品和服务。EPC工程总承包模式对施工企业的采购管理提出了更高的要求，总承包商不仅要负责最终产品的性价比，还需通过供应链管理提高整体效率、降低成本，从而增强市场竞争力。

2020年，作者曾到江苏南京考察某大型综合EPC项目管理情况，发现项目团队面临最大的挑战就是采购问题。EPC模式要求项目团队不仅要掌握专业知识，还需要快速适应新的采购流程。传统施工企业在这之前缺少类似的采购经验，也没有现成的采购资源，更不用说专业的供应商集成管理经验，作者发现，有大型施工企业曾明文提出“采购决定设计、采购决定进度、采购决定成本、采购决定质量”的标语，由此采购管理在当前之于传统施工企业的重要性和迫切性可见一斑。

过去几十年，施工总承包企业由于采购品种有限、业主参与采购等原因，未能建立起一个合理且高效率的采购管理体系，也从未涉及专业的供应商集成管理。传统模式下，供应商与施工企业大多进行一次性合作。合作过程中，供应商倾向于将大量精力花在找关系、通人脉上，施工企业也很少考虑通过参与项目设计，提高公司业务能力范围以及提高产品性价比来提升市场竞争力，这种合作不仅交易成本高，合作方之间信任关系也比较弱。然而，新的市场环境下，供需双方的合作模式正在发生变化，工程总承包商的采购管理能力逐渐成为提高行业供应链整体效率的关键。随着EPC工程总承包方式的进一步推广，总承包商对建筑最终产品的性价比要求越来越高，与此同时，随着时代的发展，建筑项目也变得越来越复杂，要想更好地实现设计成果和项目目标，需要技术力量雄厚的专业供应商参与从设计到产品的各个阶段、各个环节中去，从另一个角度来说，这也使供应商通过专业技术、产品性价比和服务优势取得长期订单成为可能。

随着房地产时代落幕，今后建筑行业采购管理方式将决定供应商的生存发展方向，并从根本上影响建筑行业产业链的发展水平。在这一转型过程中，国内建筑工程承包商可以借鉴其他行业的供应链管理的成功案例，通过供应链管理的优化，提高市场竞争力，同时促进整个建筑行业的高质量发展。随着行业对采购管理的重视程度不断提高，我们有理由相信，中国建筑行业将迎来更加繁荣和可持续的未来。

【小贴士】

价格双轨制是在改革开放初期，为了解决计划经济向市场经济过渡期间的一系列问题而采取的特殊经济政策，指在一定时期内，对商品房和保障性住房实行不同的价格管理方式和供应机制。实行价格双轨制可以缓解当时由于经济快速发展和城市化进程的加速导致的居民住房紧张问题，在一定程度上避免房价过快上升，减少市场投机行为，也有助于激活房地产市场，吸引更多的社会资本投入住房建设，推动房地产行业的发展。价格双轨制的实施使中国的房地产市场在保证效率的同时，也兼顾了公平，为后续房地产市场的健康发展奠定了基础。

2.2 建筑工程采购管理发展现状

2.2.1 建筑工程项目的定义和特点

建筑工程项目是指在特定地点通过科学的规划设计、组织施工和管理协调，依照相关法律法规和行业规范，利用建筑材料和技术手段，将建筑物或构筑物从无到有、从设计蓝图到实际建成的复杂过程，涵盖了设计、采购、施工、监理等多个环节，涉及多方参与，具有规模大、周期长、高投入、高风险和高度专业化的特点。

（1）工程项目具有复杂性：建筑工程项目通常涉及多个专业领域，如建筑、结构、电气、给水排水、暖通等，各专业之间需要高度协调和配合。此外，项目的设计、施工、材料选择等环节均需综合考虑。

（2）工程项目具有不可逆性：建筑工程项目的建设过程具有不可逆性，一旦某个环节出错，往往很难进行修改，修复成本也非常高。

（3）工程项目具有动态性和不确定性：项目在执行过程中经常会遇到不可预见的问题和变化，如设计变更、施工环境变化、市场价格波动等，要求项目管理具备较高的灵活性和应变能力。

（4）工程项目的地域性较强：建筑工程项目具有明显的地域性特征，不同地区的地理环境、气候条件、资源供应等因素对项目的设计和施工有重要影响。

（5）工程项目需要多方参与：建筑工程项目涉及多方参与者，包括业主、设计单位、施工单位、监理单位、供应商等，各方需要密切合作和有效沟通。

（6）工程项目通常是一次性的：每个建筑工程项目都是独特的，具有一次性完成的特点，不像制造业可以进行大规模重复生产。因此，每个项目的计划和管理都需要个性化定制。

（7）工程项目通常规模大、周期长：建筑工程项目一般规模较大，涉及的工序和环节众多，从前期的规划设计到后期的施工完成，往往需要较长的时间周期。

（8）工程项目通常高投入、高风险：建筑工程项目通常需要大量的资金投入，同时也伴随着高风险，包括经济风险、技术风险、自然灾害等风险。

（9）工程项目受法规和规范约束：建筑工程项目需要遵守一系列的法律法

规和行业规范，包括建筑设计规范、施工规范、安全规范等，任何违规操作都可能导致项目停工或返工。

这些特点决定了建筑工程项目的管理需要高度专业化、系统化和科学化，以确保项目的顺利实施和成功完成。

2.2.2 建筑工程项目的采购模式

2.2.1节提到，改革开放后，我国的建筑项目物料采购部分由施工企业负责，而复杂的材料设备采购则多由业主方或开发商承担。由甲方进行采购可以保证质量，主动控制成本，但是程序复杂，采购周期长；由施工企业根据合同要求自行负责材料和设备的采购，根据自身的供应链管理能力、市场价格、质量要求等因素选择合适的供应商，施工企业能够拥有更大的自主权和灵活性，也能有效减少中间环节，进而节约工程成本，使工程总承包企业通过供应商关系与采购管理变革提高绩效成为可能。新的市场环境下，供需双方的合作模式正在发生变化，由施工企业采购物料在实际中应用变得更加常见，其采购管理能力也在实践过程中逐渐得到完善和提升。

1. 采购模式

（1）定价采购和议价采购

根据采购物料的价格确定方式可以分为定价采购和议价采购。

定价采购模式下，采购方根据市场调研或历史数据设定一个固定的价格，供应商必须按照这个价格提供商品或服务。这种模式能够简化采购流程，减少谈判成本，确保预算控制，但可能会限制供应商的选择范围，对市场变化的响应不够灵活。定价采购基于预先设定的价格，通常不考虑供应商的个别成本结构，适用于标准化的建筑材料或设备采购。

议价采购模式下，采购方需要与供应商通过谈判来确定商品或服务的价格，这种模式能够提供一定的灵活性，适应市场需求变化，有助于供需双方建立长期合作关系，但是谈判过程可能比较耗时，需要专业的评估和谈判技巧。通常适用于价格可能会有较大波动的项目，如技术复杂或具有特殊性能要求的设备、专业分包服务等。

（2）集中采购和分散采购

根据采购活动的组织和管理结构可以分为集中采购与分散采购。

集中采购是指由一个中心化的采购部门或团队负责整个组织或多个项目的所有采购活动，这种模型能够实现规模经济，简化管理流程，提高采购效率，但可能会降低对特定项目需求的响应速度和灵活性。集中采购模式对于大型建筑项目来说比较常见，因为它们通常需要大量的材料和设备，可以通过集中采购需求获得更好的价格和服务。

分散采购模式下，各个项目或部门根据自己的需求独立进行采购活动，能够提高采购的灵活性和响应速度，更好地满足特定需求，但可能导致采购成本增加，管理更加复杂。通常适用于具有独特需求或材料、设备供应商的地理位置较分散的项目。

（3）人工采购和电子采购

根据采购过程的技术应用和自动化程度可以分为人工采购和电子采购。

人工采购是传统的采购方式，通常涉及询价、招标、谈判等环节，需要采购方与供应商进行直接的沟通和协商。这种模式适合处理复杂的采购决策，能够提供个性化服务，但是采购效率较低，容易出错，难以实现大规模管理。

电子采购是一种利用信息技术，通过电子平台进行采购活动的模式，包括在线招标、电子订单、电子支付等。电子采购能够提高采购透明度，降低交易成本，加快采购流程，但是需要技术支持和系统维护，并且对用户培训有一定要求。电子采购适用于各种规模的采购，特别是在供应链管理、电子市场等环境中。

2. 物料采购方式

根据《中华人民共和国政府采购法》和《工程建设项目货物招标投标办法》，施工单位在物料采购方面可以采用以下几种方式：

（1）公开招标

公开招标是一种强调公平、公正和透明，允许广泛市场竞争的采购方式。承包商通过公开渠道发布招标公告，邀请所有感兴趣的供应商提交投标文件。招标过程包括资格预审、技术标评审、商务标评审等环节。公开招标能够吸引更多供应商参与，增加竞争性，有助于选择性价比最高的供应商，适用于规模较大、技术要求明确、市场竞争激烈的项目。

（2）邀请招标

邀请招标是针对特定供应商的采购方式，指承包商根据项目需求和市场情况，选择性地邀请一定数量的、具备相应资质和经验的供应商参与竞标。与公开招标相比，邀请招标的范围更小，更注重供应商的专业性和项目匹配度，通常需要供应商提交详细的技术方案和报价。邀请招标可以确保供应商的专业性和项目的特定需求得到满足，适用于技术要求高、市场供应商有限或对供应商有特殊要求的项目。

（3）竞争性谈判

竞争性谈判是一种非公开的采购方式，承包商与少数几家供应商进行多轮谈判，以确定最终的采购方案，包括价格、交货期、技术要求等。竞争性谈判允许承包商和供应商之间进行深入的沟通和协商，能够快速响应市场变化，提高采购效率，适用于紧急采购、市场条件不稳定或需要定制化解决方案的项目。

（4）询价采购

询价采购是一种基于市场价格的采购方式，承包商向多家供应商发出询价请求，供应商根据询价单提供报价，承包商根据报价、供应商信誉、产品质量等因素，选择最合适的供应商。询价采购流程简单，能够快速确定供应商和价格，适用于标准化产品、市场竞争激烈、价格敏感性高的项目。

2.2.3 建筑行业采购管理的挑战与市场分析

在当前建筑行业的供应链中，供应商与采购方的关系模式呈现出显著的多样性。一方面，部分供应商与特定的地产开发企业建立了长期且稳定的合作关系，这种模式常见于那些对供应商有持续需求的专业化地产公司。另一方面，某些供应商专注于为总承包商提供标准化程度高、技术含量相对较低的产品，例如钢材、电缆、管材和地材等。然而，对于功能更为复杂、技术要求更高的设备和专业分包服务，市场往往由供应商的商业策略和销售能力所主导，这些供应商需要将大量资源投放到在市场拓展和销售代理上，以提高其市场竞争力。

我国建筑行业实施的施工总承包、专业分包和劳务分包管理体制中，设计企业主要负责施工图的审查以及《建筑工程设计文件编制深度规定》的执行，并不参与项目开始施工后的管理工作，包括物流采购管理。然而，设计单位无疑是对建筑项目的设计图纸各种细节最了解的一方，设计单位长期与设备、材料及专业分包脱节，并且不对最终产品及运营维护负责，导致在专业分包、材料和设备采购的全过程中缺乏严格的技术标准，也缺乏专业的过程管理及运维数据的收集、分析与反馈。因此，建筑行业的采购管理一方面存在采购质量标准、产品定义模糊，采购执行缺乏监督的问题；另一方面，供应商为了适应市场现状，提高市场竞争力，可能会利用信息不对称的优势，迎合不同采购方对产品品质、价格的不同需求，对自己的产品和服务进行标准模糊化处理，甚至在同类产品中实行技术标准分级。许多产品的生产地存在大量非标产品，粗放的采购管理方式成为供应商产品品质和功能问题层出不穷的重要原因。

复杂的设备和零部件采购，如果缺乏详尽的技术规范，仅凭借简单的低价中标策略作为参考，可能会导致严重的质量问题。并且，由于同一品牌、相同参数的产品可能在实际配置上存在巨大差异，这不仅增加了采购方在甄选过程中的工作量，也可能会导致性价比不明确的交易决策，使得招标投标的过程变得异常复杂。在这种市场环境下，劣质产品可能会因其较低的成本而获得更大的市场空间，从而排挤质量更优的产品，这种劣币驱逐良币的现象长期发展下来，市场竞争将变得扭曲，使那些提供优秀品质但成本较高的企业难以继续经营，并最终退出市场。缺乏长期稳定合作关系的市场环境不仅会增加供应商的交易成本，也会浪费宝贵的采购资源。

这里将列出四种常见的设备零部件的功能差异说明和价格差距表格（表2-1～表2-4），在没有严格技术规范的背景下，采购方可能过分依赖于价格因素，而忽视了产品的性能、可靠性和长期价值。这种以价格为主导的采购策略，虽然在短期内看似降低了成本，却可能在长期运营中带来高昂的维护、更换成本，甚至可能因质量问题导致安全事故，造成不可估量的损失。

配电箱配置性价比一览表　　表2-1

产品名称	高档配置	中档配置	普通配置	功能差异说明	价格差距
塑壳断路器	高档品牌	一线品牌	二线品牌	产品分合闸性能（分合闸次数，触点材质，分段能力差别）； 产品使用寿命（配置越高，使用寿命长）； 产品选择的多样性（配置越高，选择性越多）； 产品外观材质（配置越高，阻燃性、抗老化性能越好）； 产品易损件的更换（相间保护挡板）	高端系列产品较中端产品价格高62%； 中端产品较普通系列高12%
微型断路器	高档品牌	一线品牌	二线品牌	产品分合闸性能（分合闸次数，触点材质好，分段能力差别）； 产品使用寿命（配置越高，使用寿命长）； 产品配件的多样性（配置越高，选择性越多）； 产品外观材质（配置越高，阻燃性、抗老化性能越好）； 产品易损件（如开关手柄）的更换，配置越高，不易损坏	高端系列产品较中端产品价格高62%； 中端产品较普通系列高12%
双电源	高档品牌	一线品牌	二线品牌	产品外观及与其他开关外观搭配，配置越高，美观性越好； 产品高端控制器可选择等级较多（如智能型，基本型，末端型）； 产品环境（潮湿，粉尘，高温环境）的适用性，配置越高，适用性越好； 产品外观材质（阻燃性，抗老化）差别； 产品使用寿命（配置越高，使用寿命长）； 产品的订货周期（高端系列订货周期长）	高端系列产品较中端产品价格高62%； 中端产品较普通系列高12%
接触器	高档品牌	一线品牌	二线品牌	产品辅助触点的通用性； 产品元器件的使用寿命； 产品外观材质（阻燃性，抗老化）差别； 产品配件的多样性（配置越高，选择性越多）； 产品环境（潮湿，粉尘，高温环境）的适用性，配置越高，适用性越好； 配电箱厂商辅助点的库存，配置低的库存越多	高端系列产品较中端产品价格高62%； 中端产品较普通系列高12%
浪涌保护器	高档品牌	一线品牌	二线品牌	产品订货周期（高端配置周期长）； 安全性能（配置越高，安全性能越高）； 产品使用寿命（配置越高，使用寿命长）； 产品模块的更换（低端配置需整体更换，高端配置只需更换其中相线）	高端系列产品较中端产品价格高300%； 中端产品较普通系列高50%

风机配置性价比一览表 表2-2

配置（影响因素）	高档配置	中档配置	普通配置	功能差异说明	价格差异
电机	高档品牌	一线品牌	二线品牌	功能差别：配置越高电机效率越高、使用寿命越长，能效方面越高，维修率低； 高档配置缺点：加工周期长	高档配置价格较中档配置电机价格高70%～120%； 中档配置较普通配置高20%～30%
轴承	高档品牌	一线品牌	二线品牌	功能差别：配置越高，轴承使用寿命较长，维修率低	高档配置轴承比国产轴承价格高100%～200%； 中档配置较普通配置高20%～30%
皮带	高档品牌	一线品牌	二线品牌	功能差别：皮带为易损件，配置越高，皮带使用寿命较长，维修率低	高档配置较中档配置价格高200%～300%； 中档配置较普通配置高40%～50%
轴流风机叶轮材质	铝合金	碳钢	碳钢	铝合金材质防腐防锈效果更好，重量轻，耗能低	铝合金叶轮比碳钢叶轮价格高100%～250%
风机壳体材质	不锈钢	镀锌板	镀锌板	不锈钢材质防腐防锈效果更好	不锈钢比镀锌板价格高300%～400%

阀门（软密封法兰闸阀）配置性价比一览表 表2-3

阀门组件	高档配置	中档配置	普通配置	功能差异	价格差异
阀体	球墨铸铁	球墨铸铁	铸铁	灰铸铁俗称生铁，脆，易开裂，密度低，铸造工件粗糙； 球墨铸铁密度高，柔韧性强，铸造工件光滑，耐久性强； 配置不同，阀体大小厚度有差异，阻力大小也有差异	铸造工艺球铁要比铸铁成本高出50%，磨具成本高出100%； 阀体大小厚度不同，成本差异约100%
阀盖	球墨铸铁	球墨铸铁	铸铁	灰铸铁俗称生铁，脆，易开裂，密度低，铸造工件粗糙； 球墨铸铁密度高，柔韧性强，铸造工件光滑，耐久性强	铸造工艺球铁要比铸铁成本高出50%，磨具成本高出100%
闸板	进口三元乙丙橡胶	国产三元乙丙橡胶	丁腈橡胶	进口三元乙丙橡胶耐候性好、耐臭氧、耐热、耐酸碱、耐水蒸气，颜色稳定； 国产三元乙丙橡胶耐候性好、耐臭氧、耐热100℃以内、无异味； 丁腈橡胶耐热60℃以内、异味重、耐老化性差	进口三元乙丙橡胶比中档三元乙丙橡胶价格高出70%； 丁腈橡胶比中档三元乙丙橡胶价格低50%

续表

阀门组件	高档配置	中档配置	普通配置	功能差异	价格差异
阀杆	304不锈钢	2Cr13	碳钢	碳钢普通20号钢质地软易变形； 2Cr13属马氏体不锈钢具有磁性，硬度高不易弯曲； 304不锈钢耐腐蚀性、耐热性、低温强度、机械性能良好	2Cr13圆棒比碳钢圆棒高出85%； 304不锈钢圆棒比2Cr13圆棒高出100%
密封件	四氟密封圈	乙丙橡胶圈	乙丙橡胶圈	三元乙丙橡胶耐老化、耐天候、耐臭氧、耐热100℃以内、无异味； 四氟密封圈耐老化、耐高温120℃以上，更耐磨，密封性能更稳定	四氟密封材料比乙丙密封材料高200%
手轮或其他操作机构	球墨铸铁	铸铁	铁皮冲压	铁皮冲压件成型快、造价低、耐久性差； 铸铁和球铁属于铸件，工艺复杂，承受扭力较强，造价略高	冲压件原材料要比铸件材料高出30%； 铸造工艺要比冲压工艺高出70%

风机配置性价比一览表 　　表2-4

配置（影响因素）	高档配置	中档配置	普通配置	功能差异说明	价格差异
电机	合资品牌	一线品牌	二线品牌	功能差别：配置越高电机效率越高、使用寿命越长，能效方面越高，维修率低； 高档配置缺点：加工周期长	高档配置价格较中档配置电机价格高70%～120%； 中档配置较普通配置高20%～30%
轴承	合资品牌	一线品牌	二线品牌	功能差别：配置越高轴承使用寿命较长，维修率低	高档配置轴承比国产轴承价格高100%～200%； 中档配置较普通配置高20%～30%
皮带	合资品牌	一线品牌	二线品牌	功能差别：皮带为易损件，配置越高皮带使用寿命较长，维修率低	高档配置较中档配置高200%～300%； 中档配置较普通配置高40%～50%
轴流风机叶轮材质	铝合金	碳钢	碳钢	铝合金材质防腐防锈效果更好，重量轻，耗能低	铝合金叶轮比碳钢叶轮高100%～250%
风机壳体材质	不锈钢	镀锌板	镀锌板	不锈钢材质防腐防锈效果更好	不锈钢比镀锌板价格高300%～400%

2.3 建筑工程施工总承包与建筑师负责制

2.3.1 施工总承包

在过去的二十年中，随着建筑行业的迅猛发展，施工总承包制度的推广已成为项目管理的主流模式。在这一背景下，众多企业将采购权限下放至各个项目团队，由于项目本身具有一次性的特点，采购活动亦被定位为一次性事务。这种模式导致对招标过程的重视与对采购后续管理的忽视，从而催生了一次性交易的现象。与此同时，合约管理的混乱也随之显现。

在这种一次性交易思维的影响下，总承包商将大量的管理资源和精力投入到合约的签订与管理阶段，而供需双方则在索赔与反索赔的博弈中不断较量，使得长期合作关系的建立变得极为困难。在这种市场环境中，优质的供应商往往被视为一次性资源，而并非长期合作伙伴。

随着建筑工程总承包模式的深入实施，采购对象的复杂性日益增加，客观上要求供应商参与到项目的优化与深化过程中，并对产品的质量与性能负责。目前，各大企业已经开始意识到采购在整个项目管理体系中的重要性，并逐步将采购活动纳入公司层面的战略管理之中。观念的转变、供应商管理方式的调整，以及这些变化对企业整体绩效的影响，成为值得深入研究和探讨的重要课题。

在施工总承包模式下，业主在项目启动之初便委托咨询服务机构开展全面的可行性论证。这一过程涉及对建筑的使用功能、概念方案的可行性以及项目成本的初步估算进行深入调研。基于可行性研究报告，设计单位进一步开展方案设计、初步设计，并编制概算以供审批。随后，设计单位绘制施工图，业主则委托招标代理机构进行公开招标。工程开工后，业主及其委托的管理公司、监理单位、造价咨询单位共同负责监管项目的质量、进度、成本及安全等关键目标，设计单位在此过程中只负责解决设计相关问题，并参与项目的最终验收工作。然而，这一管理体系中，业主作为项目所有目标的最终责任人，面临着由咨询顾问单位构成的分散式管理局面，见图2-1。各参建主体在职责上的独立性，可能引起工作界面的盲区，或在工作流程的衔接上产生冲突。在这种情境下，责任的界限变得模糊，参建各方之间可能出现相互推诿的现象，这不仅增加了协调工作量和难度，甚至会影响工程整体目标的顺利实现。

除此之外，另一个突出问题是，在建筑产品定义不明确的情况下，设计单位虽然负责配合专项设计，却未能参与专项供应商的采购过程，也未被赋予明确的项目建设管理责任，设计单位的责权缺失会导致项目的性价比失控，甚至使项目目标的实现不完整，从而引发一系列关于质量、进度、成本的问题。

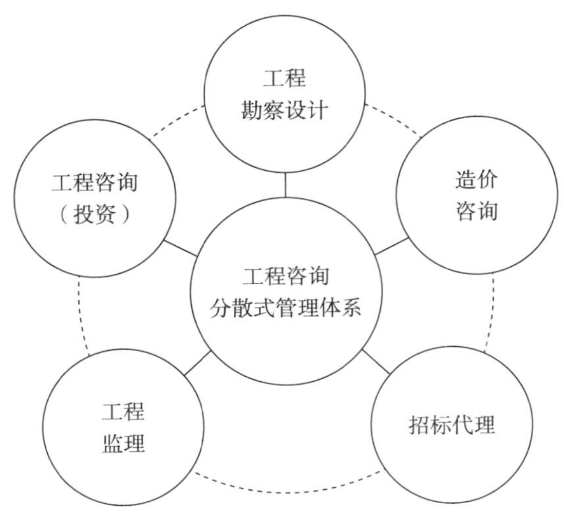

图2-1　工程咨询分散式管理体系

施工总承包模式下，工程建设过程中，设计单位的职责通常限于后续设计的配合，而缺乏对后续设计阶段的管控权，由于缺乏设计单位的专业指导，工程项目无法形成一套系统完整的设计管理方案；另一方面，由于设计单位在建设过程中的参与度降低，对涉及产品功能、品质、运维、造价的专业二次设计知之甚少，随着时间推移，设计单位对产品形成过程、工艺、价格，以及不同产品线运维方面的需求了解和管控能力也会逐渐减弱。

2.3.2　建筑师负责制

建筑师负责制是一种以注册建筑师为核心的设计团队，依托所在的设计企业为实施主体，对建筑工程全过程或部分阶段提供设计咨询管理服务，最终将符合建设单位要求的建筑产品和服务提供给建设单位的一种工作模式。建筑师负责制强调建筑师在工程全过程中的主导作用，引导和鼓励建筑师依据合同约定提供全过程服务，并在项目实施中逐步建立确保质量、安全和效率相结合的工作机制。

建筑师（Architect）这一术语，其根源可追溯至古希腊语“arkhitekton”，意指主持建筑工程的最高负责人。这一称谓自古便象征着一种尊贵的职业，其职责覆盖了设计的构想到施工的实施。然而，这与现代所理解的建筑师角色并不完全相同。中世纪时期，独立的建筑师职业系统尚未形成，那些宏伟的修道院、大教堂、城堡和军事工程，通常由工匠群体的领袖，即“匠师”或“营建师”，来承担设计和建造的重任。文艺复兴时期，建筑师开始从匠师和营建师中分化而出，成为专注于西方古典建筑风格的独立群体。起初，他们被称为“花样师”，随后又恢复使用“建筑师”这一称谓，但此时的建筑师尚未完全发展成为现代意义上的职业。

随着工业革命的到来，城市化进程迅猛发展，新型建筑材料与技术不断涌现。建筑市场信息的不对称性日渐凸显，使得建筑产品的需求方，也就是项目业主，在市场中处于相对弱势的地位。这一背景催生了以专业技能维护业主利益的职业建筑师群体，并推动了设计与施工的专业化发展。最终，形成了现代社会中主流的设计—招标—建造（Design-Bid-Build，简称DBB）模式。

在这一职业体系下，建筑师作为独立的第三方，协助业主将建设愿景从想象转化为具体的设计意图，并以专家的身份明确界定建筑产品，确保业主能够在建筑市场中获得公正、公平且质量有保障的施工服务。这不仅实现了业主的建设目标，也体现了建筑师在确保设计施工全过程质量方面的传统责任。现代建筑师的角色，除了延续了这一悠久传统，更融入了利用专业技能维护项目业主利益的新内涵。

建筑师之所以能够获得项目业主的信任，并被授予对设计施工全过程的统筹管理权，根本上是基于建筑师与业主在建筑产品最终形态上拥有共同的利益诉求。建筑产品具有双重性质：一方面，其财产权归业主所有；另一方面，建筑作品的著作权则归建筑师所有。经过业主的批准，建筑产品的设计理念不仅融入了建筑师的创新思维，也体现了业主的投资和使用需求，意味着最终的建筑成果是业主与建筑师利益融合的体现。

因此，建筑的设计意图是否得到充分实现，不仅直接关系到业主的投资回报和使用价值，也影响着建筑师的职业成就和声誉。鉴于业主与建筑师在实现建筑产品的设计意图上具有一致的利益，同时考虑到建筑师作为专业人士在管理建设过程中拥有更强的专业能力，业主将设计施工全过程的职责委托给建筑师，逐渐成为国际上通行的做法。

建筑师负责制要求建筑师在整个建造过程中承担全面责任，包括技术设计、整合、督造和管理等方面。通过行使业主代理权，建筑师负责制能够实现设计意图、保障业主利益，并促进社会良性的建筑环境资产和建筑市场的公正和良治。这种制度的核心是建筑师所被赋予的权利，主要内容是建筑师提供的专业化服务，服务形式是工程建设的全过程。这三者相互作用，相辅相成。虽然建筑师负责制源自西方，但在中国古代的营造世家中也存在一些建筑师负责制的雏形。此外，在民国时期的一些上海事务所中，其设计和建造模式也可以看作是建筑师负责制下的工程实践。

一个实行建筑师负责制的建筑工程项目里，建筑师的职责涵盖了从项目概念到完成的整个建筑过程，具体的主要责任如下：

（1）项目策划与设计：建筑师负责项目的总体规划和设计工作，确保设计方案满足功能需求、美学标准和法规要求。

（2）设计协调：作为设计团队的领导者，建筑师协调结构工程师、机电工程师和其他专业顾问的工作，确保设计各部分的一致性和协调性。

（3）合同管理：建筑师参与制定和管理设计合同，确保设计工作按照合同要求和时间节点完成。

（4）施工监督：在施工过程中，建筑师监督施工质量，确保施工遵循设计意图和规范标准。

（5）成本控制：建筑师参与成本估算和控制工作，协助业主进行有效的成本管理。

（6）质量保证：建筑师负责确保建筑项目的质量符合预期标准。

（7）沟通协调：作为业主和其他参与方之间的沟通桥梁，建筑师确保信息的准确传递和问题的及时解决。

（8）设计变更管理：在项目实施过程中，建筑师处理设计变更，评估变更对项目的影响，并管理相关流程。

（9）项目交付：建筑师参与项目竣工验收，确保项目符合设计和规范要求，并准备交付使用。

（10）后期服务：在项目交付后，建筑师可能还需要提供一定的后期服务，如处理保修期内的问题和提供维护建议。

（11）职业责任：建筑师在整个项目中承担职业责任，确保其工作符合专业标准和道德规范。

建筑师负责制强调建筑师在整个建筑项目中的中心角色，要求建筑师具备全面的专业技能和高度的责任感，以维护项目业主的利益，并确保建筑作品的成功实现。

2.3.3 建筑工程管理制度的发展与对比

我国在建筑工程管理领域，确立了五方责任主体的管理体系，包括项目建设单位、勘察设计单位、施工总承包单位、设计单位以及监理单位。这些主体在各自的职责范围内，对工程项目的管理承担责任，并对其结果负有相应的责任。这种管理安排已被纳入一系列法律法规、规章及行业标准之中，成为行业内公认的通识和行为准则。

随着对建筑工程管理领域五方责任主体管理体系的深入理解和实践，行业内部逐渐认识到，尽管这一体系为项目管理提供了基本的法律和规章框架，但在应对建筑项目固有的复杂性和多样性方面，仍存在局限。2017年，中央城市工作会议和国务院办公厅发布的《关于促进建筑业持续健康发展的意见》中强调了加快推行工程总承包模式的重要性。随后，住房和城乡建设部发布国家标准《建设项目工程总承包管理规范》GB/T 50358—2017，并与国家发展和改革委员会联合印发《房屋建筑和市政基础设施项目工程总承包管理办法》，进一步规范了工程总承包的实践。此外，住房和城乡建设部还发布了《建设项目工程总承包合同示范文本》(征求意见稿),并在2020年推出了《房屋建筑和市政基础设施建设项目全过程工程咨询服务技术标准(征求意见稿)》,这些行政措施在行业内引起了广泛的影响,并激发了从业人员对知识的再次渴望和学习热情。这些举措促使我们沿着行业改革的目标方向,深入探究基础管理中存在的问题,并增进了对行业改革系统性、长期性的认识和理解。

施工总承包模式下,工程项目的设计、采购和施工被整合到一个合同上,减少了管理层级的同时也简化了管理流程,这种模式允许设计和施工工作并行,能够大大缩短项目建设工期。除此之外,施工总承包模式还具有精简招标程序、统一参与方责权利、保证工程质量等优点。然而,在施工总承包模式下,建筑师的角色和能力面临着特别的考验。当前的管理体系虽然强调了建筑师在设计阶段的责任,但在项目实施过程中,建筑师的实际影响力和参与度受到一定程度的限制。这种状况促使我们进一步审视建筑师负责制的国际经验,并与国内实践进行对比,以识别差距并探索改进的可能路径。

我国建筑师负责制是一种以注册建筑师为核心的设计团队,依托所在的设计企业为实施主体,对建筑工程全过程或部分阶段提供设计咨询管理服务,最终将符合建设单位要求的建筑产品和服务提供给建设单位的一种工作模式。建筑师负责制强调建筑师在工程全过程中的主导作用,引导和鼓励建筑师依据合同约定提供全过程服务,注重与规划和城市设计的衔接,并在项目实施中逐步建立确保质量、安全和效率相结合的工作机制。

国际化的建筑师负责制提供了一种更为全面和深入的项目管理模式,进一步发挥建筑师的专业优势和技术主导作用。表2-5汇总了部分国际建筑师的职业收费比例标准与我国的对比情况。

从表中可以看出,国内施工图设计在满足现场开工条件时,仅完成了DBB模式下建筑师职责的一部分。工程开工后,监理工程师往往取代了驻场建筑师的部分责权利,导致建筑师在工地上的角色逐渐淡出,从而引发了一系列现场管理问题。

建筑工程项目固有的特性在于其功能需求、品质标准和造价构成的复杂性与多样性,这些特性本质上要求在工程设计的早期阶段就对建筑产品进行详尽且精确的定义。《建筑工程设计文件编制深度规定》为设计文件的编制提供了全面的要求框架,涵盖了估算、概算、预算等多个关键领域。然而,在施工图设计深度要求方面,该规定仍为二次设计和专项设计留有空间,这些部分通常涉及高度专业化和功能化的需求,需在工程实施过程中逐步补充和完善。根据“委托—管理”责任原则,设计单位主要承担交底、界面协调和安全审查等管理职责,但对于深化设计内容的全面责任则未有明确规定。按照国际惯例,工程图纸要表达完整的建筑产品定义应包括以下几个方面:

不同国家职业收费比例标准 **表2-5**

序号	我国建设行业的设计深度规定	美国AIA建筑师的业主服务条款	英国RIBA工作手册	德国HOAI	新加坡SIA业主委托建筑师服务合同	日本四会联合	与国际接轨的建筑师服务程序
	设计阶段 收费	设计阶段 收费	设计阶段 收费	设计阶段 收费	设计阶段 收费	设计阶段 收费	设计阶段 收费
1	概念设计	概念设计	起始阶段和可行性研究	前期评估：任务书、基础地、规范分析	—	团队组建调研、企划、基本计划	概念设计
2	25% 方案设计	10%～15% 方案设计	方案设计/概要提案	7% 方案设计：技术要点、设计范围、估算、时间进度表	20% 方案设计阶段建筑审批	25% 1：基本设计	15% 方案设计
3	30% 初步设计	20% 初步设计/设计发展	初步设计	11% 初步设计/设计深化：设备系统协调，规范核查	15% 设计发展阶段/初步设计的建筑审批		20% 初步设计/设计发展建筑审批
4	方案、初步设计、施工图阶段均有建筑审批	—	扩大初步设计，各专业交圈设计	6% 建筑审批	方案设计与初步设计分别有相应的建筑审批	45% 2：实施设计建筑审批	35% 施工文件
5	45% 施工图设计	施工文件	施工图设计及招标	25% 施工文件：项目手册、施工图、生产图、审查会签	17.5% 合同文件阶段 2.5% 施工评标及中标建设		
6	招标配合	5% 招标	生产和施工	10% 招标文件/设计规程	17.5% 合同文件阶段 2.5% 施工评标及中标建设	3：招标	5% 招标
7				4% 招标			
8	施工配合	20%～25% 合同管理	项目管理计划	31% 施工现场配合/现场监理：工地视察，确认，签证	30% 工程施工阶段	30% 4：监理	25% 合同管理
9	竣工文件	竣工服务	现场合同管理和竣工	3% 竣工图/结算	5% 工程完工阶段-获得临时和永久入住许可	竣工图	3%～5% 竣工文件
10	施工图之后工作量合计	30%	37.5%	48%	37.5%	30%	35%

（1）施工图、深化设计图、加工图；

（2）技术规格书（建造细则）；

（3）样品、样板、色卡——作为图则的补充；

（4）设计师满意（书面无法表达的标准）。

可以看出，当前建筑行业工程开工时，（1）的施工图部分是不完整的，留有大量的二次设计和专项设计。工程开工后，设计单位往往是掌握产品定义信息最为全面的机构，而其他参与方则可能缺乏对产品功能、品质等技术细节的深入理解。监理、管理公司、造价单位和施工企业在施工管理中主要依据施工图，根据合同条款划分责任。产品功能和品质的定义在很大程度上需要依赖设计单位的决策支持。然而，设计单位在这一阶段并未被授予项目管理的权力，也无需为项目建设的整体目标承担责任。这种权责不对等的局面可能导致项目在工期、造价控制和质量保证方面面临挑战。若项目遭遇工期延误、成本超支或质量问题，设计单位的责任往往难以界定和追究。设计单位在项目管理中的权责不匹配，可能对最终的产品质量和造价产生负面影响。同时，（2）~（4）部分的内容在施工过程中，由于施工总承包制度下建筑师不深入工地，在项目设计阶段开始向后撤，导致各环节没有真正落实，成为当前施工管理诸多问题产生的根源。

在建筑工程项目中，设计阶段的深度和广度对整个项目的走向具有决定性的影响。尽管《建筑工程设计文件编制深度规定》为设计文件的编制提供了全面的要求框架，但在实际操作中，我们发现设计单位在施工图设计深度方面的职责与国际惯例存在差异。这种差异不仅体现在设计文件的完整性上，还反映在设计单位在项目管理中的权责匹配问题上。而在美国，建筑师之所以能够在项目的设计阶段之后仍然没有向后撤，进而对产品的造价负责，是因为他们在整个产品定义和招标采购过程中发挥着核心作用，并拥有相应的合同执行权力。这种权责一致的管理模式，使得美国建筑师能够凭借丰富的经验传承，有效驾驭项目的品质、造价和整个管理过程。图2-2是美国建筑师工作内容及合同管理文件的说明。

美国建筑师制度赋予执业建筑师的三重角色（责任），其主要工作内容如下：

（1）业主的代理人、专业顾问；

（2）建筑物的设计人，工程设计服务的提供方；

（3）建造过程中各方的协调人，业主与总包之间争议的协调人。

设计文件除了图纸之外，也会对技术规格书、产品质量、品牌（推荐三个及以上）、制造加工、安装工艺、调试、运维提出详细要求。

随着技术的飞速发展和社会的不断进步，建筑工程项目的功能性和专业性日趋复杂，这使得现代设计管理的复杂性和深度与以往相比有很大不同。在这一背景下，专业内容的

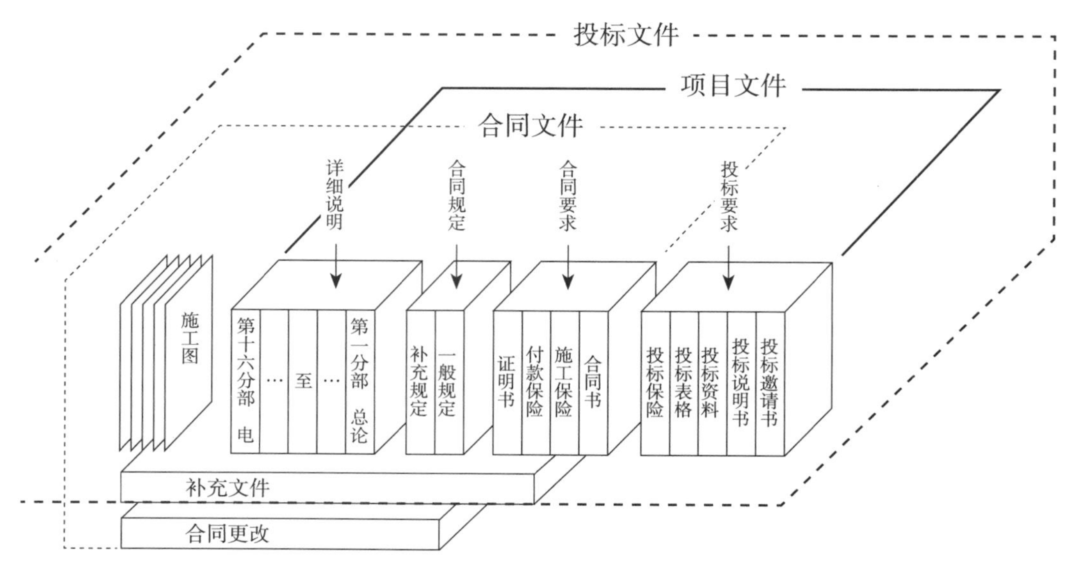

图2-2　美国建筑师工作内容及合同管理文件图

复杂性不断增加，其在项目总投资中的占比亦随之增长。若在初步设计阶段未能明确功能细节和主要产品品质要求，制定合理的概算将变得极为困难。工程开工后，随着工程的进展、工艺的确定、不同品牌的差异、技术的选择等都需要在施工过程中逐步确认和解决，这对产品形成过程的管理和控制提出了更高要求。为了有效应对行业现状中存在的产品定义问题，作者及其研究团队深入分析了现行的施工总承包行业规则，并在此基础上，于2020年出版了《建筑工程深化设计管理理论与实践》一书。该书针对当前施工总承包模式下，由于缺少建筑师负责制而导致的项目管理系统性不足的问题，通过系统地解决产品定义问题，为施工总承包提供了一套系统的组织管理方案。这一方案不仅有助于确保产品定义的准确性和完整性，而且为提高施工总承包管理效率提供了一个切实可行的解决路径。

建筑工程项目以其功能需求、品质和造价的复杂多样性而著称，这一特点在本质上要求工程设计阶段就对产品定义进行细致而周密的规划。当前，施工图设计阶段往往未能提供足够的信息，导致产品定义的完善工作被延后，这与建筑师在后续管理过程中的参与不足有着直接的联系。要在传统的施工总承包模式下解决这一问题，客观上来说，实施建筑师负责制是基本前提。但现实中，建筑师负责制仍处于试点阶段，长期以来形成的行业习惯和传统模式难以改变，建筑师负责制在国内的实施仍面临着许多挑战。

在这些挑战中，建筑师与采购流程的长期脱节现象尤为关键。要想进一步实施建筑师负责制，行业改革需直面并解决这一问题，首要步骤就是消除对建筑师参与采购过程管理的限制。让建筑师参与到采购的全过程中，并为建筑产品的采购提供全面的管理和服务，不仅是行业改革的必由之路，也是提升建筑行业整体水平的关键所在。

在当前国内某城市推行的建筑师负责制试点实施细则中，建筑师团队的服务范围被明确界定为涵盖建筑工程的全过程或关键阶段，即至少应包括工程设计、招标采购、合同管理三个阶段。政策鼓励试点项目建筑师团队的职能拓展到规划设计、策划咨询、工程设计、招标采购、合同管理、运营维护六个阶段的全面服务，以及其他附加服务内容，具体的职能内容如下：

（1）规划设计。提供修建性详细规划设计和城市设计编制服务，以促进建筑设计和城市设计协调统一。

（2）策划咨询。提供项目建议书、可行性研究报告与建筑策划的编制服务，完成投资决策咨询，并提供概念性设计方案及建筑的总体要求。

（3）工程设计。提供方案设计、初步设计、施工图设计和施工现场技术配合等服务，综合协调幕墙、装饰、智能化、风景园林、照明等各类专项设计，并承担由承包商负责的施工图深化设计的审核服务。建筑师负责的施工图设计着重解决建筑使用功能、品质价值与投资控制问题，承包商负责的施工图深化设计则着重解决设计施工一体化、施工节点大样详图的精确控制问题，共同促进建筑设计精细化。

（4）招标采购。代理建设单位进行承包商招标管理或非招标工程的采购管理。组织编制招标采购文件以及组织招标采购的答疑会，为潜在的投标者提供必要的信息，并负责审定承包商招标采购合同文本，代表建设单位参与评标、定标，并提供成本控制及合同签署协助服务。

（5）合同管理。在施工阶段代理建设单位进行施工合同管理服务，对总承包商、分包商、供应商和其他咨询机构履行监督职责，通过检查、签证、验收、指令、确认付款等方式，对施工进度、质量和成本进行总体指导、协调和优化。负责设计技术交底、材料与设备确认、工程进度审核以及工程款支付环节，依照法律、法规以及有关技术标准、设计文件和建设工程承包合同，代表建设单位对施工质量进行全面监督，并完成工程报批和验收。在竣工交付及工程质量保修期内，进一步发挥专业优势，辅助进行系统调试，确保建筑各项功能达到设计预期。同时组织编制竣工图、建筑使用说明书和维修手册，协助完成竣工文件归档及项目决算。

（6）运营维护。根据建筑使用状况以及建设单位或使用单位的要求，提出项目的运营维护计划，开展项目使用后评估服务，提供建筑全生命期的品质管理服务，同时提供建筑更新改造和扩建的设计咨询服务。

（7）其他附加服务。包括城市设计、工程勘察、室内精装设计、标识标牌设计、文物建筑保护设计、公用事业方案设计、BIM设计与咨询、绿色建筑设计及其调试和认证、超低能耗建筑设计、预制装配式建筑设计、无障碍与适老化设计等其他附加服务。

从上述建筑师职能内容可以发现，在工程开工后，建筑师的职责扩展至施工工艺、材料、设备监造及调试验收，并对产品的最终形态及造价承担全面责任。建筑师在采购管理中的深度参与，包括对总包、专业分包、材料设备采购的监督与确认，以及质量监督和资金支付，是实现资源优化配置、提升建筑产品价值的关键。由此可见，建筑师在采购管理中的参与不仅是设计行业改革的基石，也是推动建筑师专业能力提升、实现建筑师负责制目标的必由之路。通过这种全面而深入的参与，建筑师能够确保建筑产品在功能、品质、造价及运维等方面达到预期的标准，从而为建筑行业的持续发展和创新提供坚实的支撑。

【实践者】

2019年，作者随项目小组在日本考察当地建筑行业供应商管理时，注意到一个有趣的案例。在东京，一座大楼的业主提供了较低的报价，导致总承包商无法与设计师推荐的三家幕墙单位中的任何一家签订合同。最终，总承包商成功说服其长期合作伙伴以较低的价格进行施工，而这三家被推荐的幕墙单位也以相同的价格接受了承包，最终这栋大楼的四个立面以相同的价格由四家幕墙公司进行施工。日本同行解释道，供应商之所以接受低价承包，是因为他们不愿意失去长期建立的营销渠道。此外，总承包的采购负责人向考察小组透露，由于深化设计和加工图的质量可靠，由四家专业分包商共同施工的幕墙项目组织过程都很顺利，并未出现问题。在这之前，作者对建筑师的推荐权是存疑的，承包商的计量计价、设计变更、质量确认等全都验收仰仗建筑师的权利，建筑师推荐的品牌和厂家不能不用，这样是否会增加管理成本？然而，日本同行进一步解释道，建筑师对专业产品的定义通常依赖于他们熟悉甚至交好的厂家所提供协助、咨询以及出图，甚至能从工艺细节上看出是由哪一个厂家提供的图纸，尽管总承包商拥有选择合作商的自由，但产品的品质必须得到建筑师的认可，那么自然而然，建筑师所推荐的合作商更容易通过他们的质检认可。然而，建筑师作为业主授权的咨询服务单位，从始至终都需要在业主的视线内行事，最终的决策权是在业主手中而非在建筑师手中，因此，建筑师会将自己的权力限制在业主的项目目标和利益框架下，并且建筑师的权利和责任还会促使他们在管理和实践中学习并逐渐精通不同专业的管理因素，同时，不同专业的分包商和供应商也会主动与建筑师寻求合作，协助他们在不同阶段得到最佳的性价比设计。

为了验证这一逻辑，作者追问一位在华的日本建筑师，在这个案例中，为什么另外三家幕墙专业公司会主动与建筑师沟通，他们这么做的目的以及对双方的影响是什么？日本建筑师解释道，在日本，由于建筑师拥有较大权力，厂家愿意与建筑师进行沟通，是希望他们的新产品能得到应用和推荐，建筑师有权将新产品融入设计中，并与厂家深入探讨各种细节和成本因素，在这个探讨过程中，厂家的新产品可以经过建筑师从专业视角出发的要求来进行完善，进而成为厂家所独有的特点。与此同时，厂家能够提供性价比高的产品，对于建筑师的工程性价比控制来说也是有好处的，这无疑是一个双赢的过程。因此，建筑师愿意为不同专业的专业产品和设备的性价比进行探索、比较和整理，并在这个过程中逐渐提升他们自己的专业能力，同时，不同专业的分包商和供应商也会愿意主动与建筑师合作。

在这种背景下，总承包商原则上应在建筑师推荐的名录中进行招标，除非业主干预，或承包商有更好性价比的产品能说服建筑师或业主更改。而建筑师在拥有权力的同时也承担着项目造价、品质、效果和工期等责任，要保证项目目标和利益能够得到最大化的实现。这种权力与责任在平衡状态下运行，产品性价比在专业供应商与建筑师之间的切磋推敲中逐渐得到提升。

国内大院的设计大师也说过，在与国外建筑师交流沟通时，不难发现他们对不同的专业和产品都很精通。我国的建筑师要想达到这种水平，拥有长期的采购权和责任目标实践是不可或缺的，这也正是目前国内建筑师所缺乏的执业环境。近年来，一些地方政府逐渐认识到工程决算造价超出投资与设计单位的工作密切相关，因此出台了一些对设计师控制造价责任追究的措施。然而，我国建筑师的责任意愿和能力提升仍受到多方面条件的约束，要想真正实现建筑师负责制的中国化，需要进行深入的系统性分析，包括总承包商与建筑师负责制之间关系的全面梳理，以及对两者之间可能存在的利益冲突点的细致探究。这一过程的完成，不仅需要政策层面的有力支持和科学引导，更需要建筑师在本地实践经验和专业能力上的持续提升。

第3章

建筑工程采购管理变革

导读

建筑工程承包商采购方式在发展过程中逐渐从分散趋于集中，采购品类逐渐从简单趋于复杂。建筑工程的特点决定了其复杂的产品技术标准，在没有战略供应商支持的情况下，设计定义显然变成了不可能完成的任务。功能需求如何完善，产品品质和施工工艺如何定义、优化等问题，在实践中与供应商管理方式高度相关。纵观采购管理的发展历程，其主要经历了确保供料、最低价、关注总成本、主动管理内部需求、关注产品形成全过程增值等阶段。然而，目前国内企业采购管理发展进程相对滞后，大多企业仍停留在前两个阶段，仅有个别头部企业开始关注建造总成本，进入第三阶段。在此背景下，国内承包商采购管理从组织、流程、系统等方面完成从“小采购”到“大采购”的变革，是我国工程总承包企业高质量发展的关键点。

3.1 建筑工程设计、采购环节“水土流失”现象

现在的建筑工程项目管理，经常出现工期拖延、投资失控以及工程品质不如人意等问题，用户深受其害。当分析原因、追究责任时，却又各方均有理，各人均有份。这种情况的发生是因为这个传统行业很难很复杂吗？为什么参与各方都有诉不完的苦呢？建筑工程行业长达几十年如一日就事论事，在施工阶段抓质量、抓工期、抓结算、控投资，一如治理“黄河泛滥”，下游堤坝越筑越高，以致黄河成了地上悬河，这时大家才将注意力集中到上游水土保护、水土流失治理。当前建筑工程项目，项目管理质量、工期、投资问题，系统性的问题正如“黄河泛滥”问题，其根源出在上游的设计与采购阶段，这亦可称其为建筑工程项目管理“水土流失”现象。让我们逐项分析造成工期、质量、投资问题背后系统性的源头问题，为根治“水患”提供依据，更重要的是，问题产生的深层次原因还都与“采购管理”有直接或间接的关系。

3.1.1 工期问题与采购

自工程项目开工始，备受各方及总承包方关注的重要考核指标就是工期，而影响工期的最重要因素——设计图纸、施工条件及资源准备，却有很多属于业主及其咨询单位的职责范围，因此，工期拖延最终难以追责。此情形下，各方的不满意是一定的。换一个角度看工期，若要按期完成，设计、采购及其供应商管理是各方要齐心协力完成的关键工作。

过去几十年，建筑工程项目工期问题始终是“老大难”问题。往往在主体工程完成至地上四五层、二次结构及其他专业进场之后，现场各专业工序出现无法正常开展等情况，其根本原因是在此之前的设计及采购问题、资源、技术准备没有得到解决。具体来说，目前总承包项目施工图专项设计和二次设计为什么不能在开工之前或专业招标之前完成？原因是设计师缺少驾驭专业分包、供应商的专业知识，更无法调动专业供应商协助其完成专项设计。现行行业要求先招标，专业厂家进场后再深化，但进场之后各专业公司围绕甲乙方及各专业方的利益纠纷不断，各方利益纷争交织，在这种情况下参与深化设计，负面因素可想而知。由此，很多设计、采购环节的问题因无力管理被遗留到施工过程中被动解决或者被忽略以至于最终没有解决，导致各专业方在缺

少有序管理的情况下出现工期失控。因此，在建筑工程项目管理过程中，总包、业主需具有强大的协调能力来解决施工现场的工期协调问题，这也是为什么现场工期拖延各方各执一词，最后却总能将问题归结于业主方的原因；另一方面，由于招标之前缺少供应商对各专业技术、工艺优化的支持，设计师没有办法独立完成全面的产品定义，实施过程中再进行的深化优化只能是“亡羊补牢”——根据设计变化，再调整资源计划；而组织资源要时间，因此施工现场工期无法按计划进行成为常态。

【实践者】

医疗建筑的建设工期问题常常会让参与其中的各方头疼。究其原因，医疗建筑的专项工程较多，这实际上也是建筑行业问题的具体体现。由于医疗项目专业多，每一个专项工程都面临各种各样的问题，最终叠加成整个项目的工期拖延。在北京，医院建筑工期四年是常态，工程拖延五至六年的也很多，使业主及其咨询企业、施工总包、专业分包供应商苦不堪言。关键问题在哪里呢？以医疗装修为例，按照现有规定，依据施工图纸的大致要求先招标，选择专项施工单位进场开始深化，结合各医院的手术流程、平面布置、人流、物流，针对装修、净化空调、弱电、消防界面、档次品牌、造价等与其他供应商进行协调，同时与医疗装修投标价清单关系、概算控制，医院未来规划、医院特色、手术习惯对建筑的特殊要求等各种问题交织在一起，最大的问题是主持深化设计的专项工程供应商是“进门的媳妇”，有自己的合同利益诉求，与协作方有利益纷争，而且受合同保护，业主和总包已再无选择余地。在专业深度上，业主与总包也没有专业能力能管控深化设计，沿着总包的项目目标努力。因此，只能一半靠江湖经验，一半靠运气推动专项工程深化，但由于品质、功能、造价等因素交织在一起，解决问题的周期往往很长，一般一个大型医院完成深化设计解决上述问题到最终形成各方认同的专项工程定义，大约要一年半时间，施工再需一年时间，则总工期相比正常工期拖延一至二年成了大概率事件。复杂的各专项工程都存在类似情况，以致一个医院本可以在两年半至三年内组织建成，在这种状况下拖延四至五年成为常态。

【实践者】

研究团队曾经调研过一个传染病医院，工程进入调试验收时发现医院花巨额财政资金采购的废物收集机器人无法使用。行走路线缺少引导信号，出入口尺寸也不满足机器人小车行走，怎么办呢？拆改！于是医院用三个月的时间拆改，这不仅导致了工期拖延，也在过程中产生了大量的拆改费用。后经调查发现，此次问题产生的原因在于使用先进机器人的物流方案是后补的，同时其属于财政开办费投资，设计师对此并不知情，因此也没有将其考虑到设计需求中。

3.1.2 质量问题与采购

建筑工程的设计师由于长期不参与采购过程，与施工、运维等阶段脱节，对材料、节点、设备、工艺技术细节及价格不熟悉，导致专项设计越来越多，这些设计在实施过程中的设计管理是缺位的，以至于专业分包、材料、设备、供应商未能在严格质量定义明确的条件下完成招标、评标。甚至该过程可能受到利益诱惑的负向激励，发生低价中标、过程扯皮、高价索赔、劣币驱逐良币等现象。因此，建筑产品的功能、品质、运维需求、耐久性等质量指标所表现出的随机性、离散性很强。以建筑工程典型的功能区域——卫生间为例，其实全世界使用卫生间对其功能及审美需求是基本一致的，但我们的城市里各类建筑工程卫生间千奇百怪，并没有趋向一致性的功能表述。卫生间对排风、照明、防水等基本功能需求的满足，为什么很难落实到产品？原因只有一个，二次深化设计没有专业指导、监管，仅停留在满足粗放的验收标准层面。实际上，由于各专业协同管理缺失，卫生间的材料等细节节点多是由施工队在放任中完成。如果去一些优秀的建筑工程看一看，就会发现，对于人如厕的基本需求，结合建筑的空间都有相应的设计给予周到的考虑，对运维、耐久性亦有相应的材料节点设计。这是建筑师对产品形成全过程长期负责的结果，也是专业分包供应商在建筑师的监管下长期专业工作不断总结经验教训、积累创新的结果。建筑师会将产品运维需求、全生命周期性能成本比较的经验教训积累，再通过试错、检查、总结、提升，运用到下一个项目管理中。行业某一专业领域的Know-How，在实践中提升并一代代传递下去，推动产品品质不断进步。而反观当下，我们国内建筑工程卫生间的详图设计并没有规范专业的组织及验收流程，这是质量源头上的问题，施工过程验收的监督受“按图施工即合格”的限制，产品品质因设计采购过程管理缺失而平庸。

【实践者】

有一次和设计师聚会，北京某院设计大师讲述他的得意之作——王府井某商场公共卫生间，他说这个项目业主是香港开发商，严格按照建筑师负责的规范管理，现场只要有施工，且必须将深化设计报建筑师批准，卫生间的细节都是由他和专业人员讨论、审核批准之后施工的。通常，卫生间渗漏、屋面渗漏都归结为施工质量问题，或称质量通病，但几十年施工材料、节点、工艺不变，还是沿用二十年前的防水图集，为什么？设计师设计时套用图集方便设计工作，要用新节点工作量大，而且大多数设计师缺少深入讨论新工艺、新节点的动力和压力，由于长期脱离现场其也对设计质量问题不敏感，导致按陈旧、过时的图纸施工成为常态。实际上，施工图要将卫生间的细节节点全面表达，工作量巨大，若没有供应商的配合，设计师是很难完成如此浩大的工作量，而按图施工的原则是在没有细节的图纸或陈旧工艺的图集现状下实行的，因此，这一原则成为限制产品细节品质提高的枷锁。

建筑工程品质另一个突出的案例，是建筑红线范围内市政。红线内市政包括地下管线、管井、地面马路、构筑物等，市政各专业之间及其与建筑物本体衔接的细节是设计管理缺失的重灾区。

目前，行业专业分包的深化设计、材料、设备的选用缺少与设计师的深入沟通，缺少设计思想原则的刚性约束。按现有的管理规定，专业分包在设计文件不完整时中标进场，受专业分包合同保护，又受建设方工期、造价、质量等因素制约，大量节点、材料、设备要通过深化环节确定。在上述诸多因素下，可想而知，质量是最易打折扣的要素。因为工期、造价是当前的硬约束，而质量运维需求产生的问题可能要几年之后才会出现。而我们抓质量问题，更多的只是关注现场是否满足按图、按规范施工的要求。设计是否满足产品的运维、用户的使用、施工工艺是否可行，并不在施工图强审要求之内，也不在深度要求之内，由此产生的建筑产品功能、品质、耐久性、运维需求问题等造成了红线范围内市政工程产品的质量问题必然层出不穷。总结原因，该问题主要由以下三个方面造成，其一是专业分包招标条件、招标方式、深化设计管理方式存在问题；其二是由于设计师长期（几代设计师）不全程参与深化设计管理实践，对材料、现场工艺、节点不熟悉，也缺少相应的管理能力；其三是现场监理、管理公司对设计管理知识、经验甚至责任的缺失，导致在按图、按规范施工的原则下，最后在缺图、缺依据、缺材料设备规格说明细则的情况下进行现场管理。以上几点是现场大多数质量问题或者部分质量通病产生的根源，与设计师不参与现场管理，长期不参与采购工作，对供应商及其工艺缺少管理经验，同时无管理权限与责任，无法调动、约束供应商有很大关系。

【小贴士】

在一些建筑师制度下，为了全面完整地为建筑系统提供设计方案，建筑师不但要做好建筑设计，还要有其他专业工程师们的帮助，这些专业包括结构、暖通、机电、园林、测量、地质等。一般情况下，建筑师都要根据工程项目的需要，到外面雇佣专业工程师。在此情况下，建筑师与这些工程师们的关系属于合约性质，类似于业主与建筑师的关系。在本节稍前部分已简略地谈到过建筑师与工程师的此类关系。建筑师与业主签订设计合同，然后建筑师通过雇佣关系寻求工程师们（结构、水暖、机电等）的帮助以弥补自己其他专业知识的不足，这是最常见的设计承包方式。由于工程师的工作是全部设计的一部分，建筑师要对工程师的工作负责。但是因为专业之间巨大的差异性，建筑师并不一定完全了解工程师的工作。这实际上加大了建筑师的责任，对此，建筑师就应该更加小心。所以，建筑师在选择工程师时，应对该工程师有非常深入的了解，应要求所选工程师购买职业保险，工程师所选的其他专业顾问须通过建筑师的亲自批准等。此外，建筑师还可以在与工程师的合同中加入保护性的语言，比如双方各不对对方的过失负责等。

同样出于此角度，美国建筑师学会制定有标准的建筑师与工程师合同书（AIA C141），该合同书是最广泛使用的这一类合同书，合同中的规定带有普遍意义，是建筑师设计实践中另一“法律”依据。该合同书共有十二章，对建筑师和顾问工程师的责权利进行了明确规定。以下对该合同书部分章节进行简述。

第一章　顾问工程师的责任

顾问工程师的服务包括其本人及其雇员的工作，顾问工程师向建筑师提供顾问咨询服务，就像建筑师向业主提供服务一样。具体责任相关规定如下：①顾问工程师可以指派一名代表提供服务；②顾问工程师应该按时提供服务，以便建筑师或其他顾问工程师进行协调；③顾问工程师应该向建筑师建议所需的调查、测绘、测试和分析；④顾问工程师应该根据工程进度提供相应的图纸、报告、详细说明和其他有关信息，以便建筑师协调；⑤顾问工程师应对建筑师和其他顾问工程师的工作有所了解；工程师应该对其负责部分的建筑造价与建筑师进行协商；⑥顾问工程师不对建筑师或其他顾问工程师或承包商以及他们的雇员的过失负责；⑦顾问工程师应该按照职业标准努力按时提供顾问服务，一旦建筑师提出要求，顾问工程师应准备一个项目计划、时间表供建筑师审阅批准，无其他理由时间期限不得随意拖延，但顾问工程师不对超出其控制范围而产生的延期负责。

第二章　顾问工程师的基本服务范围

与建筑师的服务范围一致，顾问工程师的服务范围也包括五个阶段。

（1）初步设计：顾问工程师要与建筑师沟通，并完全了解工程项目在这一阶段的要求；要与建筑师探讨所有可行的系统，要参加有关会议，准备图纸和文件，出席听证会等。如果有需要，工程师需就有关水电等设施与政府有关当局交涉。此外，顾问工程师还要根据目前的数据做造价测算，供建筑师审阅。

（2）扩初设计：当建筑师指示顾问工程师要根据业主批准的初步设计方案准备扩初设计文件，包括图纸和其他文件，用来解决和表现材料、设备、系统构成和结构类型等时，顾问工程师要帮助建筑师调整初步造价测算。

（3）施工图阶段：当建筑师同意后，顾问工程师要根据业主批准的扩初阶段设计方案，按照建筑师要求的方式制作施工图，明确所有的项目施工要求，并上交建筑师和业主批准。该阶段，顾问工程师要协助建筑师进一步调整该部分的造价测算。如果有需要，顾问工程师需要协助建筑师向政府有关部门申请许可。

（4）投标阶段：如果建筑师要求，顾问工程师要协助业主和建筑师招标，分析投标和作中标决定。

（5）施工管理阶段：这一阶段从建筑合同生效起到签发最后付款证明或基本完工60天后，顾问工程师要按照 AIA A201的规定就其设计的部分协助建筑师进行施工管理。顾问工程师将根据施工进度在适当的时候访问施工现场，或与建筑师以书面协议规定访问时间，以了解施工进度和质量并判断其是否满足合同文件的要求，根据现场观察及时通告建筑师有关该部分的施工进展，但顾问工程师并不需要做彻底和不间断的现场观察。如果需要这部分服务将作为附加服务，顾问工程师将无权过问施工方法、手段、技术和程序，以及安全措施计划，也不负任何责任，因为根据施工合同这完全是承包商的责任。顾问工程师也不对承包商的施工计划和违约操作负责，顾问工程师也无权干涉承包商或分包商及其雇员的工作甚至失误。该阶段其他相关规定还包括：

——顾问工程师将有权在任何时候进入施工现场。

——根据对施工过程的观察以及对承包商付款申请的评估，顾问工程师将帮助建筑师决定承包商所应得到的施工费用，并作出书面证明。

——顾问工程师发放付款证明，表明通过现场观察和评估对承包商要求付款申请的态度，顾问工程师在其所掌握的信息和经验的基础上，认为施工质量达到了合同文件的要求。但是这还要在施工基本完成时作进一步审查。

——如果建筑师书面要求，顾问工程师将就施工过程中有关部分设计以图或文字的形式作出必要的解释。

——当建筑师提出书面要求时，顾问工程师将对业主或承包商有关施工合同的纠纷给出建议，该建议须在一个许可的时间范围内作出。

——顾问工程师还要帮助建筑师决定其设计部分的建筑安装是否符合施工合同文件的要求。

——顾问工程师将审阅和批准承包商所提供的详图、产品数据和样品，但仅仅是有限地检查是否符合合同文件而已。顾问工程师应有充分的时间来审阅这些文件，但不应造成任何施工延误。审阅并不是要决定这些图和样品是否准确，尺寸或质量是否完整，或同意设备和系统的安装或运行程序，这些完全是承包商的责任。审阅也表明工程师批准了承包商的施工方法、手段、技术和程序，以及安全措施计划。顾问工程师对某一部件的批准，并不表明对整个组装或系统的批准。当建筑合同文件要求某些材料、设备和系统有专业性能证明书时，建筑师可以依赖这些证明书来表明这些材料、设备和系统达到合同文件的要求。

——顾问工程师要帮助建筑师将准备更改命令书（Change Order）和施工更改指令（Construction Change Directive）供业主批准并根据合同文件实施，并有权在不增加施工量或施工时间的情况下，做与合同文件一致的小改动。

——顾问工程师要协助建筑师进行工程检查决定工程基本完成（Substantial Completion）和最后完成（Final Completion）的时间，以及检查承包商的最后完工清单。

——顾问工程师要帮助建筑师审查有关的保险及其他文件，如果需要还要作出书面证明，以便建筑师发放最后付款证明。

【小贴士】

办公楼的空调与节能，四季如春。

春秋两季，在北京的办公楼里，中央空调大多是停运的，原因是天气时冷时热，我们对此也习以为常。直到一次考察国外某综合楼，室内温度一年四季都可以控制在22～24℃之间，而且节能数据可计量，询问原因，该写字楼大型综合设施空调及节能控制系统有厂家深度参与设计阶段，在空调机组模块的配置方面就已考虑了交替季节的冷暖变化，并围绕节能配置设备、零部件，根据部件运行需求对楼宇控制标准及自动化数据收集运算等加以设置，真正实现楼宇控制的可计量。对此，专业供应商还负责运维及计量过程，将运维数据所包含的经验教训不断反馈至设计和产品研发环节，以便在新的设计、研发中提升改进。

3.1.3 造价问题与采购

工程建设投资控制一直是个“老大难”的问题，现在的问题是与造价控制相关的影响因素并没有从根本上得到改观。由于业主的项目管理咨询服务碎片化，导致大家“五龙治水”各管一段，谁也不对业主最头疼的这一问题最终负责。

当前，已有城市意识到设计师在造价控制中的重要性，要求设计师对工程造价负责并设有相应的问责机制，但其忽略了采购环节以及采购各环节建筑师的权力。国际上，建筑师为什么能对工程造价负责？其原因在于，国际化的建筑师制度已形成一套完整的、系统的、对业主负责的设计师责任、权力、利益机制，并有政府法规、行业规范保证的完善管理机制流程；更重要的是，在国际化的建筑师制度下，建筑师全程参与工程采购，包括总承包选承包商的资格、条件、技术标准、专业分包、材料、设备品牌及档次、标准认定、验收等各个环节，因为全程参与了与价格相关的所有环节，建筑师才具备对造价承担责任的条件。值得注意的是，在此情况下建筑师处于完整的建造采购过程中，始终没有与市场脱节，在对工程造价负责的压力下，其吃透各专业、设备、材料的性价比，成为日常工作的重要内容（详细内容可参见图2-2）。

【小贴士】

提供准确的造价预测（Cost Estimate）是建筑师另一项重要的责任。造价对于业主来说是最重要的指标，直接决定了工程项目的可行与否，是建筑师在决定材料种类质量和结构类型时最重要的考虑因素。建筑师要根据当前所能得到的信息，运用他的判断力作出最好的分析。事实上，对造价作准确预测是非常困难的，因为建筑师不可能对建筑市场和建筑材料市场有非常深入的研究，建筑师只能根据书面资料或经验进行推算，因此不可能有很高的准确性。AIA B141中明确指出，建筑师不对其造价预测作保证。因此，建筑师要让业主明白造价预测的局限性，并以书面的形式告知业主，不对其提供保证。

所有建筑师都希望只做建筑设计而不考虑造价，但这种情况是不存在的。所有业主都有一个预算，而且都要求以最少的费用建造出最有价值的建筑物。在此情况下，建筑师必须要创造出这样一个设计，其不但要最大限度地增加建筑物的价值，而且还要将造价控制在预算之内。

在AIA建筑师与业主的设计合同中，基本的造价预测是包括在建筑师的基本服务范围之内的。但详细的造价预算，数量分析，建筑物生命周期消耗测算及价值工程分析则属于附加服务。

除非另有其他协议，按照美国建筑师学会文件B141的规定，建筑师不保证其设计不超过业主的预算。但是，建筑师有责任使其设计尽量达到业主的预算要求，建筑师的造价预测越精确越好。这意味着，“不保证”的说法并不表明建筑师可以任意增加建筑造价，如果造价超出业主的预算过多，那么建筑师要为此承担责任。一旦这种情况发生，建筑师通常要无偿地对设计进行修改，有一些情况下，业主甚至会要求建筑师对其他损失作出赔偿。

国外建筑师团队及其事务所会在实践中总结和完善知识体系，同时，有一个完整的团队及与其合作的专业咨询体系对业主的产品及服务负责。目前，国内从设计到产品管理的各个阶段仍存在以下问题：

（1）概念方案及可行性研究阶段对功能需求、运维需求缺少详细充分的论证。

（2）方案初设阶段各专业价值工程运用、性价比设计缺失，因此易造成浪费。同时大量二次设计、专业设计缺失，导致功能不清，品质要求不明，初设概算无依据。

（3）施工图阶段涉及的专业性、功能性强的专项图纸缺失。这些二次设计或专项设计在施工过程中完成，而建筑师的责任是配合而非管控，这样就导致实际上无人负责或是负责人没有能力负责设计管控，最终招标时定价计价失据，为合约管理埋下隐患。

（4）项目管理缺少深化设计管控流程。设计不管、监理无能力管，导致供应商合约结算造价失控。

（5）因设计管理缺失，导致项目建设过程管理效率低下。一些较为复杂的工程拆改、返工、拖延任务甚至停工，各专业界面不清，导致分包、总包索赔，增加项目造价。

以上五方面问题，表面上似乎是与设计有关，但进一步追根求源，其原因是业主方找不到能对其负责的建筑师团队。这与建筑师团队长期不参与采购实践，缺少采购权及采购资源，无法支撑其设计管控能力直接相关，所以问题的根源在采购管理方式，在于缺乏有效的责任分配和管理机制，尤其是建筑师团队在项目全周期中的作用被边缘化。

3.1.4 运维问题与采购

建筑产品在设计、建造过程中能充分考虑运营维护的需求，是产品属性的要求，同时也是目前建筑工程管理的短板。在施工图设计时应充分考虑产品全生命周期的需求，比如设备维修、保养、更换、清洗以及大型设备的维修与更换、用户体验、节能计量等。但实际上，国内能将这些方面系统性地落实在设计中，并能经受起长期运维考验的案例并不多，笔者考察过一些使用中的建筑工程产品，从地下室到屋顶，有的建筑使用了二十多年正在进行设备大修，我们观察到一些设计、施工过程中对运维的周到照顾（图3-1）。

作者同时参观了多个楼宇的物业管理中心、中控室。物业管理分消防、安保、服务三大专业，他们的维修人员很少，但大多在建设采购时对运维要求进行了明确，并签订长期合同，由供应商提供全生命周期的专业维修服务。这种供应商集约化的运维服务不仅节约社会资源，也更专业化，同时也能将运维体验、需求反馈到建筑供应链的末端——材料、设备、专业分包供应商，促使他们持续改进技术、质量。这些运维改进同样通过专业供应商与建筑师的沟通交流反馈到未来的建筑设计中，以完善产品功能、运维保障；如此，从设计到采购、施工、运维再回到设计，在不断改进、完善中，行业技术进步得以促进和实现。若建造过程中承包商、建筑师与供应商的关系是一次性的，工程竣工即结束，那么这种反馈、改进、完善的循环则不可能完成。由此可见，运维管理方式与采购管理方式高度相关，采购及供应商管理方式是决定性的纽带，专业信息的传输、反馈因采购管理方式不同而不同。

（a）大修设备进出通道预留

（b）高空检修通道

图3-1　现场考察时的设备运维通道

3.1.5　建筑工程管理产生“水土流失”现象的根源

建筑工程管理过程中的工期、质量、造价、运维问题已经受到行业的高度重视，国家有关部委及地方主管部门针对工程管理出台的政策文件，各种改进意见层出不穷，已是汗牛充栋。这些文件大多就事论事地治理出现的问题，当然也有少数的能高瞻远瞩，从根本上、源头上解决碎片化咨询服务、分段式管理主体责任不明确等问题。在一系列改进中，特别是EPC工程总承包模式的推行，在行业引起了极大的热情，但是实践中仍问题重重。一方面，相关的法律、制度、规范有待配套完善和改变，需要为改革提供合适的规章制度环境；另一方面，企业及从业人员的认知和能力亟待提高，而这方面的改善，只能从学习开始，逐步改善知识结构并在实践中培育能力，对于该过程行业有识之士有以下观点：

首先，项目建设立项、可行性研究估算、方案、初设、概算等环节要围绕用户产品功能需求，充分详细论证，明确咨询服务的责任主体。咨询服务方如果与设计、采购、产品长期隔离，仅对政府部门审批规定熟悉，可行性研究就变成了必要性论证、合规性论证，因此，从业人员的认识能力要提高是很难的。这就是为什么要打通咨询服务企业参与采购环节的障碍，让有产品认知能力的企业做可行性研究、做设计。

【小贴士】

对政府公共工程项目在投资决策阶段提出如下建议：

（1）建立不同类型项目的功能需求标准和设计标准体系；

（2）根据项目特点，在委托设计前，编制项目总体构思和功能描述书；

（3）在可能的条件下，逐步建立政府公共工程管理部门的设计队伍（如中国香港、美国、德国和英国政府公共工程管理部门都有自己的设计力量）；

（4）建立建筑工程作业工人的培训和持证上岗制度；

（5）建立认可承包商、战略合作伙伴和批量招标采购制度；

（6）建立政府公共工程管理部门自己的工程检测机构；

（7）建立政府公共工程项目核验制度；

（8）建立政府公共工程项目绩效管理机制；

（9）建立工程样板引路先行制度；

（10）建立政府公共工程项目“优质优入、优质优价”机制；

（11）编制地方政府公共工程管理指南，包括管理的方针政策和标准、规范等（美国等西方国家都有类似的文本）。

其次，工程建设全过程中设计、采购、施工、运维等环节不能彼此隔离，全过程结合采购应有产品供应商、建造商的参与，始终围绕着各专业的性价比开展设计、建造工作。把行业供应商先进技术与集成管理运用到建设全过程，要求总承包商必须有优质、可靠、长期合作的供应商管理系统支撑，并在这个过程中改善从业人员的知识结构和能力，尽快完成企业的采购管理变革。

最后，也是最重要的一点，施工、运维期间可能产生的问题一定要在设计、采购阶段充分考虑。将解决方案有机融入设计之中，并在采购环节予以落实，这样施工现场阶段才能够顺畅，否则这些问题要么是在施工环节遇到，以后针对问题解决问题，要么就是把问题遗留到使用运维阶段。所以说，要解决这个问题，就需要设计人员对施工工艺、产品功能、价格、运维需求有所了解。同时，这些来自实践的知识随着行业发展、技术进步还在不断变化、更新，设计人员只有通过参与采购实践，能力才能不断得到积累和提高；当然，产品的定义、论证和优化需求，则需要供应商配合。设计如果不参与采购环节，这些工作则无法得以有效组织；因此，不论是与建筑师负责制相匹配的DBB模式还是建筑工程EPC模式，设计参与采购管理是行业绕不过去的课题。施工现场及运维的大多数问题来自设计、采购环节的“水土流失”，而根治水土流失，就要求我们对采购的功能认知以及供应商管理的方式有根本性的变革。简而言之，解决施工、运维环节产生的问题好似解决河道下游淤积泛滥的问题，必须从上游的水土流失着手，即从设计采购环节先行治理。上游的“水土流失”根源在于长期以来采购、施工、设计的脱节，使得设计师在工程产品全生命周期中的角色不断后退、收缩至一个小范围，其相应单一的知识结构，也导致设计师对产品的责任能力因实践的缺失而退化。同时，如果让供应商在建设过程中发挥作用，就必须改进对采购的认知，并使其在采购实践中不断改善和提升。在行业现状背景下推行的建筑工程总承包承发包方式改革，希望通过总承包商对建筑产品负责并提高行业效率，因此，就工程总承包而言，采购管理变革刻不容缓，国内承包商采购管理从“小采购”到“大采购”的变革，势在必行。

【实践者】

EPC模式下的“一带一路”成都国际铁路港——设计引领的项目管理创新

在全球化的大背景下，中国提出的“一带一路”倡议正逐步成为推动世界经济增长的重要引擎。“一带一路”成都国际铁路港进出口商品展示交易中心项目，作为这一宏大战略的实践者，不仅肩负着促进国际贸易与文化交流的重任，更是在项目管理领域进行了一场深刻的变革实验。该项目集会展、酒店、办公、商业等多功能于一体，其超大规模、复杂结构与技术难度，使其成为国内外瞩目的焦点。为了应对这些挑战，项目方创新性地选择了EPC（Engineering-Procurement-Construction）总承包模式，尤其强调了设计院在项目中的引领作用，开创了项目管理的新篇章，在实践中体现了多重亮点。

（1）设计引领：构建项目控制的基石

在传统的DBB（Design-Bid-Build）模式中，设计与施工往往是分离的，这种割裂经常导致项目执行中的种种问题。而在“一带一路”成都国际铁路港项目中，设计院作为EPC总承包模式的核心，从项目的最初构思到最终交付，全程参与并主导了设计工作。这一角色转变，使得设计院能够从项目的整体效益出发，充分考虑施工的可行性和成本控制，确保设计方案的科学性与合理性，同时也为项目的顺利推进奠定了坚实的基础。

（2）成本控制：设计优化与限额设计的“双重奏”

成本控制是项目管理中的关键环节。在“一带一路”成都国际铁路港项目中，设计院运用设计优化与限额设计策略，有效控制了工程造价。通过对设计方案进行详尽的经济分析与成本核算，设计院确保了每一分投入都能带来最大的价值，同时通过限额设计，避免了不必要的设计变更，减少了成本浪费，实现了成本与效益的最优化。

（3）质量与协同管理：确保项目成功的关键

设计工作的质量直接影响到项目的整体效果。在“一带一路”成都国际铁路港项目中，设计院在确保设计方案科学合理的基础上，加强了与施工单位的沟通与协作，确保了设计意图的准确传达与实施。同时，设计院通过优化各专业间的协同与配合，有效减少了设计变更对后续施工的影响，提高了项目的整体质量和效率。

（4）工期控制：灵活性与预见性的完美结合

工程项目的建设周期往往受到设计方案的制约。“一带一路”成都国际铁路港项目在设计阶段就充分考虑了业主单位对项目进度的要求，通过精心的施工组织、场地布局与结构选型，确保了工期计划的严密性与合理性。更重要的是，设计院展现出了高度的灵活性，能够快速响应现场施工条件的变化，有效处理工程变更，避免了工期延误与成本增加的风险。

“一带一路”成都国际铁路港项目，通过设计院引领的EPC模式实践，不仅成功应对了项目管理中的各种挑战，更在成本控制、质量保障、工期管理等方面展现了卓越的效能。这一案例不仅为大型综合性项目的成功实施提供了宝贵的经验，更为项目管理领域的理论与实践开辟了新的方向。设计院在EPC模式下的核心作用，不仅提升了项目的整体效益，也为行业内的其他项目提供了重要的参考与借鉴，预示着项目管理领域的一场深刻变革。

3.2 采购管理变革从“小采购”到“大采购”

在建筑行业过去二十年的高速发展过程中，建筑产业供应链逐渐趋于复杂化，但目前大多数的建筑企业，采购对象、品类相对简单，一般仍是按订单招标、催货验收结账、付款，从业人员接触复杂功能、技术标准的采购品类不多。因此，建筑企业负责采购的职能自然属于“小采购”。当前，随着EPC的推行，采购对象、职能发生明显变化，企业采购变革刻不容缓。

3.2.1 采购管理的发展阶段

采购作为企业运作的基石，其重要性与日俱增。关于采购及其重要性，最早可以追溯至工业革命浪潮席卷全球的19世纪早期，Charles Babbage，这位被誉为“计算机之父”的先驱，在1832年有关机械和制造经济的著作中率先探讨了采购的重要性，他将“物料人”视为企业供应链中不可或缺的角色，负责物料的选择、采购、接收及分配，从而确保生产流程的顺畅运行。随后，19世纪50年代，美国铁路的迅猛发展为采购领域带来了新的关注点，Marshall M. Kirkman于1887年撰写的专著聚焦于铁路物资的高效管理，进一步强化了这一趋势。20世纪初，*The Book on Buying*出版，标志着采购管理理论初步形成体系，书中深入剖析了采购的基本原则、规范与程序，为企业提供了宝贵的指导。

进入20世纪中叶，随着企业规模的扩大和市场竞争的加剧，采购活动的战略地位日益凸显。20世纪50年代至20世纪60年代，企业开始意识到物料采购与成本控制的紧密关联，采购职能逐渐从单一的购买行为转向系统性的成本优化策略。20世纪80年代以后，全球化的脚步加速，市场对产品质量、价格竞争力及交货速度的要求越来越高，采购活动的战略意义愈发显著。企业开始寻求与供应商的深度合作，通过供应链协同提升整体效能，进而增强市场竞争力。在此过程中，人们发现采购的本质在于满足企业运营所需的外部资源，而且，这一过程可能因环境差异而呈现出多样的形态。美国学者Chopra等人（2007），将采购界定为企业为保障正常经营，从供应商处获取原料、商品及服务的全过程。相比之下，欧洲学者Weele（2010）则强调了采购在确保公司各项活动顺利开展中的关键作用，涉及货物、服务乃至知识的获取。传统采购模式侧重于维持安全库存，以应对市场波动，而经济订购批量（EOQ）模型与报童模型（Newsboy model）则为解决库存成本与订购策略提供了理论依据。

随着社会分工细化与全球化供应链的形成，采购成本在企业总成本中的比重不断攀升，物料采购直接影响到产品的质量、成本与交期。因此，采购管理从简单的买卖关系进化为供应链管理的核心环节，它要求企业与供应商之间建立更为紧密的合作关系，涵盖资金、技术与信息共享等多个层面。供应链管理环境下，采购理念经历了从库存导向向订单驱动、从简单交易向资源集成、从短期买卖向长期伙伴、从战术职能向战略定位的深刻转变。企业需要通过供应商分类、信息透明化以及建立互信机制，实现JIT（Just in Time）生产模式，最终达成品质提升与成本节约的目标。当前，采购活动已不仅仅是企业日常运营的基础，更是推动企业战略转型与价值创造的关键力量。随着时代变迁与技术进步，采购管理将继续向着更加精细化、智能化的方向演进，为企业在全球化竞争中赢得先机奠定坚实基础。

哈克特集团（The Hackett Group）有一个采购管理的发展模型，较好地总结了采购管理的发展，其把采购分为五个发展阶段，具体包括确保供料、最低价、总成本、管理内部需求和全面增值。实际上，这一发展模型也代表了从“小采购”到“大采购”的发展路径及发展过程中企业所属的采购管理状态（图3-2）。

第一阶段：确保供料。

确保供料对于施工企业的采购员来说通常是基本职责，但问题是采购的主要职责和管理目标不应局限在确保供料层面。现实条件下，当专业房地产项目业主方负责采购条件复杂的材料、设备及专业分包时，首先由业主指定单位和价格，再由总承包方签合同、执行合同。在此情况下，总承包方采购员能在订立合同时，将供料保证设定好，并在执行过程中协调好，自然是其基本工作职责。对于非地产类项目，一方面各种关系的介入会影响采购过程，施工企业从业人员从组织到供应商资源积累，再加上可能对复杂的采购项品质、价格等其他因素缺乏了解，导致其长期重复按简单的招标方式完成采购任务，并给“保供料”留下诸多问题在后期合同执行中去协调。由此，通常项目在进入总承包管理阶段后，“保供料”就成为管理重点、难点，能保供料的采购员已然成为优秀物资人员。将这种局面简单地归结为业主等社会各方干预是不对的，其内在原因还是企业采购能力的缺失。当今，大多数企业采购管理现状是，企业采购长期在低水平采购管理内容上重复，没有从根本上解决问题，长此以往，采购人员对采购物品的基本认知到管理供应商的能力都无法在实践中成长。

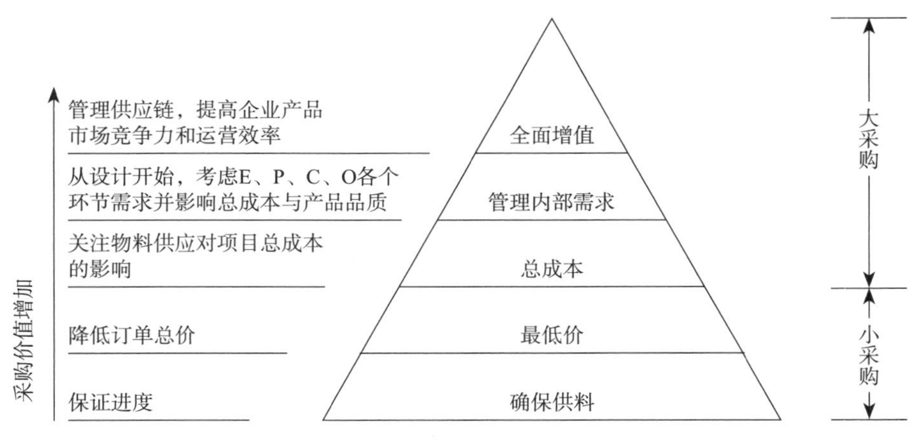

图3-2 从“小采购”到“大采购”

（注：摘录自刘宝红《采购与供应链管理：一个实践者的角度》）

【实践者】

“保供料”成为难题，主要是两个方面的问题：一方面是总进度计划可执行性差，导致相应的资源计划准确性差，而设计变更、现场变化等原因使得供货成了一个艰巨的任务；另一方面，对稍复杂的品类、技术条件、加工周期、运输等环节缺少充分且全面的了解。缺少有丰富经验的供应商支持，并使按时供货成为一个问题，甚至有的供应商在面对一次性买卖时，对合约严肃性、合约信用等不够重视；而追究供应商违约责任的成本很高，任何一个总包，都不能将工程停下来打官司，而行业亦没有争议快速裁决机制，因此最终亦是各方权衡利弊、委曲求全；由此可知，一次性合作变相加大了保交货的难度。

第二阶段：最低价。

在过去房地产高速发展的二十年，行业同仁不论招总承包，还是总承包招分包商、材料及设备供应商，都将“最低价”的谈判技巧发挥到了极致，同时，这也是企业降本增效的最简单、最直接的手段。但发展到一定阶段，订单通过低价进一步降本的空间有限，反而产生了一些困扰工程管理的问题。比如，复杂的专业分包有不同档次的设备、材料，如何低价？复杂的专业若深化设计没有完成，大量与品质、功能相关的价格须在过程中确认，表面上的低价投标使得履约过程和结算中的双方博弈成为主旋律；有的供应商形式上是低价中标，但实际上是高价索赔，甚至以停工、怠工相挟持，迫使招标人在过程中妥协，低价成了一场空。而参与项目的供应商则各自为自己的利益花费大量精力争取切得一块蛋糕，使其利益最大化。在现有环境下，任何负责任的一方都不希望工程停下来，而索赔方亦少有因为索赔而影响工程，乃至最终被重罚、承担严重法律后果的情况；于是最后，低价对于控制成本同样具有高度的不确定性。行业亦有人说“若不是最低价中标，承包方哪有知足的，照样索赔，所以还是先将价格压低占据主动地位再说。”这话不无道理，对于一次性买卖，这种情况司空见惯，产生的不良后果也是习以为常，总承包与供应商在这种环境中挣扎，不断地在总结教训中循环往复。那么，是否可以通过新的采购管理方式与供应商发展长期合作关系，从另一个思维角度解决问题呢？此问的答案正是本书的题中之义。

【实践者】

曾经有一位工程局主管商务的领导发问：对复杂的专业分包，不论什么价格发包都面临大量索赔，成本失控，为之奈何？其实该问题的关键是深化设计，由于招标时技术标准、界面不清造成了真实分包价格难以界定，过程成本失控。而要完成这些专业分包深化，离不开专业分包提前介入开展大量工作加以支持，这就与供应商管理方式高度相关。对于专业分包如何参与深化设计，深度介入招标前工作？如何招标、如何定价？将在后续介绍。

先看问题：什么样的价格是最低价？其实没有答案。若是招标不严谨，有可能价格虚高却仍是最低价；也有可能价格很低，供应商赔钱入场，希望在过程中找后账，最后在结算中索赔盈利。但《中华人民共和国招标投标法》规定不能以低于成本价的价格进行竞争。而成本价指的是投标人的个别成本，由投标人陈述，专家评审解释，这可是一个世纪难题，可操作可行性几乎没有。对于此，作者知道一位行业大咖曾写过一篇论文，旨在讨论《中华人民共和国招标投标法》中成本价的不可探知性，警示招标人对低价中标要保持戒备之心。在此情况下，若是招标单位有市场价格数据库，能够做到对价格心中有数，则价格仍是有尺度的。但这样的价格就需对企业进行收集分析和管理，从而使招标人对投标企业生产成本及竞争力有一个定量的评估依据。

第三阶段：总成本。

招标采购价格只是项目形成最终成本的一部分，而另一部分成本在于每一个订单最后的结算以及每一个订单执行对项目总成本的影响，这种另外成本在企业实践中人人皆知。但想要降低订单总成本却没那么容易，订单执行成本需要跨专业、跨部门考虑并决策，而企业跨部门、跨专业之间的合作往往很困难。究其原因，首先是专业岗位人员的知识面和眼界视野限制，其次是部门职责考核指标鼓励大家自扫门前雪，此外还有决策侧重点、权衡利弊得失、眼前与长远、局部与全局利益之比较取舍。现实情况下，在做决策时往往更为关注眼前，局部利益更能得到一致认同。同时，从基本层面看问题，是参与其中的员工少有人能够具有全局观，有全面成本的常识。其实，企业在运作过程中不仅要统计总项订单成本，而且要算大账、全局账，并有数据支撑、比较、分析总结。只有这样，招标采购总成本的观念才会逐步深入人心，并达成共识。比如过去的三十年，业内对劳务公司的认识，如果劳务班组给力，则对项目进度、质量、现场直接成本、业主认可等多种因素都有积极影响。但与劳务费用增减10%相比较，其他成本影响则要大很多，其他专业特别是技术复杂的专业更是如此。可是各专业都是价格好一点，队伍品质高一些，那总收入减少、入不敷出怎么办？于是都选择先关注眼前看得见的成本——标价，把订单价格压到最低再说。由此，这又回到了第二阶段，陷入恶性循环。因此，真正有经验的项目管理者已开始关注第四个阶段，特别是2016年国家开始推行EPC工程总承包以来，采购如何管理内部需求成为企业降低成本、提高竞争力的重要内容。

【实践者】

同样合同价格的专业分包，对整个项目总成本的影响是不一样的。比如弱电专业分包，一个有经验且忠诚度高的弱电专业分包，从工程产品功能复核（往往是设计问题）到与其他专业设备联动、专业通信协议、界面处理、业主变更、运维服务，以及与相关专业交叉作业等，不仅能够对总进度、项目管理成本造成影响，同时还会影响其他专业的效率。因此，专业供应商的效率能够同时影响其他专业总包成本。

第四阶段：管理内部需求。

采购部门相对供应商而言是客户，而相对内部用户而言就是供应商。当采购人员意识到要尽早介入需求定义阶段，帮助做好设计、计划工作，介入采购订单的技术标准和要求，考虑项目进度、质量、总成本及运维需求等诸多因素，利用采购权组织资源，管理好供应商，利用供应商的专业优势和资源实现项目总目标时，采购就成为服务内部客户的"大采购"，采购职能变为实现项目目标、管理内部需求，采购由此成为供应！

【实践者】

为提高总承包工程技术人员对产品专业技术、生产成本的了解，拓展知识面；采购部门制定了各专业对总包人员的培训计划，并拟定了培训提纲，如下：

一、产品门类

1. 产品品牌

   1.1 进口品牌/合资品牌，国产一线品牌，二线品牌

   1.2 市场主流品牌，与本厂产品同档次品牌，投标常遇到的品牌

2. 不规范产品

   2.1 影响产品质量的关键部件

   2.2 假冒伪劣产品的识别

   2.3 不规范产品的介绍，行业基本情况（正牌主流品牌及劣质产品特点及生产地）

   2.4 偷工减料的环节及内容

   2.5 假冒伪劣产品的识别

3. 新技术推广与应用

   3.1 行业新技术的应用

   3.2 行业新技术的更新方向

二、厂家及产品介绍

1. 厂家生产规模介绍

1.1 办公区、生产车间（生产流水线，生产设备）生产工艺展示

1.2 厂家品质关键工艺、特色、领先工艺技术

1.3 检测实验方式、方法、报告

2. 组织架构

2.1 部门介绍（重点技术服务团队）

2.2 销售模式介绍（直销、渠道代理等）

2.3 售后服务（售后服务模式及团队）

3. 产品介绍

3.1 产品分类、执行标准

3.2 本厂生产产品、产地，外包产品、产地

3.3 产品的生产周期、运输及包装

3.4 产品详细配置（高配置，标准配置），配置品牌及产地

4. 产品售后服务

4.1 产品分类、执行标准

4.2 本厂生产产品、产地，外包产品、产地

4.3 产品的生产周期、运输及包装

4.4 产品详细配置（高配置，标准配置），配置品牌及产地

三、招标条件及深化设计要求

1. 业主功能需求、运维需求、建设工期等要求与本产品的关系

2. 甲方招标需具备的参数及技术条件，影响质量及价格因素

3. 材料设备投标前及中标后深化设计内容

4. 深化设计涉及的产品功能及价格内容

5. 招标及供货安装总包注意事项

采购是企业与供应商之间的桥梁。不同的供应商管理方式决定了供应商能为总承包企业做什么，以什么样的方式与之合作。世界上制造任何复杂的产品（当然包括建筑产品），其设计环节都需要供应商的参与。工业制造领域如汽车、计算机、航天等，研发工作都有部品部件、材料、设备等供应商的参与。设计图纸确定后，在制造加工环节不同的加工工艺，加工设备人员Know-How不同，会有不同的加工图，行业内叫“红线图”。因此，施工企业不懂设计而只是“照图施工”，设计单位在没有供应商参与的情况下给出的

图纸质量自然是漏洞百出，所谓“照图施工”就成了不可能实现的目标。更为重要的是，建筑产品技术的进步更多体现在材料、设备的创新。这些创新如何与设计及施工完善地、不间断地融合，创造性价比更好的产品，一定离不开供应商的紧密配合，而这种配合方式与供应商管理方式紧密相关，由此，通过供应商的高质量服务，满足总承包企业发展的内部需求，成了采购管理要考虑的战略问题。在EPC合同条件下，若有专业齐全、高素质、高忠诚度的供应商团队支持和服务，采购方在采购之前就能完成产品定义，完善产品功能、性价比。施工过程中，如果有专业度和忠诚度较高的供应商支撑，则实现项目管理目标过程中存在的诸多问题就可以迎刃而解，而这些问题又往往是企业内部客户的管理需求。因此，通过“大采购”管理调动供应商的积极性，能够为企业完成项目管理跨部门、多职能目标服务。

【他山石】

东方明珠塔的混凝土塔身，原设计意图是做高质量的清水混凝土塔，不加粉刷和涂装，自然、质朴、粗壮、有力。在大堂部分，要求可看见模板的木纹，粗中有细。在大堂屋顶平台以上，要求可看见一个个圆形的塞头凹痕，它们是浇捣混凝土时，内外模板对拉螺丝孔的堵头。它们像有力的躯干上的小毛孔，同时又告诉人们，混凝土塔身是如何施工的。

对于东方明珠塔的塔身，主管市长一直想让其刷有色涂料，并推说陈至立希望如此，说德国可免费赠送。但江欢成院士坚持不改，担心会削弱东方明珠塔的自然感和力度感，并且可能脏得更为明显。一次，时任中共上海市委副书记陈至立到工地视察。江院士说：“陈书记，听说你要求刷有色涂料，我觉得不太好！”她说：“我没说过呀！”东方明珠塔建设处的钱文亮主任说：“江院士敲边敲得好！”原来老钱也是不赞同的。

然而，随着时间的流逝，东方明珠塔的岁月痕迹凸显，塔身变旧了。东方明珠公司的领导多次找江院士谈塔身涂料问题。江院士常以岁月沧桑感自慰，并以布达拉宫和清华园二校门的流痕之美为例，试图说服他们用清洗的办法解决问题。十多年后，在球体和筒体相交处，流下了涕痕，尤其在斜撑上脏得不堪入目，这既因雨水和灰尘的侵蚀，又因清洗球体的化学溶液雪上加霜，使之无法清除。帅哥邋遢了，美女黄脸了，江院士的坚持也开始动摇了！为此，2012年5月，团队开始在斜撑根部进行不同厂家多种涂料的试验研究。涂刷后冲洗酸碱水，经一定时间的考验，似乎有的涂料可供选择。但江院士仍不敢下此决心，怕“化妆”后太粉嫩，又怕涂料经不起长时间的考验。

2012年4月2日，江院士为三峡工程升船机承重结构的事参观了三峡大坝。大坝上2万平方米的涂料经过了几年的考验效果良好，使其深受鼓舞。向东方明珠公司报告后，丁立园、阮国威组织各方前往考察取经，即在东方明珠塔斜撑底部请3家厂家再做涂装试验，研究不同的基层砂磨方法及涂料的质量，考验半年以上。

此外，东方明珠公司还报告了塔身螺丝孔塞头几次坠落砸碎玻璃的情况和塔身少量露筋的情况。它们是涉及生命安全的大事，更使江院士十分着急，便把塔身涂装和塞头（包括露筋）处理两件事加在一起，作为东方明珠塔外立面修缮工程，并把塞头安全处理放在首位。在原有的涂装要求前面，加上“安全”二字，成为修缮12字方针，即“安全、无色、透明、亚光、憎水、耐久”。“安全”除了高空作业要求外，特指塞头处理。“耐久”则要求涂装的有效期为15年。对施工中用于吊挂弧形平台、固定脚手架（仅在5个小球处）的不锈钢螺钉，要求尽可能少，但保留在塔身上，供日后维护用。

2013年3月20日，经一年的酝酿和准备后，在总包单位上海市机械施工集团有限公司总部，开了个专家会。2013年5月，东方明珠塔的修缮工程正式开始。上海市机械施工集团有限公司的工作做得很细致，多次用PPT形象地汇报施工装置和措施，进行平台操作和“蜘蛛人”斜筒施工的培训。陈恒江、陈明海、谷凯等人表现得很出色，对约3万个塞头逐个检查、清理、修补，能凿掉的塞头全部凿除，数目约7000个。凿出的尼龙杯内，遇有螺丝头的，缠绕直径1毫米不锈钢丝，氩弧焊；没有的则内凿槽口，然后挤塞聚合物砂浆。完工后，陈恒江拍胸脯保证塞头不再掉落，并说：“再掉，算我有罪！”

对于混凝土露筋的处理，在清刷基层除锈之后，刷防锈漆，覆于聚合物砂浆（大于5毫米厚）。

涂装工程的招标、投标文件及技术措施由江院士公司制定，主要由杜刚和曹鹄完成，要求保用15年以上。投标者包括旭硝子、SKK和上海科焱3家，均称保用20年。由业主综合考虑其性价比等之后，确定由旭硝子提供材料、涂刷方案和技术服务。

涂装技术标准，要求在混凝土表面经充分高压水洗后，不低于3层做法。

底层：硅烷大于或等于0.18公斤/平方米；

中间层：丙烯硅树脂大于或等于0.11公斤/平方米；

面层：氟碳树脂大于或等于0.16公斤/平方米，含氟量大于或等于16%。

实际使用情况是：底1度为0.24公斤/平方米，渗入3μm，中1度为0.2公斤/平方米，面2度为0.24公斤/平方米，氟具光泽，为达到亚光要求，加了消光剂，也加了防污抗水罩面剂0.1公斤/平方米，均为滚涂。各厂家均不肯报成分，或属保密。

本体混凝土有不小的色差，清洗后，当年修补过的地方显现出来了，大、小球体下方的流涕痕迹砂不掉，估计是洗球体的药水渗进去了。经多次尝试和研讨，担心欲盖弥彰，决定不进行着色处理，留一点历史缺憾。

东方明珠塔的修缮、涂装工作历时7个月，完成后，对塞头坠落的担心放下了，塔身干净了，只是略有反光，估计会随时间推移而减弱。团队同仁们自我感觉良好：东方明珠塔虽少了些许男子汉的粗壮，却多了点美女的清秀，仿佛邋遢的面孔洗过后，上了点淡妆，真有焕发青春之感。然而，最有发言权的应是公众！

从专业角度管理内部客户，其实是内部客户为公司增值。例如工期问题，根据不同的客观条件和管理目标，供应商可以提前介入，决定是否设计上做改进，并在原材料、生产能力上提前储备，在现场工艺、工作面提前协调沟通出主意，使项目重要的关键专业在现场施工之前就做好准备，以此保证项目某个棘手专项能顺利完成。又如质量问题，即通常说的质量通病，其并不是不能避免。如渗漏，若利用供应商的专业优势，在材料、节点、现场工艺等方面提前策划，在设计环节做文章，是一定能杜绝渗漏问题的。遗憾的是，过去几十年，大多是由没有防渗漏经验的人设计节点，很难保证节点施工的质量，最终形成“通病”。当然，我们还有质量通病防治手册，意思是建筑产品有诸多毛病在所难免，经常维修就可以。放眼其他行业新产品比如一双鞋子、一件衣服要有通病，顾客是难以接受的，而向前一步从设计环节解决问题，利用专业供应商的Know-How，谁说不能从产品设计环节杜绝这些“通病”呢？这也正是行业改革给予行业有志者的巨大想象空间。但现实往往是，谁都是“麻子点点一样多，大哥别说二哥”，最终都是用户得不到好的产品。如果业主作为采购方将产品质量要求作为选择总包的刚性条件，那么总包企业为了生存是否会因此改变观念？

【实践者】

我们的防水渗漏问题困扰客户、业主、施工企业几十年，材料、节点、工艺为什么没有改进呢？原因之一是作为施工图的设计方没有防渗漏的最终责任，而参照集旧工艺于一身的图集，照搬5年前的图纸，从设计工作量角度来说是最省的，因为若有渗漏问题总能找到施工单位、作业班组的质量问题。另一方面原因是设计师也没有动力去研究复杂构造或简化施工工艺，通过了解更新的材料产生更好的效果。而政府图审只要合规就行，且施工企业、监理、管理公司按图施工是唯一不变的宗旨。因此，设计师长期与现场、供应商分离，不熟悉新的工艺、节点、构法，这种沉淀是质量通病长期“合理存在”很重要的原因。

“大采购”要协调外部客户并不难，只要管理的方式方法对路子。对供应商来说，市场牵引的力量是强大而持久的，但“大采购”要主动服务内部部门、项目则需要很强的综合素养，特别是专业眼界与沟通能力。采购了解专业品类的全景内容并将不断变化的专业知识在企业内部各部门传播，对于拓宽企业内部人员的视野、想象力很重要。从某种角度，专业供应商始终要做总承包在各专业领域的导师，而“大采购”是这所专业培训学校的管理员。只有总承包人员的核心决策层有视野，才会产出有市场竞争力的设计采购策划，从源头上有可能使企业、项目解决潜在的问题。但是，内部部门及项目部的目标与采购并不始终一致，供应商在提供服务时，专业度服务质量越高越好，而招标定价时则希望价格越低越好。这时，“大采购”应站在战略高度来决策与谁签合同、签什么样的合同，若耳朵根子软，一时低价中标，则又将采购带到沟里去，剩下的一定是能力差、人员素质低的供应商中标。供应商在服务、履约方面又回到从前，采购陷入解决纷争复杂的细节问题，一切又回到老路子中循环。

【实践者】

2020年作者到项目检查EPC实施情况，工程项目现场正在展开地下室的施工作业。作者问地下室顶板、卫生间、屋面防水是如何设计的，项目总工程师说等设计院出图，作者说为什么不能找专业厂家结合本工程防水需求，分部位、节点征集不同的设计方案及其价格，再比选择优入图后招标、施工，还是走老路等设计图，而画图的那位设计师还是那位设计师，也并不对EPC绩效负责，项目总工程师听后如获至宝，之后防水工程不仅降低了造价，方便施工，而且防渗效果更好。若施工企业采购员能在采购计划主动提这个方案，或将防水专业技术及深化方式提前在企业内部普及，则是当之无愧的“大采购”。

第五阶段：全面增值。

通过组织、流程系统的不断完善，优化供应链解决问题，从根本上降低全供应链成本，从而提高产品性价比。提高市场竞争力既能提供优质产品、提高对客户的服务质量，又能降低生产成本，提高全供应链成本效率。建筑行业生产方式早已是高度的横向整合，总承包企业产值中70%～80%是采购成本，那么采购的材料、设备、专业分包的价格对企业成本至关重要，采购的重要性不言而喻。在此情况下，采购成为公司的命脉，并有两条截然不同的道路，一条路是企业采购通过采购的各个环节压榨供应商的最后一块铜板，供应商也绞尽脑汁、挖空心思算计采购方；另一条路则是与供应商就信息流、资金流、物流等的各个环节形成高效率协同，利用各自优势共同降本增效，应对市场竞争。经验证明，前者是条断头路，总是走不长，后者同样面临困难曲折，但可以不断总结、提升，朝一个方向不断努力拓展。但选择哪条路，其实考验的是采购能力，特别是核心企业的采购文化，企业文化引领供应链上的企业不断提高参与供应链各环节成本优化的能力，从而进入良性循环。反之，在市场竞争压力之下，核心企业很容易采取简单粗暴、见效最快的方式，不断砍价，与供应商相互倾轧、不解决问题而是转嫁成本，陷入猎人模式的恶性循环之中，直到企业采购生态系统杂草丛生，回到“小采购”状态。到这时，企业也会降低采购的价值认知，“拿钱买东西”成为采购的职能，最低价、保供应又自然成为常态。所以“小采购”是一种采购的下游状态，而向上行走，需要不断进取——采购管理如逆水行舟，不进则退。

【实践者】

对流程负责过程正确，还是对结果负责正确？对过程负责，采购人员工作很容易，而将有价值的信息掩埋在过程中，这样的采购大行其道。而要满足内部需求，企业全面增值，除了深刻了解企业潜在需求，跨部门职责，还要主动作为。这时就易让人产生非议，觉得其中有利益输送问题。如何解决这一问题，一方面是权力制衡，更重要的一方面是数据透明，企业有足够公开可查的数据，灰色的空间就自然变小，甚至消失——阳光是最好的防腐剂。

【小贴士】

香港某咨询企业凭借在医疗领域有众多完善的分包供应商、有齐全的医疗咨询企业支持，可以收取很高的项目管理费，提供全套全过程医疗建筑项目管理，或者凭管理入股与工程总承包企业合作，支撑EPC总承包企业全过程的设计管理。而它的供应商也在这个过程中得以不断强化忠诚度和服务能力，能将医疗建筑从设计到运维全过程各专业功能及运维需求明确，把建设成本、工期妥妥地搞清楚，从而大大提高EPC总承包在产品品质保证、工期、成本管控方面的能力。这家咨询企业通过对供应商的管理绩效，实现了自身企业的市场价值。

作为采购职能，要定期评估采购所处的阶段，是否与业务需求匹配。如果不匹配，需要什么样的能力建设，比如组织流程系统方面的提升等。而能力提升又需要资源投入，比如雇更多具有专业能力、综合能力的优秀人才，改善流程系统。这种改善的迫切性需要企业组织者加以重视，只有有决心并持之以恒地贯彻才有可能实现。但是，往往企业发展好时，一俊遮百丑，明明是市场、商务绩效好导致企业盈利，采购也会跟着沾光，问题被掩盖；等到企业走下坡路，问题积重难返时，想要改善采购方式，绩效又力不从心。所以，关键是企业领导者的认知和执行力，在企业日常运行中朝这个方向持续发力，不断改善提高，终能够培养成企业的核心竞争力。

3.2.2 施工企业采购管理变革的时机

我国的施工企业，从计划经济体制一路走来，采购管理随着国家经济制度环境的变化，已和过去有很大不同。1953年156个苏联援建项目，其设备、技术、设计、部分材料从苏联来，采购自然也是沿用苏联的管理机制，况且战后重建，百废待兴，采购是解决有没有的问题，而不是如何选择的问题。计划经济体制下，企业内部资源纵向整合，内部资源调配主要是行政管理方式，企业采购员更多的是收发料保管员，这种情况经过“三线”建设时期（1964—1979年），改革开放初期，在供应短缺、价格双轨制的现实情况和制度约束下，能买到工程物料保证生产就是王者，采购责任重大，要确保生产供货。在过去房地产市场蓬勃发展的二十年（1999—2019年），设计管理、采购管理主要由专业地产商操持，一些规模大且有一定专业度的地产商基本都建立了自身的供应链体系，并能够依靠雄厚的供应商资源集成设计，将资源集成到产品中去。而作为施工企业的总包，大多采购钢筋混凝土及当地地材，很少涉猎与产品功能、品质相关度高的产品。大的施工企业也有部分政府机关、事业单位等非专业地产业主的工程，但所占比例不大，企业大多没有建立完善的供应链采购体系，因此相应的采购能力、效率亦不高。同时，业主参与采购环节亦涉及指定厂家和价格，导致以建筑工程为主业的施工企业没有建立完整的供应商管理系统。此外，由于施工企业照图施工制度的延续，施工企业不参与施工图、工艺图的设计，使供应商集成没有了充分发挥提高整体绩效功能的舞台。所以，建筑行业大发展的二十年，施工企业采购管理对企业绩效的贡献乏善可陈，客观环境是主要因素。2021年，作者随某集团战略研究院考察一大型企业，重点考察其下属供应链公司。在过去十多年，这个公司在一队精干实干的企业骨干带领下，将物料供应干得风生水起。详细调研发现，经营的产品主要是混凝土、钢筋、砌块、外加剂，其他很少涉足，品类简单单一。

【小贴士】

传统材料采购，作为施工企业运营链条上的重要一环，至今依然扮演着举足轻重的角色。这一流程通常遵循一套标准化的操作模式：首先，各项目部依据施工图纸、进度计划以及施工方案，结合施工预算，在月末、季末或年末时编制出详尽的材料需求申请。

随后，企业采购部门将这些分散的需求汇总整合，形成一份全面的企业材料采购计划，并提交给高层管理者审批。一旦获得批准，采购团队便着手执行采购任务，与供应商洽谈，直至所需物资安全入库，确保施工生产的顺利进行（图3-3）。这一系列流程，既体现了企业内部的严密组织，又彰显了对外部市场的精准把控，共同维系着施工活动的有序展开。

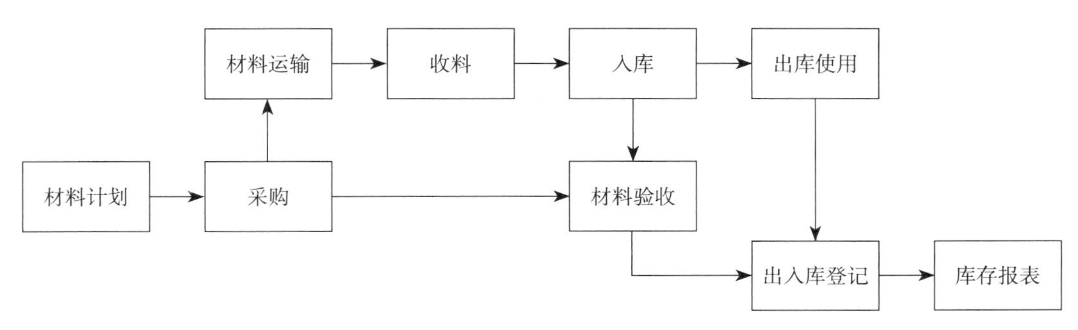

图3-3　传统的材料流转程序

然而，尽管传统采购流程在一定程度上保障了施工需求，但其内在的局限性亦不容忽视。在多数施工企业中，物资采购管理的常态流程表现为物资采购部门紧密跟踪项目进度与材料消耗，适时检查库存状况。当库存水平触及预警线，即无法满足生产需求时，采购部门迅速启动应急机制，与供应商进行紧急沟通，协商采购事宜。此间，部分企业采取项目部自主采购的模式，尤其在钢材等大宗材料的采购上，项目经理部直接对接供应商，以确保材料的及时供应。这种做法虽在灵活性上有所提升，却也带来了管理上的挑战。

材料采购管理，作为项目成本控制的重心，其重要性不言而喻。它不仅是资金流动的最大出口，也是成本失控与腐败滋生的潜在温床。因此，企业亟须从战略高度重新审视材料采购管理的价值，识别并解决传统模式下的顽疾。学术界对此进行了深入剖析，归纳出以下几点主要问题：

首先，最主要的问题是信息不对称与信息化水平低下。建筑材料的采购特性——量大、类繁、利厚、竞争激烈，导致采购过程中信息流通受阻。采购方与供应商之间缺乏有效沟通，各自保守信息，加剧了市场透明度不足的问题。这种局面不仅推高了交易成本，增加了交易风险，还加剧了运营的不确定性，频繁引发各类纠纷，加大了日常管理的复杂度。加之信息化建设滞后，供需信息反馈迟缓，供应商难以及时响应工程动态，阻碍了施工效率的提升。

其次，采购目标难以有效控制。信息壁垒与组织结构的分散性，使得材料需求无法形成规模化采购，丧失了议价优势。重复的仓储设施投资、过高的库存储备、冗余的人力配置，均导致成本失控。混乱的采购渠道威胁到材料质量的稳定性，个别供应商的虚假承诺更是加剧了供应链的脆弱性，延误工程进度，损害企业信誉。

再者，施工现场普遍存在安全库存过高现象。为确保施工连贯性，企业往往提前大量囤积材料，这不仅占用了巨额资金，增加了存储成本，还面临材料丢失的风险，甚至挤占了宝贵的施工空间，影响了工地的合理布局与高效运作。

最后，采购人员的责任意识与执行力存在明显短板。在传统模式下，采购人员的工作多陷于被动响应，缺乏主动预见与市场调研的能力。他们往往局限于处理项目上报的需求，而忽视了对市场变化的敏锐洞察与供应商信息的实时更新。更有甚者，个别人员出于私利，与供应商勾结，牺牲企业利益，严重损害了企业的财务健康与社会形象。

面对上述挑战，施工企业必须采取积极措施，优化材料采购管理，提升供应链的透明度与响应速度，强化采购人员的职业素养与道德操守，以期在激烈的市场竞争中立于不败之地。唯有如此，才能真正实现成本的有效控制，确保施工项目的顺利推进，为企业创造持久的竞争优势。

2016年是一个新的开端，国家开始启动行业改革，推行EPC工程总承包，使施工企业的采购管理问题凸显出来。本书研究人员曾经到全国各地的EPC项目调研，一些大型复杂项目部面临最大的挑战就是采购问题。由于之前公司层面缺少积累，项目突然面临巨大、繁重且复杂的供应需求，只能从头开始，现学现用，以应对复杂的履约需求。这说明企业对于市场的变化没有做好准备，同时也有越来越多的企业意识到这个问题。一些进展快的企业在实践中不断探索公司、分公司、项目各层级采购管理的模式，且对于资源管控能力如何建在公司，已经有相应的流程、系统支持。近两年，房地产市场江河日下，施工企业内部主要业务转移到非专业地产业务，同时市场竞争加剧，客户要求变得更高。为客户提供更好的产品和服务，同时提高效率、降低成本成为施工企业面临的重大课题。供应链理论过去四十年在其他行业的成功实践，以及供应链实践在其他行业包括国内专业地产公司的最佳实践绩效说明，供应链管理应用于施工企业的转型升级正逢其时。

【实践者】

2021年，本书研究人员随某集团战略研究院课题组调研某大型城市城投公司对EPC的看法，城投公司项目经理说："既然是课题研究，就说实在话，现在的施工企业，特别是项目工程师扎钢筋、打混凝土、赶工期，是能干，央企国企施工单位也有觉悟；可是涉及其他专业的设计、功能、供应商资源及管理却不清楚，还是要依靠业主方。”在这种情况下，业主如何将设计、供应商交由总包管理呢？这从另一个侧面来看，EPC总承包商市场的认可度与能力成正比，由于缺少实践经历、积累，存在这些问题亦在情理之中，只是用什么样的方法才能加快能力提升的速度仍值得讨论。

“小采购”与“大采购”有诸多不同。施工企业“小采购”围绕项目招标、合同谈判、订单操作、催货、验收、退货、处理纠纷往复循环，能保供货、能砍价是企业对采购的基本要求，至于采购过程对项目整体绩效的影响并不是采购考虑的问题。当对项目目标造成严重负面影响时，却将情况大多归结为“又是一家不靠谱的供应商”，而没有从供应商管理方式上去考虑改善采购方式。还有很多企业、专家简单地将国家对行业准入的资质等条件纳入采购对合格投标人的入围标准，要给具备基本条件的企业一个公平、公开的竞争机会，谁都有参与权和中标的机会。这种认知，还没有把供应商管理与企业采购绩效的复杂性结合起来，或者没有总结过往供应商绩效的影响因素，甚至没有从企业管理角度思考问题。“大采购”应主动了解、满足企业内部管理需求，并以此为价值导向，围绕供应商开展供应商管理。比如项目工期问题，不同供应商对工期的重视、配合、能力有差异，有的供应商能围绕总包工期要求，结合自身产品专业特点，对产品加工生产、运输、安装、调试、其他专业协同等提出建设性意见，并有丰富的同类经验；这时总包的管理就变得很轻松，得益于有经验的供应商的支持，管理难题变成了竞争优势；比如成本压力，有专业技术优势的供应商，结合总包对最终产品性价比及建设运维的需求，能在设计管理的不同阶段，结合自身产品与同行产品差异提出性价比更优化的方案。由此可见，价值工程理论的应用场景多么激动人心，而且容易实现！君不见，钢筋混凝土框架结构同等设计条件，钢筋含量、混凝土含量可以有20%～30%的差别，一个优化的设计对结构安全并没有影响，但成本可以大幅下降，其他专业也是如此。在成本降幅的空间里，业主、总包、供应商利益是可以一致的。关键是总包能将供应商资源系统地组织起来，这就需要采购主动介入内部需求，并将各专业供应商的专业特点、技术特长及创新经常性地普及到企业各层级管理人员。供应商之所以倾其所有，掏心掏肺地为总包项目绩效服务，“采购”是关键，没有“采购”的纽带作用，供应商没有意愿和动力围绕“总包”转且为总包提供增值服务。

“小采购”是坐衙门等供应商上门报名，采购是一种权力更是一种资源，订单给谁谁就有了挣钱的机会。这样，供应商质量“劣币驱良币”成为必然。质次价低的供应商有竞争优势，“小采购”好交差，此时采购与供应商是不平等关系；到了订单执行环节，采购干的是小秘书的工作，是供应商经营、采购人员验收、付款权力的对象。而“大采购”要将供应商作为企业战略资源来管理，将采购品类分类集中，将品类、批量与相适应的供应商质量、数量相匹配，在共赢的思想下签订战略采购协议，并围绕企业内部需求，要求供应商发挥专业优势，满足企业整体绩效要求，并为此目的与供应商结成平等的供应商业务伙伴关系。通过信息流降低交易成本，通过规范流程系统提高效率，通过交流解决问题、冲突，再深度融合管理过程发现商业机会，形成整个供应链的市场竞争优势。

“小采购”是过程导向、合规导向，只要流程走完且合规，一切就万事大吉。结果如何，出现问题，分析原因，流程改造都不是采购的事，因为是领导定的流程规矩，所以与采购无关。而领导却不得不面临“合规”采购造成的后果，在解决采购带来的管理问题上下功夫，从而纠缠在繁杂的矛盾中。作者为此调研过流程和规矩的信息化过程，有些规则一看就不对；那为什么会称为信息化、标准化，有问题为什么还是没有纠正呢？原来信息化公司有一些“专家”为了美化拔高信息化的功能，会理想化一些美好的概念及臆想的管理结果，专门游说总包企业信息化部门。在企业流程固化过程中，长时间枯燥的文案讨论由总包企业机关部门提出，信息化公司固化再讨论，流程面面俱到，严密而复杂。一个合同评审十多人确认，复杂一点的合同则需要二十多人确认，事实上却只有发起人了解情况。企业一个部门负责人每天面临几十个合同，看一眼的功夫都没有，到底谁监督，谁负责任呢？行在其中的智者大有人在，但谁站出来挑战“合规”呢？常识变成了一个大是大非的原则问题，只有基层来对结果负责，但流程复杂有口难言，而他们在流程规矩面前只是执行者和被监督管理对象，是没有发言权的，更不用说挑战规则。可是工期是不变指标，多数情况下也是显性压力，是上下同心必须面对的责任。于是流程流于形式，补流程、合法化的做法开始比比皆是。流程信息化系统没有提高效率，反而降低效率，监督作用因为责任人不明确只能“集体负责”。“大采购”从一开始就聚焦企业的管理目标和内部需求，通过管理供应商资源，围绕结果开展工作，在满足企业基本流程、规则前提下，充分发挥主观能动性，为项目质量、进度、成本等目标匹配，管理供应商，以使项目结果最优。以防水工程为例，一个项目哪些部位要求防水，不同部位防水要求有何不同，要根据施工环境、部位、构造环境、造价约束等条件，综合起来决定。各部位用什么样的防水材料、节点、工艺，以及与其他工序如何配合，有经验的供应商会有多种方案。“大采购”根据对供应商的了解及沟通匹配2～3家做项目防水方案优化，项目评估比选，最后选择一家性价比最优的供应商，并有机会长期合作，这家防水公司从深化设计到施工一定倾其所有技能、成本水平参与其中，这样项目在防水防渗问题上管理就会变得轻松很多。若各个类似的专业大采购都按这个标准完成，则项目的内部目标实现就有了强大的支撑；若“小采购”根据设计院设计图找几家比低价，招进来后项目管理人员在防偷工减料的战役中度过。淘汰这家，下次再找另一家低价格的防水公司，重复“小采购”的简单工作，现场管理人员就会叫苦不迭，年复一年，状况并没有根本性的改观。

“小采购”的工作简单而合规，只是结果不好。由于施工企业普遍采用项目承包责任制，目前很多企业采用将招标权收到公司的做法，供应商日常管理、订单执行下放至项目，造成供应商选择权与管理权很难分离，因为没有供应商选择权就很难管理供应商。

而且项目是一次性组织，项目从一次性的出发点与供应商打交道，会使供应商管理效果大打折扣。实际上，供应商分散管理且公司层面不关注订单执行绩效，供应商管理无从下手，落不到实处，由此产生的问题、后果一部分就会反映在现场质量、成本、工期上。如产品品质问题会在交工、验收之后反映出来，从而影响企业市场形象或长期绩效。

总而言之，“小采购”过渡到“大采购”，一是要选择并管理能够满足公司战略需要且可围绕项目目标需求的供应商；二是能领导并管理企业内部跨部门职能的采购团队，共同履行供应商管理职能。根据前文3.1的内容，可以发现建筑工程领域的“水土流失”现象，即工期拖延、质量问题、造价失控及运维不佳，与设计与采购阶段存在的问题息息相关。随着采购管理从“小采购”向“大采购”转型，正可尝试寻求一系列针对性措施，治理建筑工程存在的诸多问题，确保建筑项目的顺利进行。“大采购”模式有助于改善设计与采购的分离现状，强化建筑师在项目全周期中的核心作用，推动建立严格的供应商资质审查和绩效评价机制，以优先选择具有良好历史记录的供应商，强化采购过程中的质量控制，对关键材料和设备进行入场前检测，确保符合设计要求和行业标准。此外，从造价问题上还可助力推行集中采购和批量采购，利用规模效应降低成本，从采购的角度贯彻供应链管理的集成化思维，此“采购”已不是“彼采购”，采购已不能仅仅是简单的买卖行为，而应是整个项目成功的关键环节。好的采购，可以有效提升采购效率，降低运维成本，促进技术创新，实现供应链的可持续发展。以此为基本思路，尝试在采购管理的变革下寻求建筑工程中的“水土流失”现象的治理对策，相信能够有助于推动行业向精细化、专业化与可持续方向发展，实现建筑品质与功能的全面提升。然而，这一切的前提是企业内部对采购管理变革的决心与行动，只有坚定地从“小采购”向“大采购”转变，才能从根本上解决长期以来困扰建筑行业的顽疾。为此，呼吁所有建筑施工企业，尤其是行业领导者，应积极把握施工企业采购管理变革时机，以采购管理的升级带动整个建筑行业的高质量发展。

3.2.3 推动采购管理变革

推动企业采购管理变革，企业决策层凝聚共识是关键，降本增效是迫切需求，采购成本既是重点也是共识。如何通过改变供应商管理方式来提高企业管理绩效，是一个系统工程，涉及企业管理的方方面面。因此，决策层需要下决心，持续推动，并在人员、组织、流程、系统等方面不断努力、不断改善，才能达到降本增效的目的。

一、人才先行做大采购

"小采购"询价、下单、跟单，围绕订单转。"大采购"侧重于供应商早期介入，战略资源和供应商绩效管理。"小采购"工作则局限在采购部门，"大采购"需要处理更多的跨部门需求。这一转变对人员的基本素质、技能提出了新的要求。因此，往往人员要重新洗牌，上至首席采购官，下至采购员。建筑行业具有一定的专业特点和生产环境的特殊性，要横向跨部门了解项目需求及多专业特点，既要专业能力，又要沟通、协调、领导能力。华为公司的做法值得借鉴，招有供应链管理经验的人带大批量高素质的学生，这些学生了解供应链管理的基本原则和逻辑。在基层摔打三五年，经过2～3个项目，一支供应链管理队伍就初具规模，再假以岁月磨炼，会冒出杰出的领导人。作者走访了国外某建设公司中国区采购部长，他是早稻田大学法律专业毕业，经过二十多年在建筑行业的浸泡，对建筑各专业、设备材料、企业内部需求规则、供应商分类、特点如数家珍，并对各种材料、设备、半成品的成本构成、品质要求、生产特点、运输供货特点了如指掌。相比于国内施工企业的采购，他已经在探索供应商管理的路上走了很远很远。

二、改革采购组织是基础

首先采购团队要有技术力量，负责人要有各专业的综合素养，要有懂不同专业技术工艺及相应价格的供应商工程师，同时有订单操作员统计绩效（图3-4）。

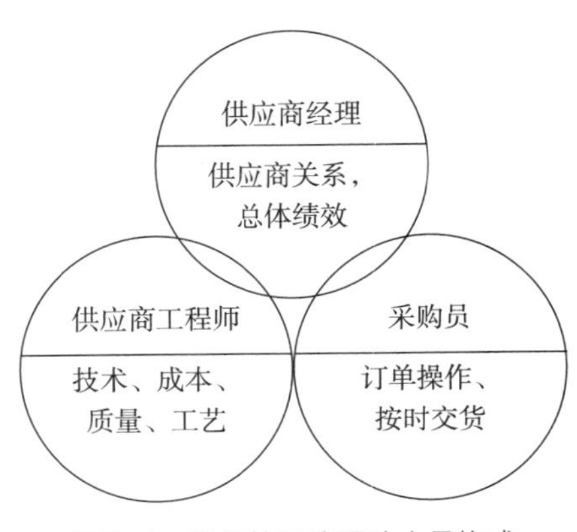

图3-4　常见的采购团队人员构成

在采购组织中懂技术、工艺及项目管理的工程师很关键。工地上的质量问题，表面上是质量问题，实际上是材料、设备、节点、工艺出了问题。若是有经验的工程师能够在采购之初就从技术角度把好关，则现场管理就变得简单。供应商经理只有通过了解内部需求，培训普及专业知识并领导跨部门、项目合作，使其水平自然在部门、项目经理之上，才能完成大采购使命。他们通常具有深厚的技术背景，对内能制衡支持设计人员，对外能协调动员供应商积极性，并将内部需求落实到采购环节，推动和帮助供应商优化管理及生产工艺，使其成为项目优化深化设计的关键一环。

对于大型施工企业，往往有总部、有分公司、有项目部。各级机构的职能、责任是什么？战略资源、供应商管理、供应商集成由谁组织？如订单管理与绩效管理的关系，这种组织上的分工合作是一个大问题。每个企业业务部署，区域情况各不相同，但是总部与分公司职能上的重叠，分工不清，供应商管理权力与责任不清、订单执行、绩效统计不客观等问题值得研究。供应商管理要面对现场需求，“让听得见炮声的人做决策、给订单”是供应商管理的关键环节。管理供应商有大量例行工作，但对与供应商诉求相关的事项要有决策权，供应商管理的中心工作就是寻找到合适的供应商，并有效地调动供应商积极性，为总包项目目标而奋斗。在这其中，供应商关系管理是重点，项目中的订单执行虽然繁杂，但供应商管理要满足项目目标需求。最后，采购部在公司领导层面需要有发言权、决策权，很多企业设有首席采购官、采购总监职位，值得学习。例如，苹果公司CEO库克从前干的就是首席采购官的工作。

三、释放企业资源做“大采购”

企业有降本增效的迫切需求，大家都在努力抓落实。但头疼医头，脚疼医脚，最终收效甚微，因为好解决的问题都已在过往的努力中解决了，疑难杂症很难在问题产生的层面，即项目执行层面得到解决，而我们又会不断地给项目班子指导意见，加大压力，试图有质的提升。因此，解决问题的思路应该是，项目的问题要在企业层面甚至制度层面解决。所以，企业释放资源做“大采购”，特别是决策层一把手要改变观念，对施工企业采购组织管理要变革。

首先，采购资源向企业内部需求管理、供应商管理倾斜。如图3-5所示，左边的三角是目前大多数公司的现状，采购的大多数精力花在琐碎繁杂的事上（订单层面），例如资审、招标、跟单、追供货、验货、收货、付款。还有很多时间花在处理纠纷上，挤占了高附加值工作任务的时间，导致主要的事没法及时完成，或者根本没去做，例如供应商选择与总体绩效管理。如果这些工作没有做，日后到了订单层面，会出现更多订单层面的问题，导致供应商管理层面的时间被进一步蚕食，形成恶性循环，结果是整个采购系统陷入日常运转的沼泽。

而良性循环如图3-5所示右边的倒三角，供应商层面的事情，如供应商评估、选择、签约和绩效管理，一旦理顺了，工作做扎实了，订单层面的麻烦就少很多，采购就有更多的时间和精力来处理供应商层面的事，从而让订单层面的问题更少，这就走上了良性循环的道路。具体措施如下：

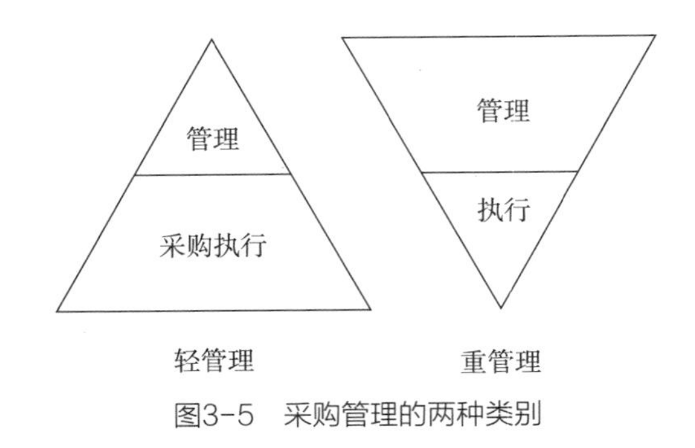

图3-5　采购管理的两种类别

（一）两层分离

两层分离是指要把供应商管理与订单处理分开，在管理层面设立供应商经理、产品经理、供应商工程师等职位，负责供应商战略和总体绩效。同时，在操作层设立采购员、质检员、催货员等职位，专门从事订单层面的日常工作。如果两层不分离，订单层面的事就会经常挤占供应商层面业务的时间（因为前者虽不重要但很紧急，如不及时处理，生产线就会停下来）。两层分离才能在资源上确保有专门力量来选择和管理供应商。在北美，两层分离已经是一种常见的采购管理方式。

但是，需要注意的是，两层分离后供应商管理层面可能会远离日常操作，在行动上往往变得滞后。或者在单一指标的驱动下，供应商经理会推崇低价至上，选择的供应商可能能够满足价格要求，但却为日后订单操作层的种种问题埋下伏笔。对于以上两点问题，前一点可以通过信息系统来弥补，即提供及时的供应商绩效信息，以便供应商经理和质量工程师监控供应商的表现，及时采取系统的纠偏措施。后者则可以通过绩效考核来纠正，例如由供应商经理负责供应商的选择和总体绩效，从质量到成本全面负责，而不是谁使用谁负责，这样可避免单一目标驱动下的次优化决策。

（二）分类集采

将繁杂零碎的采购项进行合理分类，并由采购平台或一两个供应商按长期协议进行供应，尽可能地避免占用内部采购资源。对于建筑工程相关企业，这些物料品质通常容易界定，且其金额对成本和现场管理的影响不大，因此，现在很多企业已经在这方面取得了较好的进展。其中较为常见的一个做法是，将这些技术含量不高、易标准化、分类明确的物料进行集中、分类、集采，然后通过大批量集中供应，能够降低价格，提高采购方在供应商中的供应比例，使企业成为供货商的大客户，从而得到供应商的重视和价格优惠。同时另一做法是，对于一些功能需求较为稳定、变化不大，经常采购的设备、材料签订长期供货，根据每年采购总量，与1～2家供应商约定配件参数及价格变量供项目直接下订单。实践已经证明，上述这些方式能够让企业采购团队有更多的时间精力投入到功能复杂、价格变化因素多、对企业集成效率高的品类管理上。

（三）信息化

订单操作很多的任务，例如请购、下单、核算、付款，对于这些可以自动化的流程，就充分利用信息系统来自动完成。施工企业信息化的基础是先要有适合本企业及其业务的流程，将自动化可以完成的流程固化并上线。而现在很多企业的信息化和线下操作仍是“两张皮”，一方面原因在于信息化环节中的轻率作为，以加强管理之名，将不适合企业及业务流程的环节固化为线上流程，导致信息化与实际脱节，降低运行效率；另一方面，将很多必须经过线下交流、沟通才能完成的环节盲目信息化，线上运行，导致有些环节执行困难，需要线下走一遍，再走过场完成线上流程。这两方面使得很多企业的信息化进程误入歧途，没有达到提高效率之目的。由此可见，没有信息化系统的成功务实实践基础，热门的数字化、智慧化只能是空中楼阁。

企业推动采购管理变革，其战略目的在于实现企业降本增效、提高企业竞争力。那么大采购做什么？简要来说，大采购管理需求，其需要围绕需求寻找供应商（战略资源），围绕供应商进行绩效管理（供应商绩效），并通过绩效管理有效地促使部分供应商与企业业务高度集成，共同参与市场竞争。这是大采购的内在含义，同时也是从“小采购”到“大采购”的实现路径。

【他山石】

河北港口集团集中采购的实施效果

自2023年4月起，河北港口集团积极响应时代发展需求，将科技创新与管理创新深度融合，迈出了物资采购模式革新的坚实步伐。集团紧抓数字化转型机遇，对原有的物资管理系统进行升级迭代，引入先进的物资采购平台，开创了“平台+商城”的新型采购模式，不仅显著提升了采购效率，还极大地拓宽了物资来源渠道。截至目前，这一创新模式已吸引51家集团内单位积极参与，形成了规模效应。通过与京东、震坤行等业界领先的电商平台建立战略合作关系，集团成功整合了近650家优质供应商资源，构建了一个涵盖港口生产所需专业品牌与物资的庞大供应网络，实现了平台供应额高达10亿元的历史性突破，展现了集中采购模式的巨大潜力与成效。

为顺应移动互联网发展趋势，集团自主研发了手机APP与小程序，旨在打造一个集“管理智慧、决策智能、集成高效、协同共享、阳光透明”于一体的供应链管理体系。此举不仅推动了港口采购全流程的智能化升级，还大幅提升了供应链的整体效能。2023年6月1日，随着首个集采项目——“办公用品电商采购”的正式启动，京唐港区、曹妃甸港区的36家单位率先享受到“京东慧采”带来的便捷与实惠。据统计，全年通过电商平台采购的办公用品超过1.98万项，总金额达到1536万元，相较以往节省了91万元，节资率高达5.9%，标志着集团在集采物资占比方面实现了从无到有的历史性跨越。

在运输带集采项目上，集团同样取得了令人瞩目的成果。与以往分散采购相比，集采不仅确保了战略物资的质量与供应稳定性，更实现了平均8.9%的价格降幅，节省了约600万元的采购成本，充分彰显了集中采购的经济效益与战略价值。与此同时，集团秉持“统一标识、深化融合”的原则，全力推进工装采购改革，预计节省开支350万元。通过与华为、海尔等知名品牌合作，集团以低于官网指导价25%的优惠价格引入了丰富的产品线，包括17款华为办公设备与53项海尔产品，为员工提供了更多元化、更个性化的选择，同时优化了全场景管理流程，提升了整体运营效率。

针对小件劳保用品的采购，集团创新采用了“集中定价、个性化拣选、配送到家”的新模式，精选9款“京东锦礼”产品包，满足了不同岗位员工的特定需求，客户满意度显著提升。相较于京东个人端购物，这一专属电商采购方案实现了26.2%的成本下降，累计节省了22万元，再次验证了集中采购模式在降低成本、提高效率方面的巨大优势。

不仅如此，集团还着眼于钢丝绳、轴承等关键物资的供应链优化，通过科学制定集采方案，结合“竞争性谈判+厂家直采”的双管齐下策略，不仅确保了产品质量与供应安全，还进一步压缩了采购成本，为集团创造了可观的经济效益。这一系列举措，不仅体现了河北港口集团在物资采购领域的前瞻视野与创新精神，更为行业树立了集中采购与数字化转型的成功典范，引领着港口行业向着更加高效、智能、绿色的方向迈进。

【小贴士】

电商平台思维与企业采购管理系统具有较为明显的差别。其中，2B最大的特点在于采购与供应商之间有着大量管理层面的互动需求，这些互动能够促成效率的提高。比如，供应链集成设计管理，能够为总承包商创造出巨大的经济效益，同时，为供应链企业提供更广阔的发展空间，这些是无法通过线上交易活动来实现的。目前，已经有部分央企尝试探究如何对基于电商平台思维建立的系统进行改造升级，以适应企业所面临的大量、复杂的采购信息及相关内容，使系统能够将采购管理过程中，供应商线下沟通、交流、互动的内容与互联网技术相结合，从而实现企业管理效率的提高，这可能也是未来更多企业亟待解决的问题。

第4章

浅论建筑工程供应链理论

▶▶ 导读

“采购引导设计、采购指导施工、采购保障进度、采购保证品质、采购控制成本”，这是国内一流工程总承包商在企业内部EPC管理文件中对采购管理工作重要性的阐述，充分说明了采购环节对当下中国大型总承包企业发展的重要性；同时，也从另一个侧面表明当下总承包企业采购管理还不成熟，还有相当长的路要走。2000年前后，供应链管理的最佳实践快速传播至小批量行业，也包括建筑业。率先取得成绩的承包商，如美国EPC巨头福陆公司把战略供应商纳入项目前期的设计工作，利用供应商的经验、技术来降低项目总成本，加快项目进度。据美国CII统计，该举措能够降低成本4%～8%，加快进度10%～15%。目前，国家推行承发包方式改革，推动建筑行业高质量发展，工程总承包商运用供应链理论及其实践经验，改革采购及供应商管理组织、流程、系统，必将极大地提高生产效率，增强市场竞争力。

4.1 建筑工程供应商战略寻源

虽然建筑工程项目采购是一次性的，但对于在某地区长期运营的工程总承包商而言，其市场份额往往是持续的。因此，供应商战略不仅建立在企业层面，甚至能跨越多个层级，企业应依据自身的发展战略，制定供应商采购管理策略。首先，企业需根据资源品类特点与地域划分制定供应商战略，与数量有限但优质的供应商做生意，把自己做成大客户，选好管好供应商。建筑工程领域广泛，涵盖了设计咨询、专业分包、设备、材料、特种设备专业等供应商类别。有的供应商具有明显的地域性特征，有的供应商受到地方行业保护政策的影响。因此，在管理中应对这些供应商进行差异化对待，实施分类管理。对于国内大型承包商而言，其组织架构通常包括区域公司与省域公司，应该如何对其分类管控？具体到供应商战略的寻源过程，通常分为三个步骤：分类、评估、选择。同时，企业内部的分级管理也是资源管理的重要内容。

4.1.1 分类

首先是对供应商进行分类，这一过程要紧密围绕供应商绩效管理目标，充分考虑企业现有的管理力量分配情况。基于采购管理方式的差异，可以按采购品类将供应商大致划分为五类。

E大类供应商，即咨询服务类供应商。在全过程设计管理中的不同阶段，都具备设计咨询能力，负责专项设计优化、深化、评审、审图等工作。这类供应商对项目管理目标的实现有巨大影响，但标的价值不高，采购标准不好界定。因此，采购过程中绝对不能采用低价中标，而要根据项目实际需求，寻求相匹配的资源，并按市场价格行情总价。以结构优化为例，若没有一定份量的工程师在正确的时点介入，根本无法达到优化降本目的。而对这些大师、院士采用招标比价是行不通的，应建立长期通畅的合作关系，形成企业对外竞争、对内降本的能力。

【实践者】

国内某大型企业总承包某垃圾处理厂，由于结构主要埋地下，在工程进行一半之后发现钢筋、混凝土工程量巨大，远远超出可行性研究估算，这时要求对业主指定的设计单位结构设计计算书进行复核，查明超估算责任，可是设计单位已出施工图，拒绝提供任何设计验证资料。在这种情况下，总承包商退而求其次，聘请国内结构优化大师对结构进行优化。结构大师对原设计未施工部分进行了高达20%工程量的优化，但已施工部分成了扯不清的皮，最后和谐处理。原设计单位配合确认后续结构优化的合法性，EPC总承包施工单位不再追究设计单位浪费责任，就这样由于错过了最佳优化设计时机，几千万元的资金埋到了钢筋混凝土中，粗放设计的责任只能承包商买单。

通常建筑设计顾问可以分成以下类型：

（1）安防顾问

（2）交通顾问

（3）声学顾问

（4）照明顾问

（5）景观顾问

（6）水景顾问

（7）标识顾问

（8）厨房顾问

（9）结构顾问

（10）节能顾问

（11）室内精装设计顾问

（12）幕墙顾问

（13）电梯气流组织顾问

（14）停车场设计顾问

（15）AV会议系统顾问

（16）地质勘察设计顾问

（17）基坑支护降水顾问

（18）燃气设计顾问

（19）热力站设计顾问

（20）智能化设计顾问

（21）夜景照明设计顾问

（22）消防深化顾问

（23）五金系统设计顾问

（24）室内软装顾问

（25）外部排水设计顾问

（26）配电设计顾问

（27）机电深化设计顾问

（28）擦窗机专业设计顾问

（29）审图公司顾问

（30）建筑节能顾问

（31）智能家居/弱电智能化顾问

【小贴士】

某节能设备供应商提供咨询服务的主要内容（图4-1）：

◇建设准备阶段

包括绿色生态分析—节能优化设计咨询服务。

◇项目实施阶段

建筑智能化（含舞台灯光、音响、机械）系统设计咨询的服务需求——设备监控系统工程；

机电设计咨询的服务需求——楼宇自控系统。

◇运行生产阶段

包括绿色生态分析—节能优化设计咨询服务；

能源数据分析服务；

机电设计咨询的服务需求——楼宇自控系统。

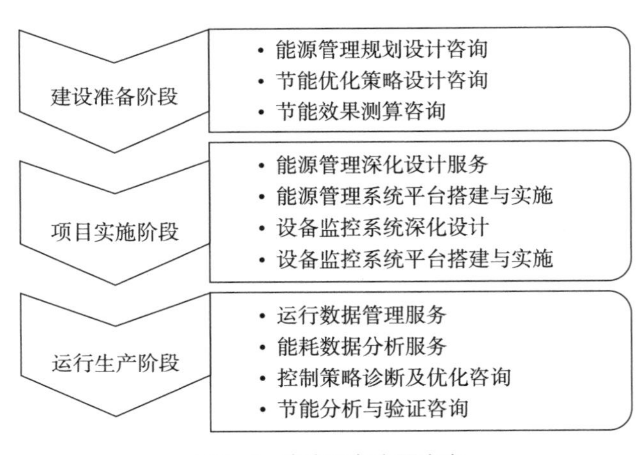

图4-1　咨询服务主要内容

对同类项目特点的理解及工作流程（图4-2）：

◇服务依据

1. 咨询委托协议书或相关委托任务书；

根据咨询内容、工作范围、深度要求、节点、费用等，形成协议，并据此开展咨询各阶段工作。

2. 甲供资料，包括不限于不同阶段图纸资料、深化设计资料等；

3. 甲方过程指示及业务要求。

◇服务工作流程

1. 根据甲方要求及资料，进行前期调查及形成初步咨询意见或优化建议；

2. 对在项目实施过程存在的问题、意见进行过程成果文件和过程检查。过程检查包括资料审查、现场检查、会议等形式；

3. 对咨询服务的内容，形成阶段性、节点性成果意见；

4. 对成果文件的验证及修订，并协同配合甲方监督检查；

5. 对专业范围内的系统建设、设计、后期评价，形成可行性设计文件。

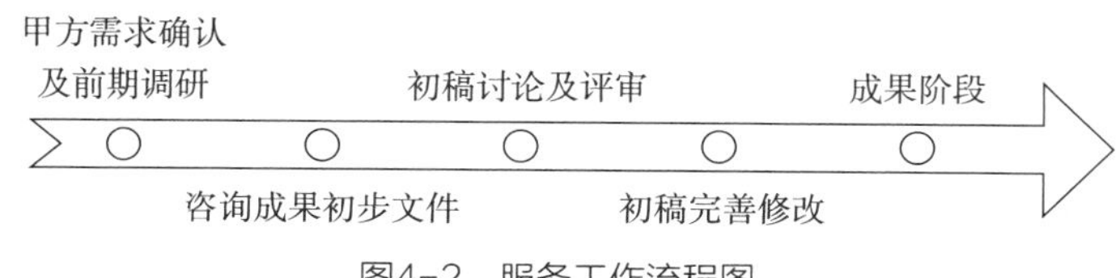

图4-2　服务工作流程图

根据理解提出相应服务方案和工作措施：

1. 能源管理BEMS（Building Energy Management System）

在综合考虑业主要求的基础上，制作以下内容的文件并提供咨询服务。以保证实际运用阶段中，最大限度发挥BEMS数据的效果，实现节能及环境舒适性。

（1）运用计划

为有效利用BEMS数据，实现节能和环境舒适性，明确导入BEMS后需要实施的工作。提供关于运用体制、工作分工等方案。

（2）数据分析流程

提供针对能耗、控制等方面，从发现问题到解决问题的数据分析流程。内容包括并不限于分析流程、分析的时期、周期、分析负责人等的方案。

（3）评价计划

提供基于数据的具体评价方法，结合实际采用的设备，列出从能耗、室内环境、设备运用、设备劣化、控制性能等角度，需要实施评价的项目，并提供相应的评价计划方案。

（4）分析图表规划

基于评价计划，制作具体的图表设计说明，列出图表所需数据。

（5）逻辑运算设定表

列出在图表显示所需的数据中，需用于逻辑运算的数据，并注明其逻辑运算方法。同时列出逻辑运算所需的数据（计测点、计量点）。

（6）计测计量计划

根据图表设计说明和逻辑运算设定表，列出需要评价的数据（计测点、计量点）。并将其与现有计测计量点进行比较，提取所缺的数据点。

2. 建筑设备监控系统

对建筑设备相关的冷热源系统、空调系统，基于现有设计方案以及专业施工单位的深化设计方案，以节能和减少初期投资为目的，从自动化控制和节能的角度进行审查及提出合理化建议。

顾问服务的内容及成果：

（1）深化设计及控制方案的审查

针对自动化控制方法（控制对象、设定值等）以及传感器的选择，设置位置，确认是否存在问题。

如果存在问题，提出改善意见。

（2）控制器及执行器的选择

根据水管流量等条件，确认所选的控制阀及流量计；根据用途，提出选型建议。

（3）水系统管路优化设计建议

确认水管设计（连接位置、口径、系统图等），提出改善意见。

（4）设备设计

确认设备设计（设备容量和设备种类）是否存在问题，如果存在问题，提出改善意见。

（5）控制策略和逻辑

控制策略及控制方案的审查及优化建议；调试方案的审查及优化建议；调试指导及过程监督检查。

D大类供应商，即属地类供应商，核心特征是具有明显的地域性。这类供应商通常与特定的工地或者地区紧密相关，供货能力和服务范围往往受限于地理位置和物流条件，不具备大规模跨区域供货的能力。由于这种局限性，D大类供应商的业务范围主要集中在其所在地市场。他们通常与当地的建筑项目、开发商或者承包商建立合作关系，通过提供及时、便捷的服务来满足这些项目的具体需求。属地采购的优势在于能够减少物流成本，提高供货效率，同时也能够更好地适应当地市场的需求变化。此外，这类供应商在属地市场内往往拥有较为深厚的资源和人脉，能够快速响应项目需求，提供定制化的服务和解决方案。他们对当地的市场环境、法规政策以及文化习俗有着深刻的理解，这使得他们能够在项目实施过程中提供更加贴合实际的服务。这一类别下，供应商提供的材料与服务广泛多样，主要包括：

（1）土方专业分包；

（2）砂石、混凝土、砂浆、水泥；

（3）灰、砖、外加剂；

（4）部分临时机械、工具、防火器材、临时用房；

（5）安全防护、CI用品等。

C大类供应商，即日常用品类供应商，专注于提供那些在日常运营中频繁使用、需求量大但单价相对较低的商品和服务。这类供应商的产品范围广泛，包括但不限于办公用品、食堂用品、清洁用品、打印耗材等维持企业正常运作所必需的物资。由于这些商品的通用性强，市场上有众多供应商可供选择，因此采购过程往往更加灵活和便捷。随着电子商务的兴起，许多C类供应商的采购需求已经转移到了线上，通过电商平台进行。这种方式不仅提高了采购效率，降低了采购成本，还使得企业能够享受到更多的价格优势和促销活动。此外，为了进一步简化采购流程，企业通常会选择采购代理服务，由专业的采购代理公司来负责日常用品的打包供应。采购代理能够根据企业的具体需求，提供定制化的采购方案，包括产品选择、价格谈判、订单处理和物流配送等，极大地减轻了企业的采购负担。同时，为了减少订单操作的工作量并提高采购效率，企业往往会固定采购渠道，通过与少数几个信誉良好、服务优质的供应商建立长期合作关系，确保供应的稳定性和可靠性。

B大类供应商，即工程物料类供应商，主要提供建筑工程领域中标准化程度高、需求量大的物料和设备，如钢材、模板、木方、安全网、施工用塔吊、电缆、电线、管材以及通用阀门、水泵、风机等材料。这些产品由于其通用性和标准化，使得企业可以通过定期的招标流程，与供应商建立长期稳定的合作关系。这种合作模式有利于企业降低采购成本，提高采购效率，同时确保了物料供应的连续性和质量的一致性。此外，通过与B类供应商签订长期协议，企业可以享受到批量采购的价格优惠，供应商也能获得稳定的订单来源，双方共同建立起信任关系，能够促进双方在产品质量、交货时间、服务支持等方面的持续改进和优化，实现双方的共赢。

A大类供应商，即关键类供应商，是建筑工程中最复杂，也是对建筑工程管理绩效影响最大的品类。由于建筑工程往往呈现小批量的特点，需在指定地点、规定期间内完成加工生产，施工企业必须集中采购力量，精细管理A类供应商，以确保满足企业内部多目标需求。首先，企业要与供应商结成伙伴关系，通过集成协作，寻找共同降低成本、提高效率的途径，如优化基坑支护方案、提升幕墙安装精度、完善机电通风空调系统设计等。此外，针对给水排水、电气、弱电、消防、市政、园林、防水、电梯、精装、太阳能、电梯以及配电箱柜等复杂设备与系统的供应，企业需与供应商进行紧密配合，确保每一个环节都能达到最佳状态。

其次，可以按照考核标准对现有供应商进行分类，将公司过往供应商按品类分类。根据未来业务订单量，审视当前各品类供应商数量是否合适。若某一品类供应商数量太少，则要开展针对性的考察、开发新的供应商。以华为公司为例，他们针对每一个品类，都会有计划地考察Top 10的供应商，根据考察情况将不同品类供应商分类纳入评估对象；若供应商数量太多，可在评估选择时进行淘汰。值得注意的是，供应商数量不是越多越好。一个高效的供应链体系，应确保合格供应商每年都有中标的机会与一定的合同份额，这样，采购方才能得到供应商的充分重视，甚至享受到大客户级别的服务，这是长期合作的前提。

最后，业主与地方政府指定供应商也要按照上述原则进行分类管理。

4.1.2 评估与选择

在供应商分类的基础上，需要根据企业自身的需求特点，进一步对供应商进行评估，即对现有供应商在过去合作过程中的表现或对新开发的供应商做全面的资格认定，主要着重于对供应商各方面能力进行的综合评估。所需要考虑的包括但不限于企业规模、财务状况、质量、设备、人员、创新能力、服务能力等方面；此外，领导层合作意愿也要作为选择合作供应商的依据。在选取评估指标的过程中，企业要遵循以下原则：

（1）系统全面性原则。评价指标体系必须全面反映合作伙伴企业目前的综合水平，并包括企业发展前景的各项指标。

（2）简明科学性原则。评价指标体系的大小也必须适宜，即指标体系的设置应有一定的科学性。如果指标体系过大、指标层次过多、指标过细，势必将评价者的注意力吸引到细小的问题上；而指标体系过小、指标层次过少、指标过粗，又不能充分反映合作伙伴的水平。

（3）稳定可比性原则。评价指标体系的设置还应考虑到易于与国内其他指标体系相比较。

（4）灵活可操作性原则。评价指标体系应具有足够的灵活性，以使企业能根据自己的特点以及实际情况对指标灵活运用。

在供应商评估的基础上，企业根据未来发展预期，确定各品类供应商的数量，并选出既能满足企业当前业务需求，又能匹配企业在未来一定时期内发展需求的供应商进行合作，这就是供应商选择。供应商选择评价的方法主要分为以下几种：

（1）直观判断法。直观判断法是根据征询和调查所得的资料并结合人的分析判断，对合作伙伴进行分析评价的一种方法。这种方法主要是倾听和采纳有经验的采购人员的意见，或者直接由采购人员凭经验作出判断。缺点是带有明显的主观性，因此常用于选择企业非主要原材料的合作伙伴，或用于选择合作伙伴时的初期淘汰过程。

（2）招标法。当采购数量大、合作伙伴竞争激烈时，可采用招标法来选择适当的合作伙伴。它是由企业提出招标条件，各招标合作伙伴进行竞标，然后由企业决标，与提出最有利条件的合作伙伴签订合同或协议。招标法可以是公开招标，也可以是指定竞标。公开招标对投标者的资格不予限制；指定竞标则由企业预先选择若干个可能的合作伙伴，再进行竞标和决标。招标法竞争性强，企业能在更广泛的范围内选择适当的合作伙伴，以获得供应条件有利、便宜且适用的物资。但招标法手续较繁杂、时间长，不能满足紧急采购的需要，主要是因为企业对投标者了解不够，双方没有时间充分协商，造成货不对路或不能按时到货的后果。

（3）协商选择法。在供货方较多、难以抉择时，企业也可以采用协商选择的方法，即由企业先选出供应条件较为有利的几个合作伙伴，同它们分别进行协商，再确定适当的合作伙伴。与招标法相比，协商选择法由于供需双方能充分协商，在物资质量、交货日期和售后服务等方面较有保证。但由于选择范围有限，因此，不一定能得到价格最合理、供应条件最有利的供应来源。当采购时间紧迫、投标单位少、竞争程度小、订购物资规格和技术条件复杂时，协商选择法比招标法更为合适。

（4）采购成本比较法。对质量和交货期都能满足要求的合作伙伴，企业需要通过计算采购成本来进行比较分析。采购成本一般包括售价、采购费用、运输费用等各项支出的总和。采购成本比较法是通过计算分析各个不同合作伙伴的采购成本，以选择采购成本较低的合作伙伴的一种方法。但这种方法容易造成唯“低价中标论”，从而牺牲必要的质量水平，形成质量事故隐患。

（5）ABC成本法。菲利普·鲁德霍夫和约瑟夫·科林斯在1996年提出了基于活动的成本分析法。该方法通过识别和追踪企业活动及其相关成本驱动因素，将成本更准确地分配到产品、服务或客户上。同时通过建立成本池、分析资源消耗，并据此分配成本，从而提供更真实的成本信息，帮助企业优化定价策略、改进流程、控制成本，并支持更精准的经营决策。

（6）层次分析法（AHP法）。它的基本原理是根据具有递阶结构的目标、子目标（准则）、约束条件、部门等来评价方案，采用两两比较的方法确定判断矩阵，然后把判断矩阵的最大特征值对应的特征向量的分量作为相应的系数，最后综合给出各方案的权重（优先程度）。由于该方法让评价者对照相对重要性函数表，给出因素两两比较的重要性等级，因而可靠性高、误差小。它作为一种定性和定量相结合的工具目前已在许多领域得到了广泛的应用。如赵亚星等在2018年以某高校图书馆项目为例，构建了基于AHP-灰色关联分析的建筑供应商选择模型，计算出各备选供应商的灰色关联度并进行方案排序，最终选出了最佳建筑供应商。

（7）TOPSIS法。TOPSIS法是一种逼近于理想解的多属性决策方法，通过计算每个备选方案同最优和最劣方案的距离，将相对接近度作为评价的依据。该方法通过标准化决策矩阵、赋予准则权重、构建理想解与负理想解，并计算每个方案与这两点的距离，来确定各方案的相对接近度，具有处理准则冲突、易于理解和实施的特点，适用于包括供应链管理、项目管理和投资决策在内的多种决策场景。如王红春等于2021年将前景理论与TOPSIS法相结合，构建供应商选择评价模型，完成了装配式建筑PC构件供应商的选择。

同时，按照A、B、C、D、E分类，施工企业应采取差异化的供应商选择策略。重点关注A、B、E类供应商，将管理力量聚焦在A、E类供应商的管理；针对变化不大，各项目差异性小的B类供应商，可以通过集采实现统一供应，日常工作主要是订单层面工作；对于C、D类供应商，可以通过授权项目采购的方法，解决建筑工程分散、属地加工的特殊性；A、E、B类供应商以项目之上的分公司管理为核心。但不管是哪一类供应商，施工企业都要通过管理系统实现订单操作、数据统计与分析评价，使供应商绩效管理标准一致，保证抓住重点、杂而不乱。

【实践者】

某大型建筑公司计划承建一座高层商业楼宇，该项目需要大量的建筑材料和设备，包括但不限于钢筋、水泥、混凝土、电梯设备等。为了确保项目顺利进行，公司决定对多家潜在供应商进行评估和选择，评估过程如下：

1. 供应商招募与初筛

该公司首先通过政府认可的招标网站、公司网站以及行业资源平台发布了招标信息，招募潜在供应商。在收到众多供应商的投标书后，公司对其进行了初步筛选，剔除了不符合基本资质要求的供应商，如注册资本过低、无相关工程经验或存在不良记录的供应商。

2. 详细评估指标体系建立

该公司制定了详细的供应商评估指标体系，该体系包括以下几个方面：

财务能力：评估供应商的清偿能力、盈利能力和资本结构，通过查看财务报表、银行资信证明等资料进行判断。

历史绩效：考察供应商在过去类似项目中的表现，包括质量、成本、交期等方面的记录。

生产能力：评估供应商的生产规模、设备先进性、技术实力等，确保其能满足项目需求。

质量管理体系：考察供应商是否建立了完善的质量管理体系，如ISO 9001认证等。

服务与响应能力：评估供应商的售后服务、技术支持和紧急响应能力。

价格竞争力：在保证质量的前提下，比较各供应商的价格优势。

3. 具体评估实施

以电梯设备供应商为例，该公司邀请了专业评估团队对几家入围的电梯供应商进行了深入评估。

现场考察：评估团队前往供应商的生产基地或仓库，实地考察其生产流程、设备状况、库存管理等。

技术交流：与供应商的技术人员进行深入交流，了解其技术实力、产品特性及解决方案。

案例分析：要求供应商提供过去类似项目的成功案例，并进行详细分析，评估其在项目中的表现。

综合评分：根据评估指标体系，对各项指标进行打分，并计算综合得分。

4. 选择与合同签订

经过综合评估，该公司选择了综合得分最高的电梯设备供应商作为中标单位，并与其签订了供货合同。合同中明确了双方的权利和义务、产品质量标准、交货时间、售后服务等内容，以确保项目顺利进行。

4.2 建筑工程供应商绩效管理

施工企业的项目是流动的，长期以来，以房地产商客户为主导的施工企业主要采购对象是C、D类材料设备，A、E类或部分B类采购管理由地产商主导。因此，施工企业采购多以“一品一单一采”为主要方式，并没有系统的供应商管理体系；特别是针对A、E类供应商，不仅缺乏管理经验，更未形成有效的供应商管理战略。在行业剧变的大形势下，施工企业决策层如果不能快速实现管理方式的变革，企业绩效提高乏术，瓶颈期将不期而至。长期以来，我们总认为选择合适的供应商至关重要，把60%以上的时间用在战略寻源上，重选择轻管理，用过的供应商大多不如意，总希望好的供应商是下一家，鲜有企业能从供应商管理的角度看问题，并从组织、流程、系统上下功夫。直到目前，越来越多的施工企业领导意识到A、E类采购的复杂性，其中包含的采购技术标准要求难以明确、采购界面不清、过程难管、结算难办等问题，使得企业项目管理的大量精力用在与他们扯皮拉筋上面，难以提高企业项目绩效。因此，施工企业项目绩效水平很大程度受限于供应商管理方式和水平，如图4-3所示。

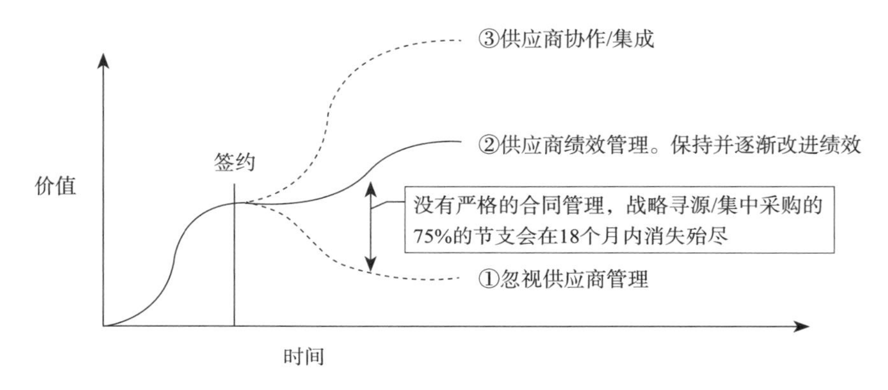

图4-3　供应商集成是供应商管理的最高阶段

供应商绩效管理的目标是维持并提高供应商绩效，推动现有供应商更上一层楼。这一管理过程持续地向供应商传递一个重要的信息——通过考核助力设计能力强、有创新能力的优质供应商进入供应商管理的最高层次——集成管理阶段，与总承包商共同发展，才能促进实现双方的共同繁荣。

绩效管理中所关注的主要有成本、质量、交付、服务、技术、资产管理、员工、流程八个方面。

4.2.1　成本

供应商成本与盈利水平，不仅影响交易成功可能性，而且影响供应商持续降价，长期合作的可能性。面对同样报价的供应商，企业会优先选择并培养成本管控能力强的供应商。了解供应商的成本水平看似一个深不可测的难题，实际上，采购通过深入地了解一个专业分包或设备，是可以将一个专业的成本了解透彻并持续监测的。一方面，从供应商的报价、报价明细、组成分析可以统计分析一个专业的成本构成、市场价、竞争力及其变化；另一方面，通过对设计、工艺、专业分包采购、生产管理、人员管理、创新等环节，特别是同类企业对比分析，可以了解专业供应商的成本水平和专业产品的成本水平。同一类产品的采购样本足够多时，通过正确的方法收集整理统计分析，可以建立各类专业供应商的成本构成库，与同行市场行情数据进行对比，及时评估供应商的成本变化水平。

作者曾请教国外某建筑公司在上海的采购负责人，他说只要他持续采购单元体幕墙，就很容易测算按采购要求生产幕墙单元体的成本。同时，作者也询问了在IT行业浸润多年的外资公司的采购负责人，他说一个品类的产品，只要同类厂商考察三家以上，通过比较分析，很容易测算出产品成本。说来也不奇怪，作为施工总包，在对外投总包标时有一个环节是成本测算，总承包的成本构成更复杂，影响因素足够多，也能把项目成本测算个七七八八。只要测算人员足够有专业经验，足够了解企业内部成本控制水平，总包企业项目成本测算早已不是问题。作为采购方，评估供应商成本水平也是一个专业深度的问题，而不是一个不可能的难题。之前我们摸不清楚某某专业成本价，原因是总包企业长期不关注专业分包成本，对专业分包的生产要素了解得深度不够，样本不够多。

【小贴士】

深化设计过程往往要经过粗、中、细三个阶段，每个阶段都涉及2～3家深化设计单位报方案、报优化及其价格组成。这些方案包括工程量清单及其价格，并且需要专业的技术及商务人员进行评审。报价中应涵盖人、材、机等组成要素。在一次从深化设计阶段开始的招标过程中，通过在三个深化阶段对各家的报价进行背靠背的分析、比较、沟通和询价，可以深入理解并掌握相关专业领域的技术与成本细节。

4.2.2 质量

质量是供应商绩效管理中非常关键的一个指标，产品质量合格是企业相关项目正常运营的基础和前提。产品质量问题的出现会引起返工、退货、报废、项目延期、客户投诉等一系列的问题。当采购产品在项目中占比很大或依赖程度高时，一旦产品出现质量问题，将会影响企业项目的按时交付，造成声誉的损失。因此，质量是供应商绩效评价中必须关注的指标。

在建筑行业中，对供应商质量考量是一个复杂的过程。国内大量供应商为了适应不同招标人的定价模式，常常为同一型号的产品提供不同的部件配置和不同的设计参数；如果采购方不进行深入的考察，这些细微的配置差异很难被辨识出来。因此，产品质量的评估要深入到工艺、配件、采购渠道、品牌配置等各个细节，才能准确界定产品的品质。在深化设计阶段确定的品质标准是确保质量的关键。

此外，合同中应设定明确的质量要求和技术标准。在执行合同和运维保证期间，应根据合同条款对供应商的绩效进行评估；质量评价应涵盖从原材料、半成品、工序质量的分部分项验收、调试、交付、培训、运维等各个环节。通过定量统计，可以对供应商的质量绩效进行全面考评。

值得注意的是，许多建筑产品的质量问题实际上在设计环节就已经埋下了祸根。深化设计阶段的技术能力，实际上在很大程度上反映了供应商的质量保证经验与能力，有的半成品需要进行厂验、监造，通过控制和检查生产过程来了解质量情况。此外，建筑产品的质量也可能是在现场安装与调试阶段产生的，并会在验收和使用阶段反映出来。这些问题对最终产品造成的负面影响应当被纳入考核，并作为企业选择未来供应商的重要依据。

4.2.3 交付

供应商的交付绩效是比较易考核的指标，主要通过准时交货率来考察。企业按照约定期限及时交货，才能够确保后续工作顺利开展，进而保证整个项目按时按量完成。其次，柔性供货能力、订货提前期也是影响企业交货能力的重要因素。当企业遇到不可抗因素或者其他原因导致计划有变动时，柔性供货能力和订货提前期这两个因素就显得尤为重要。柔性供货能力更强、订货提前期更短的供应商应对紧急情况的能力就更胜一筹，具有更好的交货能力。此外，总包企业需要将交付指标进行客观量化，并记录客观数据，以获得对供应商的客观交付统计数据。特别是在技术能力与计划性较差的施工现场，一般要求供应商具备应急交付保障能力，是因为任何一个单项工程的拖延都可能影响到其他相关专业的进度。在实际操作中，由于总包企业或其他因素所造成的订单数量、品种、时间上的应急变更要求是很普遍的，因此，供应商的应急供应能力也是衡量其交付能力的一项主要指标。

【小贴士】

利用信息系统将每一个批次的计划到货与实际到货对比分析，可以统计供应商每一个合同的交付执行情况，也可以统计其累计交付绩效、统计交付与时间趋势图。企业通过对管理松懈的供应商进行预警，可以促使其改进提升。同时，对供应商的考核要尽可能采取客观、可量化的指标数据，使评估和判断更有依靠。

4.2.4 服务

服务指标考核的是供应商对企业的响应速度、服务态度、售后服务、配合程度等方面。收到产品后发现问题，是否能得到供应商及时的反馈，是否积极推动问题的解决，是企业衡量供应商合作诚意的重要因素。针对不同的供应商，根据其提供产品的专业特点，应选取不同的服务绩效指标，同时，应在合同中设定清楚，并依据合同考核。此外，建筑工程的优化设计、深化设计、与其他专业的协同和配合、对总包专业人员的培训、新产品新技术的信息传递推广、对业主的运维培训以及应急等方面应纳入服务绩效考察范畴。

【实践者】

在建筑工程中，专业分包与设备差异性往往更多地体现在服务层面上。若总包与供应商能够在信息流上高度统一并进行有效组织，供应商不仅可以提前介入设计环节，甚至还可以代表总包与使用人、客户深入地讨论完善建筑产品的功能、造价约束等问题。

以研究小组考察的一个医院项目为例，业主对信息化系统格外重视，这就牵扯到医院各科室的概算、初设以及未来医疗信息化升级安排等诸多的问题和矛盾。在长达十个月的深化设计过程中，弱电公司与总包的机电技术和商务团队紧密合作，共同经历了多达十八次的专家论证，最终实现了一个令使用者、业主及各咨询单位都满意的效果，同时也为后续的招标和施工创造了有利条件。这样的服务能力，实际上增强了总包参与市场竞争、满足客户需求的能力。要达到这样的服务深度，客观上要求供应商与总包在信息共享、信息合作框架协议等方面建立长期、深入的合作关系。

4.2.5 技术

技术是指供应商在产品开发与配套的能力。在公司发展过程中，产品是不断更新换代的，需要供应商能持续配套、开发更新产品性能，这就需要考察建筑工程供应商的技术能力，其一是履约过程的工艺、安装技术保障能力，其二是深化设计阶段的深化能力；除此之外，还有产品性价比创新能力、新技术运用能力、总承包方满足用户产品功能、运维甚至解决产品专业技术难题等方面的技术配合能力。这些技术能力不仅能够为总包企业降低成本、提高效率，还能为其参与市场竞争提供专业的技术支持。一个优秀的总包企业背后往往有大量复杂专业的供应商加持，这不仅体现了总包方的技术实力，也彰显了其供应链的竞争力。通过与供应商的紧密合作，总包企业能够更好地满足客户需求，提升项目质量和市场竞争力。

【小贴士】

作为施工企业，通常所说的技术更多的是指总包现场施工的工艺技术。然而，当涉及产品技术时，会发现总包企业掌握的所有技术实际上只是产品形成过程中工艺技术的一部分，影响产品性价比的关键技术往往更多地集中在专业供应商和设计环节。在这一过程中，设计师将专业供应商的技术通过设计过程整合，形成既满足用户需求又价格合理的建筑产品。因此，承包商系统地吸收供应商产品的最新技术，并将其应用于建筑产品的开发，是承包商技术管理能力的主要内容。同时，随着EPC总承包模式的推行，产品技术的重要性日益凸显，深入人心，这就要求施工企业在技术的广度、深度和重点上进行相应的调整和转变，更多地关注设计环节的技术管理。

4.2.6 资产管理

供应商是否具备稳定的生产供应保障能力，是施工总包企业供应风险的主要方面。有的供应商常年状态良好，但今年的资产状况可能会出问题，影响正常生产与交付过程。因此，供应商管理要定期考察供应商企业运行、资产状况，发现问题并及时采取补救措施。此外，在双方履约服务过程中所反映出的问题，有的是资产管理、股权变化等因素造成的。这些问题对供应造成的影响不容忽视，企业要保持高度警觉并及时采取措施加以应对。

【实践者】

在建筑行业中，供应商群体中包含了大量的中小型企业，有的企业是合伙人企业，有的企业正加速多元化做大做强。面对这样的供应商，总包企业要小心谨慎地观察其组织结构和业务发展的变化。一旦几个人的合伙关系出现问题，一定会给合约的履行带来问题。但这类问题出现之前通常会有苗头，例如，有的企业在运营顺利时可能会忽视潜在的风险，盲目追求业务多元化，导致失去了之前的专业优势和竞争力。因此，对于那些不够专注的企业，总包企业也需要深入探究其业务模式和运营状况。历史经验证明，大和强很少出现在同一个企业，尤其是那些涉足多个专业的供应商，过去的经验教训表明，出问题的多，做大而且强的少。

4.2.7 员工

对供应商的考核机制，作为信息流体系的重要组成部分，其核心价值在于确保供应链的稳定运行与持续优化。这一机制要求供应商如实定期通报企业内工程技术人员的变化情况，包括但不限于新成员的加入、关键岗位人员的调整，以及技术团队的整体结构与能力升级等。在合同执行过程中，通过跟踪和分析执行合同的各专业、各岗位人员的变化对于采购需求的影响状况，考核供应商人力资源满足供应的能力。

【实践者】

工程管理作为一个传统行业，其经验的积累往往在于工匠个人的专业知识和技能（Know-How），不同专业领域的工作人员的履约能力和解决问题的能力可能会有显著差异，这种差异直接影响到工程质量和效率。如果发现熟悉总包管理要求的专业供应商频繁流失，则要引起总包企业的警惕。同时，专业分包公司的人才素质和人才梯队建设是其持续提高服务能力的关键，合理的人才队伍梯队也是考察专业供应商的主要指标。

4.2.8 流程

供应商的流程要紧密适应核心企业的统一要求，确保与总承包企业的业务流程无缝衔接。这一举措一方面可以通过减少沟通界面，有效降低整体交易成本，构成信息化系统的重要组成部分。另一方面，总包企业为共同降低成本，辅助供应商优化流程，降低生产成本，也构成了供应链全局优化的主要组成部分，还促进了供应商流程与总承包商流程的深度整合。进一步地让供应商直接参与最终产品的性价比优化过程，并鼓励他们深入一线，面对面为业主需求提供服务，是供应商集成战略的重要内容，也是提升供应商信息管理效能的重要目标。

【小贴士】

在讨论流程时，需要从两个方面来考虑。一方面是专业供应商的内部流程应当设计得简单又高效。这些流程需要结合供应商的专业特点与企业管理经验，以达到实现管理目标、提高工作效率的目的；另一方面要重视专业供应商的流程与总包企业的流程之间的匹配度。良好的匹配度能够确保总包企业在追求多个目标时，能够快速响应市场和项目需求，以使整个供应链有序高效运转。

供应商绩效管理有两个主要目的。其一，确保供应商达到绩效期望，满足项目需求；其二，督促供应商不断改进，与总包商集成管理，为公司作更大的贡献。需要注意的是，企业针对不同专业的供应商，要依据其专业特点建立客观量化考核指标；不统计就不知道绩效，如果只靠半年或年度主观印象评价，则起不到约束管理供应商的作用。客观的绩效统计是时时刻刻告诉供应商企业在意什么，需要什么样的供应商，并定期将统计结果信息传递给供应商供其改进绩效，对不正常情况及时沟通纠正。另一方面，值得总承包商注意的是，没有完美的供应商；往往专业能力强的供应商脾气也大，管理难度也大。有些专有技术的供应商甚至要总包修改流程，创造条件去适应供应商的要求。这正体现了供应链的思想，追求整体绩效，谁适合解决问题，谁解决问题的成本最低谁解决，共同为最终产品的性价比负责，对最终客观的服务负责。

当前，建筑行业招标投标盛行，重选择轻管理，往往以招标代替管理，频繁更换合作方。这是典型的猎人模式，造成了交易成本、管理成本的居高不下。且由于国内设计师长期缺少与供应商就产品性价比方面的技术成本交流，造成现在设计定义不清，设计阶段工程估算、概算不清，招标时设计不清，清单报价问题多多，施工管理阶段变更洽商问题层出不穷；此外，产品质量从定义到执行，中间环节技术中断，质量问题看起来是施工问题，实际上是在设计、采购环节埋下的祸根。这些问题要解决，必须从采购管理方式，供应商管理方式入手。所幸，EPC承发包方式的推行为此创造了条件，使相应的设计管理与采购管理的变革成为可能。供应商的专业技术、经验，通过总包、设计整合到最终工程产品，提高产品性价比，正是行业改革应达到的目标。这是时代给予行业从业者的机遇，也是对传统管理方式变革的挑战。

4.3 建筑工程供应商集成管理

随着EPC承发包模式的推行和工程总承包的制度完善，越来越多的企业意识到供应商集成管理的价值。但是如何通过供应商管理，让专业供应商参与到产品从设计、采购、建造、运维的各个环节，最大限度地降低成本、提高品质，目前仍然缺少系统有效的理论支持以及卓有成效的实践总结。这是这一代建筑工程管理实践者面临的课题，同时也是时代发展给予这一代人的机遇。

事实上，众多形成建筑产品的核心技术与工艺广泛地存在于供应商企业中，建筑工程总承包商作为面向最终用户提供最终产品的主体，通过与用户充分沟通、交流、协作，将性价比高的技术工艺运用于设计、采购、施工及运维阶段，可以系统地提高产品性价比和服务品质，有效地降低成本、增加用户满意度，从而进一步提高市场竞争力。战略供应商在项目的各设计阶段，围绕总承包商对产品的目标提供针对性的技术工艺设计支持，同时考虑项目后续的建设与运维需求，与总承包商达成战略合作，可以降低交易成本，在合同实施过程中通过信息互通、人员培训交流共同解决问题，提高建设效率。

项目总承包管理如“千军万马过河”，一个都不能少，考验的不仅是总包愿不愿意管，更是总包有没有能力管好每一个供应商；对于有技术、有能力的供应商，总包在设计、采购、施工管理环节增加专业知识、培养专业管控能力，对资信好专业水平高的供应商，可以纳入总承包的合格供应商名单，成为总包企业参与市场竞争的重要资源。对于有一些问题甚至是人情关系的业主指定供应商，除了在入门关把好关键环节并及时与业主沟通外，在管理过程中，总承包方也可以基于与业主一致的最终目标，借助业主的力量参与管理供应商。业主指定供应商产生的问题，大多数还是因为没有投入足够的精力管，甚至不愿意主动去管。如果主动去管，则能够优化全过程，利益共享；如果不管，将供应商困在“江中间”，总包也“过不了河”，不如学会和平共处，帮助有问题的供应商一起“渡河”。因此，学会与供应商和平共处，携手共进，共同攻克难关，是工程总承包管理水平的重要体现。例如，在施工现场的变配电、燃气、热力供应等关键领域，鉴于行业特性与长期实践，在相当长时期内，有指定分包是正常的。

有一类特殊供应商，因掌握独有的技术与丰富的商业资源，对总包管理绩效，乃至市场竞争能力产生严重影响，这样的供应商因其独特性，客观上展现出难以复制的专业性，要求总包提供更多的条件；主观上由于他们的稀有珍贵，所以娇气、有脾气、难伺候。其实，换一个思维去想，我们对这类关键供应商的管理方式要调整，既然重要就可以安排“勤务员”提供保姆式管理，若能深入管理环节，共同提高绩效，把难管的关键供应商吃透、管好，反而会成为行业壁垒，成为市场竞争的王牌，这恰是供应商集成管理的巅峰。某些工程总承包企业在管理寺庙建筑项目时，结识了熟悉寺庙佛教文化的设计、熟悉稀有施工工艺的供应商，这些供应商的技术、工艺繁杂而少见，熟悉并了解管理各环节，工程总承包可以打产品线优势牌，形成工程总承包市场的竞争优势。这一竞争优势的核心在于总包不仅了解这些特殊供应商在建设全过程中的管理要点，而且有能力、信用驾驭复杂多样性的供应商群体，形成独特的竞争优势。

建筑工程总承包商在日益激烈的市场竞争中，要想保持并不断提升其市场地位，就必须围绕自身的产品线，制定一套长远而前瞻的产品发展技术蓝图规划。在此过程中，战略供应商的积极参与就成为不可或缺的一环。战略供应商凭借其深厚的技术底蕴、丰富的行业经验以及对市场趋势的敏锐洞察，能够为总承包商提供定制化的技术解决方案，助力其在产品设计、材料选择、工艺优化等方面实现突破。双方通过紧密合作，共同探索新技术、新工艺的应用场景，推动建筑产品向更高品质、更高效率、更绿色环保的方向迈进。这种基于共同目标的深度合作，不仅加速了产品技术的迭代升级，也为总承包商构建了强大的技术壁垒，持续支撑其在市场中的竞争优势。

【小贴士】

制造业企业在追求自身发展和市场竞争中，通常会制定一份详尽的企业技术蓝图。这份蓝图规划了企业在未来3～5年内计划推向市场的产品设想和创新方向。为实现这一目标，公司可以与一批优秀的战略供应商合作，共同进行预先研究和开发，力争领先于竞争对手，占领市场先机；在这个过程中，参与合作的企业必须严格保密，立足于产品的主要功能进行设想。通过这种方式，各行业专业供应商可以发挥各自领域的技术与优势，促进产品投放市场后，参与各方的共同获利受益。

4.3.1 供应商集成的重要性

在建筑工程管理的全过程中，供应商集成发挥着至关重要的作用。

在建筑工程的设计阶段，供应商凭借专业技术优势及技术创新成果，积极参与方案比选、初设阶段技术经济分析。为进一步提升供应商的积极性与贡献度，可以将这些环节的绩效服务纳入供应商绩效考核指标，并与订单激励机制相结合，能够极大地调动供应商倾其智力、体力为项目目标服务，这自然要求总承包方要具备相应的专业工程技术管理力量以作支撑。

在施工图和工艺深化设计阶段，有大量供应商的紧密配合，才能完成产品的详细定义和招标预算，为招标提供技术标准、合同界面、产品质量要求等合同文件。同时，整个设计管理过程也是对供应商各项能力最好的考察，能够为后续的招标定标创造条件。有了完善的产品定义，在招标、定标、签约、合同执行及结算环节才有充分的信息来支撑全过程合作。为减少合同执行中的利益纷争，总包可以签订总价合同，使争议与纠纷最小化。当前，许多项目商务人员深陷于处理此类纷争的泥潭，若能从源头，即供应商管理集成上下功夫，在合同方式上做功课，则事半而功倍。

当项目进入总包管理阶段，除了平面和竖向管理，大量的时间和成本被浪费在混乱的现场管理中。有现场管理经验的工程师可能有体会，现场问题大多因为设计不清楚而造成的供应商效率低下，也使供应商为自己的利益扯皮拉筋创造了条件；此外，由于各专业界面不清晰，导致现场大量协调返工工作，各专业协同、各工序交叉难度大，绝大部分原因是设计遗留问题。

因此，集成各专业供应商施工前完成深化加工图及协同工作显得尤为重要。同时，若这些供应商是公司长期选择培育的、与工程总承包企业同心同德并希望和工程总承包企业保持良好绩效、期待与工程总承包企业长期共同发展的专业供应商，则施工现场的进度计划执行、工期控制、成本控制、工序质量保证要容易很多。

综上所述，供应商集成管理可以极大地降低工程项目在设计环节、采购环节、现场施工管理环节的成本，而战略供应商还可以进一步提供运维期的技术维修服务，为工程产品提供全生命周期高性价比的专业服务并积累大量运维数据，供其改进、创新产品与服务。

【实践者】

2019年，作者在考察某综合楼运维期间，观察到大楼的运维团队运作极其高效，但专业运维人员很少，各专业检修、更换零部件均由施工期供应商完成。通过深度交流得知，这些供应商自设计阶段起就参与了大楼从方案论证到施工图设计的整个优化过程，并将其在长期运维中积累的经验教训总结反映到了设计、采购和施工的各环节。

以一家节能设备公司为例，该公司负责管理上千栋大楼的运维，在每个主要城市都设有设备维修站，其设备配备有信号采集系统，每栋楼都建有详尽的维修档案。在紧急情况下，公司能够提供全天候的专业化应急服务，并且实施定期检修，将潜在问题解决在初期阶段，业主和物业仅需采购该公司的服务即可。这种专业化、集约化的维护保养方式，显著降低了运营成本，这是正确的供应商集成管理所能带来的成效。

4.3.2 供应商集成的三阶段

如果说绩效管理是保持供应商绩效，并逐渐改进的话，供应商集成就是让供应商绩效更上一层楼。从这个意义上讲，供应商集成是供应商管理的最高境界，是“大采购”理念下应投入最多人力、物力参与的采购管理活动。在这个阶段，不同的管理策略会导致不同的后果，需要将关键的供应商集成到公司的供应链里，让他们成为公司的有机延伸，让专业供应商在其专业领域按公司的管理目标提供专业技术支持和服务，成为总包企业参与市场竞争的有力支撑。供应商集成不仅能使工程总承包企业成本更有竞争力，进度保证能力更强，甚至大幅度缩短工期，也能使产品品质在关键专业的前期设计阶段充分保证性价比，并充分考虑采购、施工、运维各环节的需求。最终，这种高度集成的模式能够促使众多专业公司的能力与最佳绩效体现到总包的项目目标绩效中。

设计阶段的关键在于让战略供应商早期介入产品开发，而产品设计与工艺设计是一个相互依赖、相互促进的过程。在这个过程中，研发人员设计出的图纸和技术规范只是理论上的规划，还需要在实际的生产线中得到验证和实施，这就依赖于工艺设计的支持。在传统的竖向集成模式下，产品设计和工艺设计之间的交互和优化相对容易实现，这是因为设计和生产活动都发生在同一家公司内，甚至可能在同一屋檐下进行，这种地理和组织上的接近性促进了设计和生产人员之间的紧密合作，使得从设计到生产的反馈循环更加迅速和高效。然而，在当今生产外包日益普遍的商业环境中，产品设计通常由采购方进行，生产工艺设计则由供应商执行。这种分离导致了两者之间沟通的障碍，影响了产品设计与工艺设计之间的有效交互和优化。

如图4-4所示，美国EPC巨头福陆公司选择在设计阶段将战略供应商纳入项目团队，充分利用供应商的专业知识和技术经验，于项目早期阶段识别了潜在的成本节约机会和效率提升点，更有效地进行了成本控制和风险管理，是供应商早期介入产品开发的很好的案例。

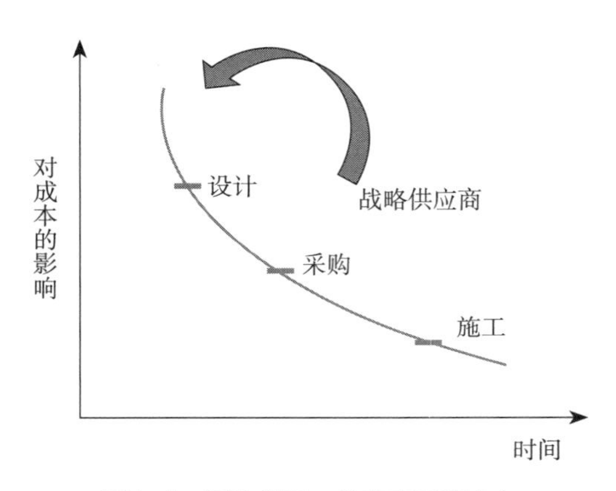

图4-4 福陆公司：供应商早期介入

在项目管理实践中，资深工程师或许会提出疑问，那些深度参与项目设计阶段的供应商是否在专业招标中必然中标，以及何种价格能够满足其期望？价格的确定方式是什么？是否存在引入供应商容易而管理供应商困难的情况？以基坑支护专业为例。

如图4-5所示，在专业招标的过程中，需要经过一系列详尽的步骤才能完成招标。在大型采购的专业分包管理中，经过多方案设计比较和深化设计阶段，专业供应商的成本已基本可预估。随后，可以通过招标程序确定市场价格；中标者不仅受合约条件影响，也与公司的供应商管理战略密切相关。为确保参与集成的供应商每年能获得一定数量的合约，当总承包方成为供应商的主要客户时，前述问题将易于解决。那些提供全程优质服务却未获得订单的供应商，可能会经历一个不眠之夜，前半夜或许心存怨恨，而后半夜则反思报价是否过高，最终以更加务实的报价期待未来的合作机会。这正是供应商战略和集成管理的魅力所在。

1.1　场地条件/需求/荷载要求

1.2　周边及地质/地下网/管/沟条件

1.3　施工路线/进度要求

1.4　桩的造型/支护方式　　⟶　3

1.5　优化　　⟶　2

1.6　施工图、深化、清单　　⟶　1+1（施工图+审图）

1.7　技术标准和要求/商务条件　　⟶　3～5家

1.8　中标

图4-5　基坑支护专业招标流程

【实践者】

某项目设计有电梯32台，采用公开招标的方式招标采购。共有5家电梯厂的产品参与投标并经审查合格，招标人选择中标者过程中要综合考虑电梯产品质量、性能、价格、安装、日常维护费用等多种因素，评标小组对如何进行评标展开研究讨论，因各厂家电梯的技术参数、安装工艺、售后服务等有差异，且涉及较高的电梯后期运行维护费用，必须综合考虑电梯的品牌、安全性、功能、价格、运行维护成本等因素，评标小组决定采用全寿命周期价值工程进行电梯产品选择，具体步骤如下：

1. 功能划分，确定功能系数

为了确定电梯的功能系数，曾请专家对招标方的需求和电梯功能进行调查研究，结合本项目实际确定了六个功能因素及其重要性系数。

2. 对各投标产品进行功能评分

共有5种电梯产品参与投标，评标小组组织相关专家和招标方代表调研及考察，之后对各项目进行主观评分。

3. 计算各电梯的功能得分

根据对电梯的功能评分结果及功能重要度系数，按公式功能得分→统计评分→质量要度系数，计算出各产品的功能得分。

4. 确定各电梯的功能系数

根据各电梯的功能得分，按公式：功能系数=产品功能得分/功能得分合计，计算出各产品功能系数。

5. 计算各电梯的全寿命周期成本，确定成本系数

电梯的经济寿命按15年计算，全寿命周期成本包括设备及安装费用、维护保养费用、

修理费、电费。另外考虑资金的时间价值，在计算中取折现率8%计算。计算出各电梯产品的全寿命周期成本后，再按公式：成本系数=产品寿命周期成本/寿命周期成本合计，最终计算出各电梯产品的全寿命周期成本系数。

6. 计算各投标方案的价值系数，确定中标人

按公式：价值系数=产品的功能系数/产品的成本系数，计算各电梯的价值系数，选择价值系数最高者为最优选择，定为中标者。

在合同实施阶段，供应商集成就是通过JIT、VMI等供应链管理方法，把供应商与公司的生产系统对接起来，简化供应链的产品流、信息流和资金流。如果实施得当，将会为采购方和供应商带来显著的益处。例如，在实施集成管理方法之前，物料的流动通常由订单驱动，采购方根据项目需求向供应商发出订单，供应商根据订单生产和交付物料。这种方式可能导致无法有效平衡需求，使得供应商的生产计划难以预测；每次的需求都对应一张订单，围绕订单的生命周期，采购方和供应商需要进行一系列的操作，如订单处理、物流安排、库存管理等。在实施JIT、VMI等管理方法后，订单数量大幅减少，相应的交易成本显著降低；供应商生产排程更加平稳，提高了生产效率，进而降低了生产成本；整个供应链的库存水平降低，不仅减少了资金占用和存储成本，还使得潜在问题更易被发现，为持续改进提供了契机。

在交易过程中，供应商集成就是要利用电子商务等信息化手段，更加有效地传递信息，促进各方协作。建筑工程行业中，通过应用电子商务系统，可以从连接的角度简化交易流程并降低双方的交易成本。这一过程涉及对订单、料号层次的详细信息进行仔细观察和管理。从最初的图纸设计、技术规范的制定，到设计变更的实施，再从订单生成，到发送给供应商进行价格、数量、规格的确认，以及后续的跟单、递送和付款，整个流程中的许多环节都可以通过电子商务来实现自动化。因此，建立电子商务系统，使这些业务流程自动化，是释放人力资源、使其能够专注于更关键和附加值更高的任务的关键。

4.3.3 供应商集成与供应链降本

供应链管理的核心目标之一是降低成本。虽然质量、交期、服务等方面的重要性不言而喻，但如果成本目标失控，其他目标的价值也会大打折扣。因此，供应链降低成本可以概括为三个台阶，即谈判降价、流程优化与设计优化，如图4-6所示。

谈判降价最容易，但影响的产品成本最小，大致能影响产品成本的10%；流程优化，不管是生产流程还是交易流程，都比较困难，大致能影响产品成本的20%；设计优化最困难，不管是价值工程，还是价值分析，都需要营销、研发、供应链的跨职能协作，但影响

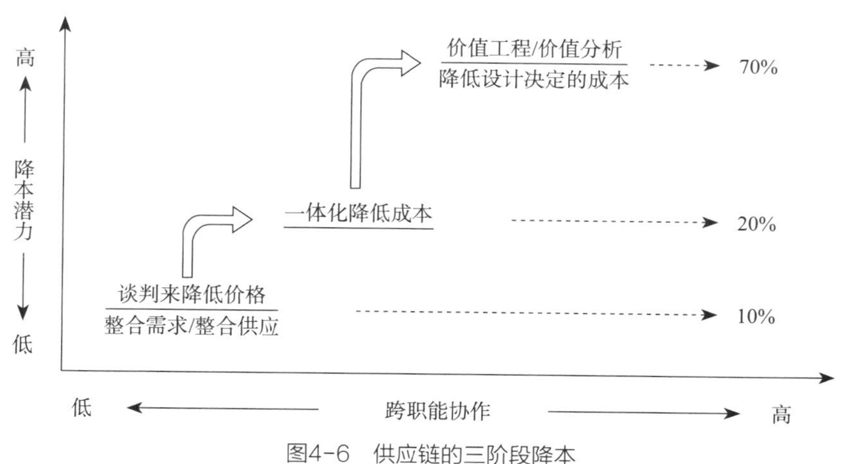

图4-6 供应链的三阶段降本

最大——70%左右的成本由设计阶段决定。因此，企业需要推动跨职能协作，向更高的降本台阶跨进。

以第三阶段设计优化（价值工程/价值分析）为例，这一阶段是供应链降本的最大潜力所在。如表4-1所示，某幕墙项目各阶段产品成本的70%～80%取决于定位与设计。针对某些强势供应商，他们出于技术或规模优势，谈判降价难度很高，只能更多地从优化设计来降本。

幕墙项目各阶段控制成本比例 表4-1

序号	阶段	相关工作内容
1	阶段一：产品定位阶段控制成本比例45%	1）同类产品对标 2）产品档次定位 3）敏感性指标 4）概念目标成本 5）确定设计限额
2	阶段二：产品设计阶段控制成本比例35%	1）产品限额设计 2）产品方案优化 3）主材配置优化 4）锁定目标成本 5）采购文件编制
3	阶段三：招标采购阶段控制成本比例10%	1）锁定采购预算 2）执行合约规划 3）把关入围标准 4）评标、面试、定标 5）合同风险规避
4	阶段四：建造管理阶段控制成本比例5%	1）动态合同管理 2）建造方案审批 3）款项支付管理 4）变更增项管理 5）工程预结算
5	阶段五：使用维保阶段控制成本比例5%	1）立面清洗方案审核 2）面材更换方案审核 3）龙骨修复方案审核 4）防渗漏方案审核 5）改扩建方案审核

此外，通过分析图4-7，不同建设阶段对工程造价的影响图可知，对工程成本影响最大的是设计阶段。

然而，过去国内建筑行业的设计、采购、施工长期处于分离状态，设计单位往往不对最终产品及其造价负责，只对规范和强审负责。在这种模式下，设计单位长期脱离采购、施工及运维环节，几代人闭门造车，已失去系统地优化、深化、全面完成高性价比产品设计的能力。此外，设计行业长期不参与采购管理环节，不仅不清楚产品市场价，更不能深度了解各专业供应商领域的技术、价格情况；且由于不参与采购环节，设计师深化、优化也得不到专业供应商的支持。尽管设计单位强调限额设计、多方案比较，但落实起来无压力也无市场资源支撑，更没有动力。因此，效果不好已成为行业共识。如果要改变这个现状，需要让建筑师参与采购的全过程并介入现场工程管理，对业主的工程产品和服务负责，这也是建筑师负责制改革的初衷。

除此之外，可以通过将价值工程引入到建筑工程中，促进供应链的降本增效。价值工程理论起源于劳伦斯·戴罗斯·麦尔斯的工作和研究，在建筑工程管理中，落实对价值工程的应用有着很大意义。价值工程通过以研究对象的需求为基础，针对其需求的满足来进行对功能的研究，从而实现对象的自身价值。它的实质就是通过投入更少的成本来实现研究对象更大的价值功能，同时以此实现对研究对象价值创造性的增强，是具备着一定科学技术的管理方法。在工程项目中，价值工程的基本目标是在保持或提高项目性能的基础上，实现最低的全寿命周期成本。这种方法强调在设计和施工阶段就考虑成本效益，确保资源的最优利用，从而提高项目的整体价值。通过这种方法，可以在不牺牲质量的前提

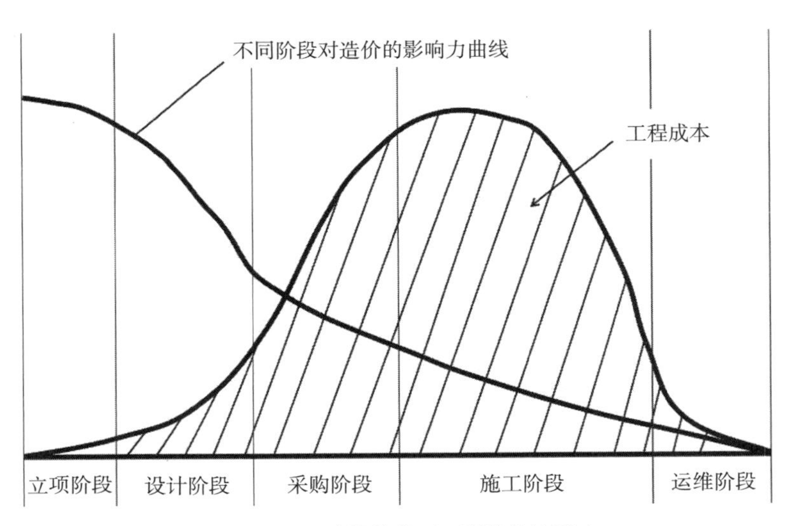

图4-7　不同建设阶段对工程造价的影响

下，优化成本结构，实现更高的经济和社会效益。进入21世纪，价值分析在建筑工程领域得到了广泛应用，其重要价值主要体现在设计阶段。总承包商有各专业工程及设备材料供应商的参与，能将建筑产品性价比设计在设计、采购、施工各阶段落到实处。而要实现建筑工程产品的完整准确定义，实现各专业高性价比设计，没有各专业、各门类供应商的支持是不可能完成的任务。

在项目的施工管理中，价值工程理论主要起到以下作用：

（1）可以有效地提高施工企业的成本管理水平。价值工程涉及的理论范围非常广泛，可以对建筑行业的整体管理水平进行提升，将不同领域的先进理论有效地应用到施工企业的日常管理中，极大地推动了管理水平的提高。

（2）有利于提高建筑企业的经济效益。功能分析是价值工程理论的核心任务。在进行功能分析之后，我们可以找出不会影响产品必要功能的一些无用功能、重复功能与一些过剩的功能，并将其进行剔除，因此可以降低施工企业的一些不必要的成本，从而有效地提高了产品的竞争力。

（3）有助于更好地将产品技术与经济、软技术与硬技术进行结合。价值工程理论可以综合各方面人员的智慧，如技术人员、财会人员、材料采购人员等，通过分析研究产品的技术经济问题，从而达到降低产品成本、提升产品功能、整体提升产品价值的目的。价值工程理论的应用，极大地促进了项目各专业人员的紧密结合与团结协作，也有效促进了软技术与硬技术的结合。

【实践者】

某项目的咨询工程师通过调查，将设计方案中影响节能效果主要功能要素定义为4个：结构体系（F1）、外窗类型（F2）、墙体材料（F3）、屋面类型（F4），并邀请专家对几个功能要素的重要性进行0～4评分法（表4-2）。研究人员将各个功能的得分加总，用各功能得分除以总分，得到功能的重要性系数，即功能权重。

根据业主对办公楼的节能要求，建筑设计师构思了三个初步方案，分别为：

（1）A方案：采用装配式钢结构框架体系，预制钢筋混凝土叠合板楼板，装饰、保温、防水三合一复合外墙，双玻璃断桥铝合金外窗墙，叠合板上现浇珍珠岩保温屋面。该方案初步估算单方造价2020元/平方米。

（2）B方案：采用装配式钢筋混凝土框架体系，预制钢筋混凝土叠合楼板，轻质大板外墙，双玻铝合金外窗墙，现浇钢筋混凝土屋面板上水泥蛭石保温屋面。该方案初步估算单方造价1960元/平方米。

功能重要性评分及权重 表4-2

功能评分	结构体系（F1）	外窗类型（F2）	墙体材料（F3）	屋面类型（F4）
专家1	–	3	4	2
专家2	1	–	3	1
专家3	0	1	–	1
专家4	2	3	3	–
功能得分	3	7	10	4
功能重要性系数（权重）	3/24=0.125	7/24=0.292	10/24=0.417	4/24=0.167

（3）C方案：采用现浇钢筋混凝土框架体系，现浇钢筋混凝土楼板，加气混凝土砌块铝板装饰外墙，外墙窗和屋面做法同B方案。该方案初步估算单方造价1880元/平方米。

咨询工程师邀请了专家针对以上3个方案进行评分，基于建筑节能的目标，分别从结构体系（F1）、外窗类型（F2）、墙体材料（F3）、屋面类型（F4）4个要素（功能）进行打分，满分10分，得到的反馈意见如表4-3所示。

各方案功能元素评分 表4-3

功能要素	结构体系（F1）	外窗类型（F2）	墙体材料（F3）	屋面类型（F4）
A方案	8	9	9	8
B方案	8	7	9	7
C方案	9	7	8	7

研究人员将该评分表与各功能元素的功能权重结合计算各方案功能加权得分，结果如表4-4所示。

功能指数计算 表4-4

功能要素		结构体系	外窗类型	墙体材料	屋面类型	合计	功能指数
功能权重		0.125	0.292	0.417	0.167		
各方案功能加权得分	A方案	1	2.628	3.753	1.336	8.717	0.358
	B方案	1	2.044	3.753	1.169	7.966	0.327
	C方案	1.125	2.044	3.336	1.169	7.764	0.315

根据每个方案单方造价的初步估算，咨询工程师对每个项目的成本指数也进行计算，结果如表4-5所示。

各方案成本指数计算 表4-5

方案	A	B	C	合计
单方造价/（元/m^2）	2020	1960	1880	5860
成本指数	0.345	0.334	0.321	1

结合功能指数及成本指数，应用价值工程基本公式，可计算出每个方案的价值指数，从而选出最优方案，结果如表4-6所示。

价值指数计算 表4-6

方案	A	B	C
功能指数	0.358	0.327	0.315
成本指数	0.345	0.334	0.321
价值指数	1.038	0.979	0.981

从表中结果可看出，A方案的价值指数最大。从价值的角度来说，该节能综合办公楼的设计方案中A方案最优。

通过以上工程实例运用价值工程对若干个设计方案评价并选优，整理并总结出价值工程的工作思路为：

（1）功能（要素）整理。分析并定义出产品（方案）的主要功能元素。研究人员可以根据项目的技术情况，采用思维导图从局部到整体形成一个完整的功能体系。

（2）功能（要素）评价。通过确定各个子功能在总功能中所占的比重，确定功能重要系数。该环节关键是对功能进行打分，常用的打分方法有0～1打分法或0～4评分法，多比例评分法、逻辑评分法、环比评分法。较易操作又能保证准确度的是0～4评分法，在实际工程中采用最广泛。

（3）成本指数测定。可利用简单估算法或指标估算法对每个子功能（手段）进行成本测算，随后计算各方案的成本指数，各方案成本指数=该方案的成本或造价/∑各方案的成本指数或造价。

（4）计算方案的价值指数。各方案的价值指数=该方案的功能指数/该方案的成本指数，选择价值最大的为最优方案。

4.4 建筑工程承包商供应链管理系统

在供应链管理中，信息就好像是供应链系统的“神经中枢”，它为供应链的管理者提供了决策的依据。由于信息具有很高的替代作用，信息技术的深入应用可以增加信息的可视性，降低管理成本，提高服务水平，这是供应链管理的一个趋势。影响建筑业的因素有很多，如世界经济形势的变化、宏观经济政策的变化、国家经济规划、地方经济规划等等，建筑企业如果要主动去适应这些变化必须及时采取相应的策略。面对这样的挑战，建筑企业必须重视自身的信息化水平，随着供应链与建筑企业朝向数字化方向转型，建筑供应链也应利用信息技术进行数字化发展。

4.4.1 供应链管理系统的实施

供应链管理系统就是信息系统，在供应链的能力构成中扮演重要角色。对于施工企业而言，供应链管理系统的构建应紧密围绕企业的发展战略展开。首先，施工企业需确立与企业战略相契合的采购战略，并致力于该战略的有效实施。在实施过程中，首要任务是构建一套符合企业自身实际情况的采购管理组织架构与流程，以确保采购活动的规范与高效。由于建筑工程的特点，采购品类可以细分为A、B、C、D、E五类，根据五类不同特点，施工企业应制定差异化的采购流程与方法，然后建立一套信息化规则，指导合格供应商遵循，确保采购流程的透明性和效率。在这一过程中，信息化起到了核心作用。利用IT技术，施工企业能自动化执行那些系统能力范围内的任务，从而提高效率并减少人为错误，同时负责数据的收集、整理和运算，充分发挥其优势，以支持更精准的数据分析和管理决策。此外，施工企业应根据企业管理、技术运用需求，在流程场景中抓取关键数据，按照数据分析标准进行统计与分析。这样，企业能够按照管理需求输出和应用数据，为决策提供坚实的数据支持。

为进一步提升采购管理的效率与透明度，实现信息的快速流通与精准决策，施工企业应将采购管理流程信息化，即引入并优化信息管理系统。这一系统不仅能够强化供应链各环节的协同能力，还在供应链整体能力构成中扮演着举足轻重的角色，它通过数据集成、智能分析等功能，为企业的采购决策提供有力支持，从而推动供应链管理系统向更加智能化、高效化的方向发展。

信息管理系统的重要性体现在以下几个方面：

第一，信息系统是人的工具，凡是可以由系统完成的工作都能由信息系统完成，而且在选择战略寻源时要规定好统一的信息传递规则，确保全供应链的企业最大限度地步调一致；同时，要想提高绩效，规则必须是由有核心采购权的总承包企业制定并监督执行。

第二，信息系统可以收集、整理、分类、统计、贮存信息，实时反馈管理绩效，帮助企业随时查询统计数据。当下正是人工智能突飞猛进的时段，技术上信息系统由信息化向数字化、智能化升级成为可能。前不久，研究小组参观考察了华为公司的供应链管理。自1999年6月启动集成供应链变革以来，华为经过了二十多年的持续改进和创新，目前已成功实现供应链的数字化转型。华为的供应链管理能够实现作业场景的数字化，自动生成关键数据，并将数据应用于管理全过程，逐步向主动型、智慧型供应链过渡。这些成绩的背后是华为不断优化组织结构、流程管理，并基于合理逻辑进行大量数据收集与整理的结果。

第三，信息系统通过固化流程，例如订单处理流程，有效地规范和简化了订单处理的全过程。这种流程的标准化不仅与企业运营的基本流程相契合，而且为数据收集和整理提供了便利。然而，当前大多数施工企业的管理系统、采购战略寻源、供应商绩效、供应商集成等环节没有做到线下与线上有机结合，采购与供应商管理长期是“小采购”。在“小采购”思维下，企业尝试通过流程信息化提升效率，但实际效果并不理想，基层员工普遍反映，信息化系统与实际操作之间存在脱节，不仅没有像预期一样提高效率，反而导致效率降低；一些企业在现有系统无法满足需求时，不是优化现有系统，而是选择增加新的系统，使得基层员工在多个系统间疲于应付。由于上级对系统填报有严格的要求，员工不得不机械地完成各项填报任务，这种固化流程的管理方式，使得信息系统原本旨在提高效率的初衷被本末倒置。

但在企业实施信息系统的过程中，常常会进入一些误区。其中一个误区是，一些企业在信息系统上线后，往往将其视为不可变更的纪律，监督部门的领导仅将系统作为规矩来执行，而忽视了对系统的持续改进和提升。由于系统与合规性紧密相关，基层的主要任务变成了确保流程的合法合规，而中层员工，特别是在机关部门工作的员工，由于不直接承担项目绩效的责任，对提高工作效率的敏感度不足。此外，一些负有监督责任的部门在采购流程中过于强调审核的复杂性与严格性，错误地认为这是提高管理质量的有效手段。同时，企业高层对基层的实际情况缺乏深入的调查和研究。在正常的上下级沟通中，下级往往倾向于报喜不报忧，对于存在的问题很少向上级反映，更多的是对成绩进行夸赞。这种情况部分是因为担心提出问题会被误解为执行力不足，或被质疑为何其他团队能够做到而自己却做不到。

为了解其中的原因，研究小组深入信息化软件公司，详细考察了项目管理一体化平台软件流程的形成过程。调查发现，一些软件公司对建筑公司的业务流程理解不足，工程管理专业人员的知识结构陈旧，而且提出了一些理想化、不切合实际的概念性管理场景游说施工企业高层。例如，有软件公司声称其设计的项目成本管理软件能够自动统计每日的项目成本和利润报表，而这样的说法居然得到了一些公司的信任，并被当作软件的卖点来宣传。然而，作者在20世纪90年代末于国内一家成本核算领先的公司担任项目经理时的经验表明，每月的成本效益分析会都需要提前一周进行动员和准备，划定现场核算进度界面，涉及物资与地材盘点、收入与支出同口径核算，常常成本核算会要开到深夜，这说明自动化软件系统的承诺与实际操作之间的差距甚远，企业信息系统的应用效果并不理想。这种信息系统流程的不切实际，部分源于信息化软件形成过程的管理问题。软件公司通常与企业高层联合商讨流程，而企业往往从监管的角度出发，认为流程越复杂、监督越严格越好。此外，流程信息化的构建审核过程耗时漫长，常由缺乏实践经验的年轻员工参与，他们多依赖文件和规定，而在处理复杂问题和多层级决策时显得能力不足。一旦这些信息化流程上线，便成为不可更改的内部法规，多年不经优化和改进，最终导致流程僵化，这是部分企业信息化的现状。

施工企业信息化的另一个误区是盲目模仿电商模式。过去二十年间，以阿里巴巴、京东为代表的电商平台发展迅猛，这促使一些大企业尝试参照这些电商平台的逻辑来构建自己的施工企业采购信息系统。然而，这些企业忽略了一个关键差异，电商平台主要采用的是B2C（Business to Consumer企业对个人消费）或C2C（Cosumer to Consumer个人对个人消费）商业模式，而施工企业的供应链采购实际上是基于企业采购战略及组织流程的B2B（Business to Business企业对企业消费）模式的。有效的信息化系统应当支持线上线下管理活动的整合，通过系统辅助来优化供应商管理，从而提升整个供应链的绩效。这意味着施工企业在实施信息化时，应该关注如何使系统适应其特定的业务需求，而不是简单地将消费级电商模式照搬到企业级的供应链管理中。

4.4.2 供应链管理系统的数据基础

数据的积累和更新是构建高效供应链管理信息系统的基础。通过构建供应链管理信息系统，企业能够进一步优化采购管理，降低成本，并提升整个供应链的竞争力。值得注意的是，承包商的供应链管理信息系统必须建立在企业采购管理的组织架构和运营管理流程基础之上。在管理流程中，数据的清洗、收集、统计和运用是关键环节，通过信息化，不仅有利于降低采购成本，还能进行相关数据统计分析，为供应商管理提供坚实的数据支撑。此外，对材料和设备的性价比进行基础数据统计分析，结合统一的产品技术规格编码，能够为企业数据库提供宝贵的市场基础数据，从而增强企业在市场中的竞争力和决策的精准度。

为实现这一目标，承包商供应链管理系统必须全面而深入地整合企业内部的采购管理架构和运营流程，确保从采购计划的形成到审批、战略寻源、供应商管理与集成的每个环节都能高效运作。承包商供应链管理系统要覆盖从采购计划形成审批、战略寻源、供应商管理与集成的全部流程。此外，系统要体现企业各层级在供应链管理中的职能分工，确保不同公司在同一区域内能够实现信息共享与互联互通。这样的系统设计有助于提高供应链的透明度和响应速度，促进跨部门和跨区域的协同工作，从而最大化资源利用效率，提升企业对市场变化的适应能力和整体运营表现。

没有交易，市场价就无从谈起；没有成本管理，企业也难以获得成本数据。建筑工程产品的成本构成及相关数据是设计企业和施工企业稀缺的资源。若建筑师要对造价负责，则建筑师需要在设计阶段对产品的性价比负责，这就要求他们密切关注设计过程中的造价指标。对于EPC工程承包商而言，在投标、设计管理、招标采购以及企业内部承包管理等各个环节，拥有企业内部成本数据至关重要。如何对这些数据进行分类、收集、整理、清洗和运用，是业界广泛关注的问题。

为解决这一问题，研究小组收集并整理了大量资料。根据建筑产品从设计到竣工的全过程管理流程及管理需求，总结出了产品数据形成的逻辑图，如图4-8所示。

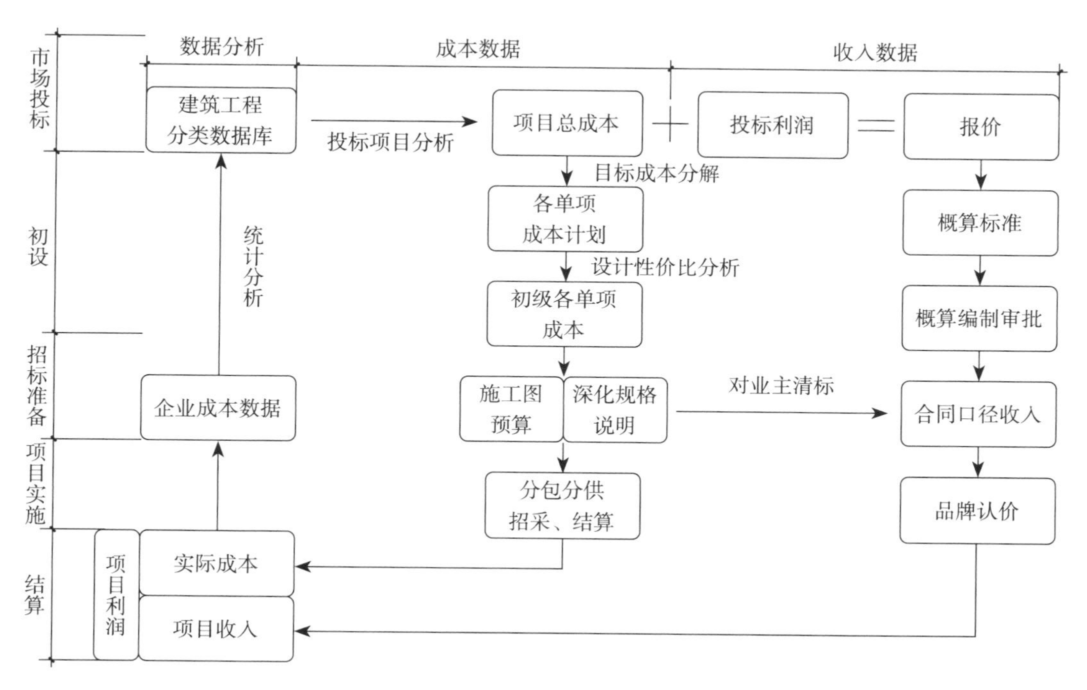

图4-8　产品数据逻辑图

图4-8中核心数据在供应链流程中的各个环节中产生，它们经过设计管理要求的整理、统计、修正后，就成为限额设计指标，为专业优化设计提供重要依据。在招标环节，这些数据按照采购单元细分，有助于形成招标控制价。企业内部则利用这些数据来制定项目绩效考核和企业项目目标责任制，进而生成经济目标参与指标。项目完成后，对外结算收入指标经过分类整理，形成产品市场价。同时，通过比较投标阶段的竞争对手报价与中标价，形成投标阶段的报价参考指标。最后，对项目各成本单元的成本分析和整理，有助于形成企业自身的成本水平数据。结合供应商绩效数据，这些成本信息能够为企业内控管理提供透明的约束机制并监控项目运行过程中数据的合理性，用于企业考核与管理项目绩效。

在建筑工程领域，产品性价比的评估可以从分部分项工程及其使用材料和设备入手进行细分。建筑工程承包商应积累关于本企业生产产品的品质差异及其相应制造成本的数据。通常情况下，产品品质会通过技术规格书来明确，而工程可以根据分部分项及其材料设备的不同，形成单位工程的完整编码目录系统。尽管国际上的行业协会往往会公布统一的编码目录文本，但国内目前尚未形成统一的编码目录标准。因此，企业可以依据国内的分部分项工程验收标准，编制自己的产品分类编码目录。此外，还需要收集和统计不同地区的投资指标分类数据与竞争对手分类数据，并在企业经营中不断分析、整理、更新，形成设计指标数据、分类成本核算数据等用于企业内部运营管理、市场投标参考。

【实践者】

建筑工程产品定义很重要的一部分是技术规格说明书，其格式及分类方法一般由行业协会组织制定，行业参与者共同使用，以提高管理效率，降低沟通成本。遗憾的是国内至今仍没有统一的分类目录，也没有产品定义的统一格式，使建筑工程的业主、设计企业、咨询服务单位、总包、专业分包、材料、设备、部品部件供应商等，缺少统一的产品语言表达格式。在这种现状下，总包企业作为供应链核心企业，实现全供应链信息流的一致性是否可以参照以下内容，借鉴国外行业标准经验制定供应链信息流的基础代码分类格式目录，为信息化打好基础。以下是关于技术规格说明书格式及产品信息分类方法的介绍，选自上海现代建筑设计（集团）有限公司周静瑜的“国际化项目中 Specification（技术规格书）的知识要点及应用”一文。

1. 技术规格书概述

如果要用一句话来概括技术规格书的话，那么技术规格书就是对于整个工程任务的书面描述。在国外，设计师将它和图纸以及合同条件一起组成基本的设计文件。有人把技术规格书当作标书，认为技术规格书就是业主给分包商竞标报价的指导文件；有人把技术规格书当作是材料表，用来给预算部门进行预算；也有人说技术规格书相当于设计说明，是帮助施工的文件。那么，上述几种说法究竟哪个正确呢？事实上几种说法都正确，但是都不全面。技术规格书的内容中包括工程中各种材料、设备的质量要求，包括对施工工艺的要求、现场制造和装配的方法以及所适用的规范等。它的作用贯穿于工程的整个生命周期，是联系起甲方、设计人员和施工人员的桥梁。

2. 技术规格书的内容和与图纸的关系

"图纸就是工程师的语言"，设计师利用图纸作为载体来传达他的设计意图和思路，对整个工程有着举足轻重的作用。如果将整个工程比喻成一个人，图纸就是身体，它撑起了工程的全部质量，而技术规格书就是血液，赋予了整个工程鲜活的生命。图纸的主要任务是形象地表现出各个设计元素的大小、形式、位置和互相的关系等等信息。而技术规格书所包含的内容却是各种材料、系统、设备、现场和非现场的安装工艺等等的质量控制，具体有：各种材料、设备和器具的种类和质量要求；工艺要求；装配和安装要求；测试和规范要求；生产商设备的精度要求；余量和单价；备选方案。

由此可见，技术规格书并不等同于图纸的设计说明，相反，技术规格书和图纸的关系应该是既互相协作又不会重叠的互补关系。图纸作为形象化的描绘，而技术规格书作为法律和技术上的要求共同组成合同文件，而这两者本身却又是独立而自成体系的。而且由于技术规格书为文字形式，所以在法律上的意义甚至更大于图纸。

3. 技术规格书在工程生命周期中所扮演的角色

技术规格书是工程合同文件的一部分。工程合同文件主要包括：协议、合同条件、图纸、技术规格书、附录、修改单、招标文件、说明文件。

技术规格书作为对工程的书面描述，在整个工程进行中要面对许许多多的对象，发挥不同的作用。第一是总承包，技术规格书可以帮助总承包对整个工程进行指挥、管理和施工。第二是总承包的估算部门，他们根据技术规格书进行估算。第三是采购部门，可以根据技术规格书上规定的材料和设备进行采购。第四是监理人员，技术规格书可以帮助他们对工程进行监理和控制。第五是业主，技术规格书就如同产品介绍，可以为他们展现将得到的产品。第六是分包商，由于技术规格书和图纸不同，被分为若干个分项，例如：现场工作、门窗和金属材料分项等，而每个分项中又被分为若干个子项，例如门窗分项就被分为：金属门、木门、开门组件、金属窗、幕墙子项等。这样每个分包商就都可以明确自己的工作范围和职责。

在上海国际旅游度假区主题乐园项目中，笔者所在的团队即通过编制技术规格书，对材料、设备的产品参数定义，产品标准、测试标准、技术要点、施工要点予以充分说明，并将含混的、不规范的产品描述转化为清晰、精确的产品定义，将图纸无法表达的一些产品信息完整地传递给业主和承包商，很好地减少和避免了由于信息不完整造成的反复送样选材，甚至承包商采购不合适产品的情况，保证了工程建设周期以及交付成果与设计文件的一致性。

4. 技术规格书的格式和分类方法

4.1 技术规格书的格式

国际上比较通用和广为接受的技术规格书格式主要有两种：Uniformat和Masterformat，实际上，Uniformat 和 Masterformat 是两种不同的建筑信息组织分类方法产生的编码系统，而功能上它们都可以成为工程项目管理的WBS 。

Uniformat 是由美国 AIA 与美国 GSA 联合开发的，美国ASTM基于Uniformat 制定了ASTM E 1557-05分类标准，名称为 Uniformat II 。最早在 1989 年颁布，最新版本为2005版。

Masterformat是由美国建筑标准学会CSI最早在1963年8月出版了第一部统一的技术说明手册*CSI Formatfor Construction Specifications*，而这本手册从1963年出版以来就经过了多次修改，最新的版本是由 CSI 和CSC（Construction Specification Canada）合作出版的*Masterformat*，是美国、加拿大两国8个工业协会和专业学会共同倡导和努力的结果，在北美地区具有深远影响，历史悠久，应用广泛。

4.2 技术规格书的分类方法

Masterformat将技术说明分为16个 Division（分项），每个分项下又有若干个Section（子项），每个子项都用一个5位数的数字来编号。

4.2.1 Uniformat的分类方法

Uniformat的分类方法是采用层级式的建筑工程系统构成元素划分，更倾向于再现工程元素的物理构成方式，并以此来组织设计要求、成本数据以及建造方法等信息和数据。这种建筑信息的分解和组织更加符合设计组织（AIA）和管理组织（GSA）的习惯。

4.2.2 Masterformat的分类方法

Masterformat的分类方法是采用工种/材料分类，更倾向于符合建筑工程分工组织实施的方式，并以此来组织设计要求、成本数据以及施工文档等信息和数据。这种建筑信息的分解和组织更加符合工程建造阶段的信息处理习惯。而作为一种映射的成本编码体系，在性质上也更接近我国的工程造价计量体系；作为一种美国通用的招标设计说明编码体系，被许多美国工程师采用用于编制设计说明和招标。可参考Masterformat的部分子目（表4-7）。

Masterformat部分子目 表4-7

FACIUIY CONSIRUCTION SUBGROUP
Division 02 Existing Conditions
Division 03 Concrete
Division 04 Masonry
Division 05 Metals
Division 06 Wood，Plastics，and Composites
Division 07 Thermal and Moisture Protection
Division 08 Openings
Division 09 Finishes
Division 10 Specialties
Division 11 Equipment
Division 12 Furnishings
Division 13 Special Construction
Division 14 Conveying Equipment
FACILITY SERVICES SUBGROUP
Division 20 Reserved
Division 21 Fire Suppression
Division 22 Plumbing
Division 23 Heating，Ventilating，and Air Conditioning
Division 24 Reserved
Division 25 Integrated Automation
Division 26 Electrical
Division 27 Communications
Division 28 Electronic Safety and Security

CSI的分类和编码只是一个对主要工程和专业划分和编码的系统，详细或细节的可以根据需要在CSI分类编码的基础上扩展。例如美国著名的工程造价顾问公司和出版商R.S.Means 公司的编码和CSI的编码关系CSI采用5位数字编码，Means则在此基础上采用10位数字分类和编码，Means的建造成本指标分类和编码是CSI的扩展。

CSI的这种分类和编码是按照建筑工程专业和工种考虑的，它既符合建筑设计和供货的专业分工，也符合工程施工的专业和工种划分。采用这种系统分类和编码，相对于采用 Uniformat 的系统估算法或形成估算法，在投标报价阶段容易确定工程价格，在施工阶段，则方便跟踪价格。

承包商的组织结构一般是由总承包商、分包商、再分包或各工种人员等多层次组成。分包商和各工种人员是按照专业形成的组织。当总承包商接获业主的招标书时，除可自己完成的承包项目需要详细估价外，其他价格都是通过对分包商和各工种人员再招标获得的，即通过竞争形成的。工程项目的分类和分包商及各专业工程相互对应。这样，某一层次项目划分的依据就是分包商或工种的承包范围和报价范围，这些分包商或工种人员对他们熟悉和专长的项目，报价会快速且准确。

5. 技术规格书的编写

在上海国际旅游度假区主题乐园工程项目中，技术规格书采用Masterformat的格式。在该项目的技术规格书中，首先在一个工程被细分为各个子项以后，每个子项还需要认真编写，一般来说每个子项都被分为3个部分来编写：第一部分，总则。总则包括的内容是这项工作进行的基础，以及工作的范围。例如，定义、参考资料、工作范围、提交资料、质量保证等。第二部分，产品。这个部分目的主要是描述本子项所用材料、设备和如有必要还应包括对生产商加工的要求等。第三部分，施工。这个部分用于描述工艺、安装和程序等等。

以该主题乐园项目的技术规格书中的混凝土模板工程及配件为例，第一部分，综述。包括了分项内容、参考标准、提交成果、实体小样、交付存储等。第二部分，产品。包括了模板综述、木质模板、砖砌模板、预制模板、模板配件等。第三部分，施工。包括了检查、模板制作、预埋件与预留孔洞、模板清洁、模板允许偏差、现场质量控制要求、拆模、模板再利用等。

该项目业主公司保持一贯的高规格建设标准，对于施工工艺和使用材料有着近乎苛刻的要求，大多数的原有技术标准和材料设备都参照了美国的技术规范。但在中国也面临着必须满足国内规范要求和政府主管部门各项规定的问题。在编制技术规格书的过程中，如何完成一份既能达到业主的建设标准，又能满足规范要求的技术规格书，这成为技术规格书服务团队亟须解决的主要问题。技术规格书的编写工作也超越了原有的服务内容，扩展为如下几方面的工作：标准和证书研究，材料目录研究，编制技术规格书，供应商调查，工艺研究。

由于技术规格书是应用性很强的文件，因此在编写技术说明的时候，措辞组句都要注意做到3C（Clear，Correctand，Concise），即清晰、准确和简练。要利用最简短的文字做到完整的描述，避免采用重复以及容易引起歧义的句子，技术规格书中的引用也尽量交叉引用记述说明本身的子项，而不要引用图纸，各段内容最好都有短标题，并编号。所有这一切都是为了方便应用对象的阅读和参考。

6. 技术规格书的优势

6.1 管理方便

技术规格书清晰的格式可以使甲方或总包对所有的工作一目了然，便于其控制工程质量和进度。

6.2 责任明确

技术规格书将工作划分成许多个有联系但相对独立的小子项，每个分包商都对自己的工作范围以及责任相当明确，避免了施工做出不必要的麻烦。

6.3 精确传达设计意图

图纸并不能百分百传达设计师的设计意图和想法，即使图纸有表示，但在施工过程中，还会存在着对图纸意图的误解和疏漏，从而影响工程的效果和质量。技术说明由于其文字的精确性，就可以使设计师的设计思想尽可能地在施工中实现，从而提升了工程的总体品质。

6.4 方便投资和成本

技术规格书对每个施工中所用的材料都有精确的描述，可以方便预决算部门和进货部门及时计算和进货，以免影响工程进度和质量。投资和管理领域更偏向于Uinformat，建筑设计和造价领域更偏向于Masterformat。

6.5 修改方便

由于技术规格书的编号采用5位编号，并相对独立，即便在临时对其中的某些子项进行添加、删除或者修改也不会影响整个技术规格书体系编号和造成使用上的困难。

7. 结语

随着国内建筑行业发展，中外建筑行业的交流也必将越来越频繁，和国际化接轨是大势所趋。技术规格书这一形式也将会为越来越多的国内设计师所熟悉并应用于工程管理之中，希望笔者的介绍能够给涉及这一领域的设计师提供一定的参考和启发，使他们通过本文能更多地掌握并运用好技术规格书。

此外，作者依据国内建筑工程竣工验收标准，提出了十大分部编码并依此延伸至分项工程及其材料、设备、部品、部件编码，供国内建筑工程总包企业、信息化部门及相关信息化企业参考。

建筑产品技术标准规格编码目录

分部00-通用要求

00 00 总则

00 01 一般要求

分部01-地基与基础

01 01 地基

01 02 基础

01 03 基坑支护

01 04 地下水控制

01 05 土方

01 06 边坡

01 07 地下防水

分部02-主体结构

02 01 混凝土结构

02 02 砌体结构

02 03 钢结构

02 04 钢管混凝土结构

02 05 型钢混凝土结构

02 06 铝合金结构

02 07 木结构

分部03-建筑装饰装修

03 01 建筑地面

03 02 抹灰

03 03 外墙防水

03 04 门窗

03 05 吊顶

03 06 轻质隔墙

03 07 饰面板

03 08 饰面砖

03 09 幕墙

03 10 涂饰

03 11 裱糊与软包

03 12 细部

分部04-屋面

04 01 基层与保护

04 02 保温与隔热

04 03 防水与密封

04 04 瓦面与板面

04 05 细部构造

分部05-建筑给水排水及供暖

05 01 室内给水系统

05 02 室内排水系统

05 03 室内热水系统

05 04 卫生器具

05 05 室内供暖系统

05 06 室外给水管网

05 07 室外排水管网

05 08 室外供热管网

05 09 建筑饮用水供应系统

05 10 建筑中水系统及雨水利用系统

05 11 游泳池及公共浴池水系统

05 12 水景喷泉系统

05 13 热源及辅助设备

05 14 监测与控制仪表分部

分部06-通风与空调

06 01 送风系统

06 02 排风系统

06 03 防排烟系统

06 04 除尘系统

06 05 舒适性空调系统

06 06 恒温恒湿空调系统

06 07 净化空调系统
06 08 地下人防通风系统
06 09 真空吸尘系统
06 10 冷凝水系统
06 11 空调（冷、热）水系统
06 12 冷却水系统
06 13 土壤源热泵换热系统
06 14 水源热泵换热系统
06 15 蓄能系统
分部07-建筑电气
07 01 室外电气
07 02 变配电室
07 03 供电干线
07 04 电气动力
07 05 电气照明
07 06 备用和不间断电源
07 07 防雷及接地
分部08-智能建筑
08 01 智能化集成系统
08 02 信息接入系统
08 03 用户电话交换系统
08 04 信息网络系统
08 05 综合布线系统
08 06 移动通信室内信号覆盖系统
08 07 卫星通信系统
08 08 有线电视及卫星电视接收系统
08 09 公共广播系统
08 10 会议系统
08 11 信息导引及发布系统
08 12 时钟系统
08 13 信息化应用系统
08 14 建筑设备监控系统
08 15 火灾自动报警系统
08 16 安全技术防范系统
08 17 应急响应系统
08 18 机房
08 19 防雷与接地
分部09-室外工程
09 01 道路
09 02 边坡
09 03 附属建筑
09 04 室外环境
分部10-电梯
10 01 电力驱动的曳引式或强制式电梯
10 02 液态电梯
10 03 自动扶梯、自动人行道

第5章

建筑工程EPC项目采购管理实践

▶▶ 导读

在建筑工程EPC项目管理中，设计环节无疑扮演着核心角色，它不仅贯穿整个项目的始终，还对产品形成过程的全面管理——包括采购、施工和运维——产生重要影响。然而，面对当前国内设计行业的现状，我们发现它还远未能满足这些要求。同时，施工企业由于长期按图施工，缺乏设计能力包括深化设计能力，这无疑增加了EPC项目管理的难度。

在这种背景下，我们应该如何定义设计管理中的优化设计、深化设计以及EPC项目的交付标准？EPC总承包商又应如何组织项目设计管理，以及如何确保管理过程中供应链的绩效得到有效体现？为了回答这些问题，我们要从分析产品定义中存在的问题入手，逐步探索解决方案。

在图5-1所描绘的建筑产品定义流程中。我们注意到，当现有的施工图交付施工时，实际上只完成了整个定义的一部分。许多对建筑产品功能和品质至关重要的专业工程、与产品造价紧密相关的影响因素并没有得到清晰的阐述。造成这种现象的根本原因有两个方面：

（1）图

施工图、深化设计图、加工图

（2）则

技术规格书（建造细则）

（3）样式（设计师决策）

样品、样板、色卡——作为图、则的补充

（4）设计师满意（书面无法表达的标准）

品质
价格
定义

图5-1　建筑产品定义

一方面，在项目的可行性研究和论证阶段，专业深度的不足导致了方案设计和初步设计阶段缺乏坚实的基础，使得产品的功能、品质和造价并不清晰。

另一方面，尽管《建筑工程设计文件编制深度规定》作为国家行业标准确立了设计管理的深度规范，但在EPC项目管理的实际应用中，这些标准无法匹配项目的具体需求。

由此可见，建筑产品定义在设计阶段遇到的问题并非个别案例，而是一个普遍存在的行业性问题。这不仅是EPC项目管理过程中必须直面的挑战，更是我们积极寻求解决方案的关键议题。

《建筑工程设计文件编制深度规定》只对二次设计和专项设计提出了较为粗略的要求，将这些设计任务的细化和完善工作留待施工阶段完成。这种做法虽然在一定程度上简化了设计阶段的工作，但也导致设计文件无法满足定功能、定品质、定价格的基本要求。在专项设计管理方面，设计院通常只负责界面协调、安全性等方面的交底和审核工作，其他单项设计任务则由发包人来负责。

这些单项设计一般包括：

（1）边坡支护；

（2）幕墙；

（3）电梯；

（4）弱电；

（5）消防；

（6）钢构件、混凝土构件；

（7）室内精装；

（8）小市政；

（9）园林；

（10）厨房等。

建筑工程EPC项目设计面临的另一个重要现实问题是，单凭现有设计院的设计力量已无法满足EPC项目的设计需求。其根源在于，在过去三十年间，设计院在施工图设计上未能充分实现产品设计的定义。设计师们往往缺乏工地现场作业的实践经验，与供应商的接触也十分有限。长期以来，他们的工作从未涵盖产品造价、运维功能，更遑论对供应商的管理及对市场价格的了解。因此，传统设计院的设计人员在面对需要综合考虑采购、施工工艺、运维需求，并符合业主造价控制要求的产品设计时，会显得力不从心。同时，传统施工企业也面临着方案、初步设计、施工图设计和管理能力的不足，以及建筑工程施工节点、工艺、加工图设计等传统应由总承包企业完成的工作，现在也无法完成的现状。

针对工程总承包项目的实际问题，我们在2020年出版的《建筑工程深化设计管理理论与实践》一书提供了相应的解决方案。该书系统探讨了在项目开工后，如何从现有的施工图着手，进一步细化产品定义，与采购流程紧密结合，完成深化的制作，以确保施工的顺利进行。工作内容及顺序如下：

阶段1：施工图的补全优化

1. 设计确认

   1.1 施工图纸及性能参数检查

   1.2 施工图纸设计交底

   1.3 建设方、设计需求二次确认

2. 深化设计计划

   2.1 深化设计内容

   2.2 深化设计时间安排

   2.3 深化设计组织管理

3. 深化设计实施

   3.1 土建分部深化设计

3.2　机电分部深化设计

3.3　内装分部深化设计

3.4　分部内协同设计

3.5　跨分部协同设计

3.6　造价二次分配与控制

4．评审和成果文件

4.1　成果内部评审和会签

4.2　对外汇报和确认

4.3　深化设计成果输出

阶段2：招标采购

1．确定合格供应商清单

2．图纸及技术标准（specs）

3．工程量清单编制

4．合格供应商考察

5．商务谈判、招标评标定标

阶段3：深化设计成果落实——加工图设计及施工的衔接

1．综合放线

1.1　综合放线，现场施工

2．现场尺寸复核与设计调整

2.1　现场尺寸实测实量

2.2　设计图纸调整

3．加工图制作

3.1　加工图制作及审核

在EPC项目招标过程中，根据现行规定，政府财政投资项目通常会在初步设计和概算明确后进行发包。对于其他类型的投资项目，根据工程特点和发包人的具体要求，或在完成可行性研究、获得投资估算和概念方案后启动招标程序。不论是哪种情况，承包商都承担着在设计阶段进一步细化产品功能和运维需求的责任。根据合同中明确约定的用户需求，承包商要在设计过程中明确产品的交付标准，并且得到业主咨询顾问的审核批准。此外，承包商还需要在设计阶段对工程成本进行严格控制，以确保项目在经济效益和成本方面达到最优。

建筑工程EPC项目，作为传统的工程发承包模式，虽然在建设管理领域有着深厚的基础，但其项目管理的复杂性依然不容小觑。当前，设计管理和采购管理的诸多问题尤为突出，特别是在产品设计定义上，我们正面临着前所未有的挑战。这些问题的根源都在于设计企业的工程技术人员长期以来与供应商隔离、与采购运维环节脱节。这种松散的供应商管理方式导致了建筑产品与供应商技术的割裂。这些问题导致传统设计企业在设计阶段难以完成产品定义和价格估算，进而影响到采购、施工、运维等后续环节，引发工期延误、成本超支、质量和服务水平不可控等一系列问题。

本章从产品定义出发，深入探讨如何选择并管理咨询顾问单位，以及如何通过供应商集成管理，促使战略供应商在设计阶段和招标之前完成专业、设备、材料的产品定义；通过与供应商签订总价合同，为施工过程成本控制结算提供便利条件，实现设计、采购、施工的一体化，进而全面提升项目管理的绩效。

5.1 建筑工程EPC项目设计管理

通过对设计全过程各阶段的规范要求与现状进行对比，我们可以清晰地识别出各阶段应达成的标准，以及当前重点要解决的问题，为进一步制定各阶段的设计管理任务书提供依据。

在设计管理的组织架构上，首先要组建一个由各专业技术人员和造价工程师组成的专业团队，他们将负责组织各阶段各专业的性价比设计管理工作。同时，战略供应商的参与也是不可缺少的一环。他们会提供专业技术及市场价格咨询支持，按照总承包设计任务书优化和完善各阶段各专业的设计并出具相应价格。专业设计及审图等工作可以由专业咨询顾问公司作为技术分包来完成。通常情况下，每一个专业或专项的设计管理工作由总承包方和专业顾问公司共同完成，涵盖交底、审查、过程监管、事后评审和验收等环节。而具体的深化图纸作业，则由2～3家战略供应商的专业技术人员来执行，确保设计工作的深化和完善。

总承包商凭借其技术全面、专业齐全的团队，确定产品性价比的标准，并与用户进行深入沟通。在整个项目的组织和审核过程中，总承包商卓越的组织能力是完成产品定义的关键。经过近几年的实践探索，主流EPC承包商逐渐达成共识，施工企业在EPC项目管理中需整合社会资源，逐步培育自身的设计管理能力，这与我国专业房地产公司在过去二十年高速发展中所采纳的管理方法不谋而合。施工企业在提高设计管理能力的同时，还需应对不断变化的业主需求和多样化的工程产品线，这要求其具备更高的灵活性和应对更复杂需求的能力。在传统的施工模式下，施工企业依据图纸施工，业主承担费用，合同索赔和结算都有既定规则。但在EPC模式下，施工企业需要自行绘制图纸，出现超支会直接影响其成本，而节省的资金则直接转化为利润。因此，优化和深化设计管理中的设计任务变得尤为关键，这激发了各大承包商的参与热情。

那么，EPC项目的设计管理应如何有效展开呢？以技术要求极为复杂的民用建筑和医疗建筑为例，深入探讨设计管理的策略和方法。

在深入调研国内医疗建筑领域的主流设计单位后，我们发现这些设计院不仅积累了丰富的实践经验，还积极吸收了国际上医疗项目建筑与运营管理的先进经验。然而，在当前国内项目建设的大环境下，他们在某些环节上仍存在不足。EPC项目承包商要深入了解这些设计单位的优势与不足，以确保产品性价比，并顺利实现项目管理目标。

从项目的现有医疗建筑设计来看，主要存在两大问题。第一，设计师主导的设计过程虽然规范，但受限于时间和沟通等障碍，与医院使用科室的深入交流不足，导致设计与医院的运营习惯和特色存在偏差。这些问题若未能在设计阶段得到妥善解决，将导致二次结构施工完成后的拆改，以及相关联的上下水、通风、电气的一系列修改。第二，设计过程中，对设备、设施与未来规划的兼容性论证不足，可能导致项目中途需要重新论证和修改。

在EPC工程总承包项目的招标阶段，业主在招标文件中提出的要求反映了用户的核心需求。鉴于建筑工程的特点，交付标准需要在建设过程中逐步报审并获得批准，作为最终验收的依据。因此，业主应建立审图顾问团队，以确保交付标准的准确性和合理性。总承包商同样要组建一支由项目管理团队、专业咨询、审图顾问以及各专业供应商的深化设计团队组成的专业团队（图5-2），负责制定和执行交付标准、交底、内审和报审流程。这一流程应与业主和顾问团队紧密协商，确保建设过程的高效。

在建筑工程EPC项目中，设计管理对产品性价比负责是一项贯穿始终的任务。图5-2的标注明确指出了在不同设计阶段应高质量完成的工作内容，这也是确保项目成功的关键。第一阶段，设计管理要弥补EPC工程总承包中标前已完成工作成果的不足，围绕对产品负责的理念，强化设计阶段的质量。第二阶段，设计管理要致力于组织和整合资源，完成那些尚未充分定义或深度不足的专项工作，为专业供应商招标创造条件。第三阶段，在专业供应商中标后，通过对现场测量和施工图的深入分析，要按合同要求，完成加工工艺图、提供符合要求的样品和样板。在总承包设计部门的严格审批和监督下，确保各方实施验收的顺利进行。以下从设计与采购深度融合的视角论述。

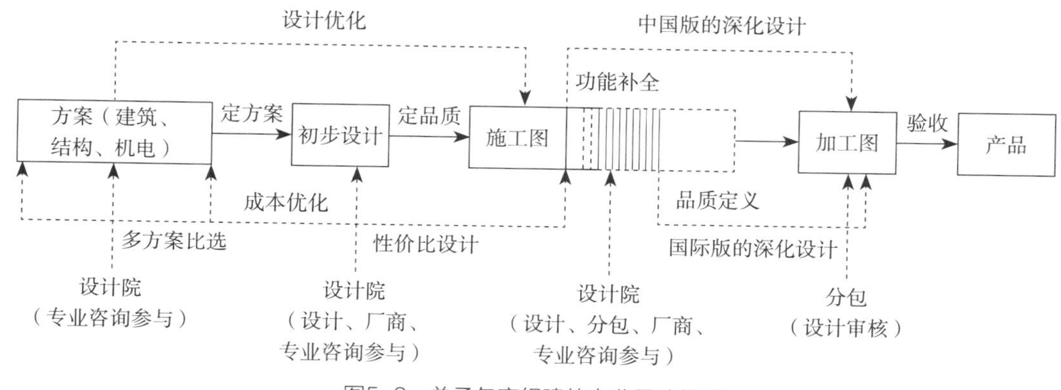

图5-2　总承包商组建的专业团队构成

第一阶段通常会对以下专业工作进行专项优化：

建筑工程、结构工程、二次结构、钢结构、预应力、电气、通风空调、给水排水、竖向及外立面幕墙、智能化、室内装修、供电方案。

这些专业工作通常由设计院自行完成。然而，由于激励机制和工期限制，有些专业、专项仍存在优化空间。这些优化机会随着工程进展迅速出现，却也转瞬即逝。因为伴随工程推进的是一系列不可逆转的审查审批流程。因此，EPC总包中标之初，迅速结合图纸和自身实力，制定优化计划，并与业主及原设计方进行有效沟通就显得尤为关键。在技术密集型领域，如钢结构，EPC总承包方的沟通负责人需要具备与设计院顶尖专家对话的能力，并在某些方面展现出超群的专业水平。

以国内某大型高铁站的EPC总承包项目为例，该项目由国内一家大型央企承担。起初，与结构设计实力著称的知名设计院沟通优化事宜时，被礼貌地拒绝了。但当上海某咨询单位的负责人出面时，凭借其卓越的学术背景、丰富的专业经验、辉煌的过往业绩、精湛的结构算法能力、熟练的软件应用，以及背后强大的院士团队支持，迅速与设计院负责人建立了联系。设计院也因此放心地将设计成果交由总承包方优化，并共同确定了合作的流程与方式。

EPC工程总承包的咨询设计顾问，能够凭借其在优化工作方面的丰富经验，对设计院可能忽略的细节有着敏锐的洞察力。他们通过对关键节点的精确计算，有效节约了材料的使用。同时，将分段、节点与生产厂家的制作、运输、安装和钢材市场价格紧密结合，为后续的招标加工、运输现场安装工作创造了有利条件。此外，先进的软件模型能够自动输出下料单和工程量清单，极大提升了总包单位技术和商务人员的工作效率，并为成本控制提供了坚实的技术支撑。这些工作和提供的服务，是设计院结构工程师通常不会涉足的领域，也是他们无法提供的增值服务。

【实践者】

上海陆海空大厦

该工程有两个塔楼，分别为29层（129.8米高）和21层（96.6米高）；当中一个6层的裙房，檐口高度为34.0米，地下两层，总建筑面积9.39万平方米，原有的设计从标准层的平面图（图5-3）可见：

第一，电梯厅两端的门口各有一根大柱子。

第二，电梯厅的门很小。

对此，业主很不满意，向原设计单位多次提出要求，但原设计单位均以"规范要求"为由未作修改。设计师的根据是上海市《钢筋混凝土高层建筑筒体结构设计规程》DGJ 08-31-2001 3.2.4条的规定："筒体和外筒或外框架的中距大于10米时，宜采用预应力楼盖或增设内柱。"业主要江院士帮他解决这两大难题，进行优化设计。

1. 优化内容

（1）对柱子的优化

一幢大楼共有22根柱子，业主要求拔掉2根，已经拔掉了8根。里圈的6根柱子全部拔除，外圈也拔掉2根。业主要求电梯间口子开大，我们几乎把凸出部分都去掉了。柱子从原来的1.5米×1.5米改为1.2米×1.2米，内置直径600毫米×20毫米钢管，成为叠合柱。

（2）减薄核心筒内墙

电梯厅里面的墙原来是500毫米厚，现在变成250毫米厚，把电梯间的净宽加大了500毫米。

（3）楼板结构改为密肋结构

拔掉柱子，楼板跨度加大了，一般说来，楼板混凝土会多用些，但江院士的优化设计，使混凝土折算厚度反而减少了。主要是因为原来的楼板结构不太合理，设计本身也比较保守。现在设计的是单向密肋的楼板，12米跨度，250毫米宽、500毫米高的梁间距为1600毫米，设计板厚由120毫米改为100毫米。这样一来，楼板折算厚度减少了2厘米，房间净高还加大了5厘米。

（4）减少补桩数量

原来的设计要补桩333根，江欢成院士团队减掉了207根。事情是这样的，该工程是一座烂尾楼，原设计为三角形，已经打了桩，后来下马了。新上马的建筑平面改为矩形，因而，形成一边打了很多桩、另一边没有桩的局面。为了实现两边的平衡，两边桩的密度最好相当，因而补打了很多桩。从定性上说是对的，因为怕房子倾侧，但是江院士做了一个分析，沉降差最多才两三厘米，便建议把已经打好的多余的桩作砍头处理，省去了仅为平衡所需的207根桩。

（5）取消主楼和裙房之间的沉降缝

东、西主楼和裙房在高度及荷载方面相差很大。原设计在裙房7.5米柱距内加插一排内柱，并设置沉降缝，以避免不均匀沉降对结构的不利影响。从地下室到6层裙房，每层楼面增加的内柱共计12根，截面为500毫米×500毫米。这种做法是符合规范的，但这样一来，带来较多问题：①使用上受到一定限制，空间效果较差。②设缝处的构造较复杂。③更重要的是，主楼与裙房被沉降缝完全断开，裙房成为纯框架结构的独立单元。经核算，在多遇地震作用下，裙房的层间位移约1/430，不符合《建筑抗震设计规范》GB50011-2001的要求，周期长达2.01秒。

建立在对沉降量值的调查和分析的基础上，优化设计取消了主楼和裙房之间的沉降缝。该工程采用较密的桩基，桩尖落在上海较好的持力层⑦1.⑦2上，其下的主要压缩层（黏土层）缺失。经分析、计算，主楼的沉降量约为55毫米，裙房的沉降量约为33毫米。在35米范围内，沉降差仅约22毫米。该沉降量和附近信息枢纽大楼的实测资料吻合较好。通过对桩、底板和地下室墙、柱共同作用进行计算，确定底板内力、配筋和变形均在合理范围内。与此同时，江院士团队采用后浇带措施，以减小前期沉降差对结构的影响。

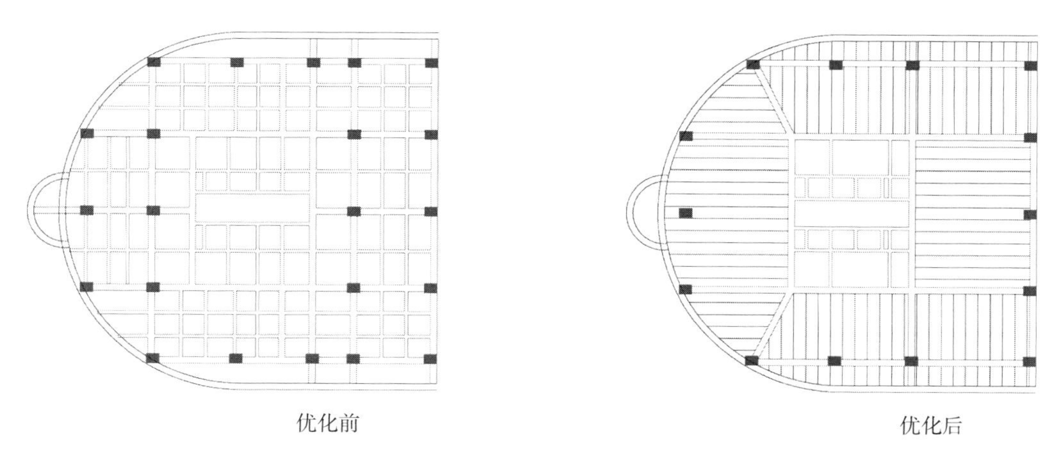

图5-3　标准层结构平面对比

2. 优化成果

因结构节省而增加的使用面积共1300平方米，还省下了混凝土8400立方米。

按钢筋混凝土1000元/立方米、使用面积2万元/平方米、桩2万元/根计算，可获得经济效益3800多万元。做好了这个项目之后，业主对江院士团队非常信任，另一个工程便直接委托江院士团队。该工程叫碧玉蓝天大厦，在上海陆家嘴，是220米高的办公大楼。

3. 结语

通过该工程的设计，可以体会到以下几点：

（1）结构的优化设计有很大的发展空间。本次优化不仅在经济效益上取得了显著成果，更是极大地改善了空间效果、增加了使用面积。

（2）建筑工程的优化设计需要从全局出发，进行综合考量。单一专业角度的局部优化，如加密柱子、减小梁的跨度或设置沉降缝等，虽能获得专业内的经济效益，但若过分强调，可能会损害整体利益。

（3）概念设计与定量分析并重。在本次优化设计中，江院士团队基于定性与定量分析相结合的方法，取消了不必要的桩基和沉降缝，这一决策充分体现了在保障结构安全的同时追求经济效益的设计思路。

（4）结构设计优化是在确保安全的前提下提升经济效益。该工程的优化设计方案不但没有降低结构的安全度，还增强了结构的延性，进而提高了可靠性和安全性。

EPC项目进入第二阶段，面临的挑战在于对传统设计院有关专项设计中的未尽事宜进行优化和深化。在此过程中，EPC总承包方需充分利用技术力量、商务专长、专业咨询顾问以及供应商资源，确保各专项设计完善至可满足产品定义的完备度，为后续的设备、材料采购和专业分包招标打下坚实基础。

鉴于项目在前期立项、可研、初设阶段的工作质量可能存在差异，对各专项工程的功能、运维、品质和造价等方面进行全面梳理至关重要。这一全面梳理不仅保障了优化和深化工作的高效性，也避免了未来的返工和浪费。

在满足用户对产品的各项标准要求的同时降低成本，提升工程性价比。同时，业主及用户的全程参与，加深了对项目的理解，同时增强了对EPC总承包方工作的认同和支持，从而提高了对总承包商工作的整体满意度。

以医院工程为例，主要有如下专项：

1. 基坑支护；

2. 地基处理；

3. 市政接驳工程；

4. 外电设计；

5. 污水处理；

6. 数据机房；

7．厨房设计；

8．燃气；

9．电力外网；

10．声学隔声降噪；

11．减震隔震；

12．机电抗震支架；

13．机械车库；

14．柴油发电机；

15．海绵城市；

16．泛光照明；

17．幕墙及照明；

18．红线内市政综合；

19．景观；

20．室内设计色彩；

21．标识导视；

22．照明；

23．声学；

24．钥匙；

25．二次结构变形缝节点；

26．门窗节点；

27．电气；

28．通风空调；

29．给水排水；

30．太阳能热水及发电；

31．屋面深化；

32．竖立面节点；

33．消防；

34．弱电；

35．电梯；

36．热水、饮水供应；

37．配电室；

38．停车系统；

39．无障碍设计。

涉及医疗专项的有：

1．医疗净化；

2．医用气体；

3．防护设计；

4．生化实验室；

5．高压氧舱；

6．中央纯水；

7．物流传输；

8．智能污染物收集；

9．洗衣房；

10．医院信息化；

11．制剂中心；

12．药房；

13．污水处理；

14．辐射防护工程；

15．磁屏蔽工程；

16．医院空气净化；

17．医院停机坪；

18．内镜中心；

19．中心实验室；

20．消毒供应中心；

21．医院照明。

除了以上专项外，还有不同功能的房间深化设计。这在行业内被称作四级流程。每个房间根据其特定的使用功能——如面诊、护理、治疗或办公等——对内部布局和配套设施有着截然不同的需求。从医生的诊疗室到患者的休息区，再到各种检查和治疗设备的空间配置，每个房间的流线规划、家具摆放、设备位置均需精心设计。这些差异化的需求进一步影响到水电气供应、通风系统、洁净环境、空调调节、自然采光、色彩搭配以及建筑节点等关键设计要素。每个房间对于门窗的布置、进水和排水的接入、电源的分配、信号的覆盖等也有其特定的要求和标准。初步统计显示，在医疗建筑项目中，不同功能的房间种类高达142种，如表5-1所示。

医疗类功能房间名称 表5-1

1	标准诊室	37	会议、示教室
2	耳鼻喉科诊室	38	污物间
3	妇科诊室	39	医护值班室
4	特需诊室	40	医生办公室
5	分诊候诊单元	41	主任办公室
6	收费挂号单元	42	心肺复苏室
7	平车、轮椅停放区	43	取精室
8	注射室	44	骨髓穿刺室
9	联合会诊室	45	采血室
10	治疗准备室	46	自采血室
11	雾化治疗室	47	新生儿处置室
12	标准诊室（预约式）	48	眼科治疗室
13	急诊诊室（双入口）	49	盆底治疗室
14	体检诊室	50	日间化疗室
15	输液室	51	ICU 单间
16	急诊抢救室	52	监护岛型 ICU 单间
17	清创室	53	产科分娩室
18	儿科诊室（小儿/儿保）	54	C-LDR 产房
19	单人病房（卫生间外置）	55	水中分娩室
20	VIP 病房	56	标准手术室
21	有独立会客厅的VIP病房	57	骨科手术室
22	卫生间嵌套式病房	58	眼科激光手术室
23	卫生间外挂式病房	59	生殖取卵室
24	四人病房	60	碎石室
25	儿童单人病房	61	运动平板室
26	LDR一体化产房	62	乳腺钼靶室
27	感染科病房	63	透析病床单元
28	NICU（新生儿监护病房）	64	运动平板试验室（心内科）
29	产科病房（单人）	65	CT检查室
30	核素病房（双人）	66	PCR实验室
31	感染病房（双人）	67	肺功能检查室
32	病房护士站	68	中药熏蒸室
33	病房配剂室	69	小型临床化验室
34	病房配餐间	70	术后恢复室
35	病区库房	71	心电检查室
36	医护更衣卫浴间	72	胃肠动力检测室

续表

73	睡眠监测室	108	临检室
74	动脉硬化检查室	109	荧光免疫室
75	亚健康检查室	110	酶标仪室
76	过敏原检测治疗室	111	真菌实验室
77	热成像检查室	112	寄生虫实验室
78	红外乳透室	113	流式细胞室
79	尿动力检查室	114	IVF培养室
80	肠镜检查室	115	病理取材室
81	超声内镜检查室	116	脱水包埋室
82	视野检查室	117	冰冻切片室
83	眼底照相室	118	病理诊断室
84	角膜地形图室	119	解剖间
85	儿童视力筛查室	120	中草药配剂室
86	胃镜检查室	121	消毒供应中心分类清洗消毒室
87	支气管镜检查室	122	消毒供应中心打包灭菌室
88	喉镜室	123	消毒供应中心无菌存放间
89	经颅多普勒检查室	124	消毒配奶间
90	超声检查室	125	医护值班室
91	眼科 AB 超检查室	126	远程会诊室
92	空气加压氧舱	127	模拟教学室（急救）
93	光疗室	128	无性别卫生间
94	蜡疗室	129	医疗废物处理间
95	肌电图检查室	130	保洁室
96	中药煎药室	131	医疗垃圾暂存间
97	MRI 室	132	分层收费挂号室
98	脑磁图室	133	出入院手续室
99	血管造影 DSA 室	134	住院药房
100	直线加速器室（15M）	135	体液标本接收室
101	X线模拟定位室	136	视频探视室
102	PET-CT室	137	病房库房
103	骨密度检查室	138	病案库
104	口腔科诊室	139	试剂存储室
105	倾斜试验室	140	停尸间
106	口腔清洗消毒室	141	胚胎冷冻室
107	亚低温治疗病房	142	告别室

本阶段是EPC工程总承包设计管理的关键阶段，也是展现战略供应商集成管理优势、参与专业设计优化和深化，提升项目绩效的绝佳时机。在此过程中，每个专业领域通常由总承包方精心组织2～3家专业供应商参与。各供应商需根据总承包合同的具体要求，并结合各自的工艺特点，提出创新的优化、深化及降本建议，这些建议将作为评审的基础。评审之后，选择一家供应商在现有基础上继续深化设计，同时另选一家供应商负责审图后上报审批，以此作为后续招标的技术标准与要求。在招标环节，原则上将有2～3家供应商参与报价，经过综合评估后，最终确定1～2家中标。对于未中标的单位，将有机会参与总承包企业的下一个项目。在未来的招标中，总承包企业将根据供应商在深化、优化服务到报价等各个环节的表现，适当考虑中标份额和频率，但前提是供应商必须严格遵守总承包企业制定的信息交流规则。

【实践者】

某医院项目边坡支护优化、深化工作选择了长期与总承包商合作的三家单位参与。这三家单位不仅与总承包有十多年的合同记录，更是在项目所在地地质界有深厚的技术功底，有众多复杂项目的施工经验。因此，总包将合约条件、地质报告、周边条件、将来施工平面布置交通要求、地下管沟、周边条件等资料充分交底，所遇到的难点是基坑南侧有地铁线路及其通风、风井设施，北侧有临边建筑物，西侧有燃气管线和废弃的人防构筑物，如何尽可能不受这些不利条件的干扰，使项目安全、工期、造价可控，为施工方便创造条件，是集大家之智慧要解决的问题。此外，还要通过支护设计提供最经济、施工工期最短的方案。三天之后，各家反馈各自设计方案，包括清单工程量及报价；总包项目技术商务团队利用一天时间背靠背听取各家方案优势，评估方案性价比，并分别听取各家对全部解决方案优劣评价。这个过程实际上是验证总包对各家方案的评价判断，因为毕竟总包技术商务人员在某一专业领域肯定不如专业供应商功力深厚，最后综合各家意见，选择其中一家单位继续深化出施工图、工程量及其报价；这些成果由另一家评审、审图后报监理、设计院审核批准。最终的设计方案开挖线在地铁线26米以外，若按当地规定要对地铁运行安全进行评估、专家论证，这个周期至少三个月，解决方案是将开挖线避开地铁线，肥槽空间不够，在结构施工时另采取措施，改进结构施工及回填施工工艺，达到不碰地铁规范的红线。为了解决靠近北边建筑物打桩机没有作业面无法施工的问题，解决方式为将钢筋混凝土灌注桩改为钢管花桩注浆加锚杆，同样能满足边坡安全要求。在施工作业面小的情况下，用洛阳铲成孔施工，然后下钢管花桩，再注浆土方挖至临边建筑物地基基础标高时，用斜拉锚杆加固；基坑边上的燃气管线，按照燃气管线规范进行临时加固保护，对位移充分计算并在施工过程监测，保证边坡位移在允许范围内。至于人防通道，主要风险是冬雨季，当基坑周边有雨水时，周边地下、地表水会渗透到边坡，影响边坡安全；需要对废弃地下人防进行拆除，并对该区域进行加固，将可能的人防洞口水引流到排水系统，确保不对边坡安全造成影响。除此之外是常规的边坡支护考量。上述方案达成共识并优化、深化成施工图后，总包根据几轮方案比选和背靠背论证已基本上弄清大致市场价格，在此基础上，也有了清晰的工程量清单。经核算控制价在成本之上8%～10%的范围，再经全部深化图纸和边界内容说明作为技术标准和要求。结合商务条件，由五家（包括之前三家）报价清标谈判，确定由一家中标。这里值得注意的是，在同等条件下，可能是继续深化、优化的供应商中标，因为这一家对各方面情况最清楚。但也有例外，当整个深化过程发现这一家在履约、实力、状态、现状有欠缺或报价有问题，要果断采用其他供应商，这样的惯例一方面让其他单位报价有积极性，另一方面让参与深化及审图的单位也都有积极性。一旦总承包企业形成了这样的习惯，大家配合就会比较纯粹地按总包要求去配合，不中标的下次还有机会，因为每年会保证只要条件合适各家都会有一定的合同额；另一方面，中标的单位也是竞争取胜的结果，会引导供应商在努力按总承包的管理规则继续增强自身的优势，保持良好的履约记录，珍惜荣誉，为长期合作打基础。这样鼓励专业供应商将自身能力建设集中在技术、成本、服务等方面，不断提升自身的竞争力。

工程总承包企业不断积累各产品线的设计管理经验，很重要的方式是将各供应商的最新经验不断吸收、总结，并在企业内部传播、运用、提升。以下是某企业在过去十多年对医疗项目各专业深化设计管理要点的总结。这些要点集合了国家规范设计院经常忽略的Know-How，运维需求、施工工艺、材料、设备造型、节点构造、用户体验研究等成果。这些积累加上对众多复杂专业供应商的集成管理，就是一个企业在某类工程上积累的管理优势。项目在专项设计之前，这些经验结合设计院设计要求，工程使用需求、习惯，制定设计管理要点。在一个项目设计管理过程中，吸收专业分包技术、研发、管理、采购等方面的最优成果，服务于项目深化设计的性价比，并在建设及运维过程中检验总结，形成新的企业专业工程深化设计管理标准。这些实践Know-How不断积累、总结，运用于设计、采购、施工环节，持续的PDCA循环，使产品功能、用户体验不断完善，企业竞争力不断提高。

该总包单位通过十多年积累，不断总结，及时更新医疗项目的相关专业功能及产品需求并用于设计管理，以提高设计管理能力，其中大量内容是与专业分包供应商长期合作过程中总结的（表5-2～表5-15）。

医疗建筑深化设计要点-门　　表5-2

序号	种类		使用部位	构造	材料	工艺要求	验收要求
1	平开门	钢制平开门	医院办公区域、门诊医技区域、防火分区、病房住院部等区域	门体结构采用咬合工艺形式，门框设置R型槽，内嵌优质橡胶材料多气囊结构胶条；密封条采用非胶粘连接，可拆换、清洗	钢质平开门基层钢板采用优质电镀锌板，门扇钢板厚度≥0.8mm，门框钢板厚度≥1.5mm，门扇内填充物采用高强度支撑材料，与钢板黏结充分，目视门板平整，无凸凹形变，门扇强度直观检验在手指压力下坚挺无凹陷	门扇及门框表面在采用静电粉末喷涂工艺或聚酯烤漆工艺时，要求具有耐磨性、耐腐蚀性，漆膜易清洁；喷塑要求表面平整、光滑、无堆漆、麻点、气泡、漏涂、划痕和脱落等现象	1. 门扇、门框表面平整光滑，无明显凹凸、擦痕等缺陷，无色差，连接处无任何焊点及铆钉； 2. 门体表面平整，无包边，易于清洁； 3. 五金耐久开启次数不低于规范要求或招标技术要求（两者取高）
2		有框玻璃平开门	所有通道、外立面	第一种：中心吊闭门器+地锁+不锈钢拉手； 第二种：新款有框门免挖地面闭门器+地锁+不锈钢拉手； 第三种：传统地弹簧闭门器+执手锁+闭门器	1. 门体不锈钢材质，板厚应在1.2mm以上，且建议采用SUS304不锈钢材料； 2. 门体铝型材材质，表面必须做氧化或氟碳喷涂处理； 3. 玻璃必须采用钢化玻璃，厚度不应低于8mm	1. 不锈钢或铝型材门体表面处理要求具有耐久性，喷塑要求表面平整、光滑、无堆漆、麻点、气泡、漏涂、划痕和脱落等现象； 2. 五金需通过EN1154认证标准	1. 玻璃材质及厚度需满足相关规范或招标技术要求（两者取高）； 2. 门体能够轻松开启、自动回位，带减速与缓冲； 3. 五金件耐久开启次数不低于规范或招标技术要求（两者取高）
3		无框玻璃平开门	所有通道、外立面	玻璃夹与闭门器一体化构造	1. 室内玻璃必须采用钢化玻璃，要求厚度在10mm以上； 2. 室外玻璃门建议采用内置钢丝网安全玻璃	1. 五金底座的安装地面要平整，且安装的地板下混凝土有足够厚度，并确保强度； 2. 五金需通过EN1154认证标准	1. 玻璃材质及厚度需满足相关规范或招标技术要求（两者取高）； 2. 能够双向轻松开启、自动回位，且可以双向90度停位； 3. 带减速与缓冲

续表

序号	种类		使用部位	构造	材料	工艺要求	验收要求
4	平移门	洁净区域平移门	医院手术室、新生儿室、通道口、CT室、ICU、NICU等净化等级较高的场所	门体滑轨与墙体连接牢固（混凝土墙体用膨胀螺栓连接，其他墙体预埋预埋件），门体滑轨与预埋件通过螺栓连接	洁净区域平移门门体内部四侧必须有连接牢固的铝合金方管骨架，门体厚度不低于40mm，门板厚度不低于1mm，门体或门框四周要有密封胶条	1. 自身形成一套闭环控制系统； 2. 应具有启闭双触发的功能； 3. 应具备低压后备电源接口； 4. 必须具有防撞保护功能； 5. 需要具备自我复位功能	1. 骨架、门板等材料应满足规范或招标技术要求（两者取高）； 2. 需满足各项功能使用要求
5		防辐射平移门	医院放射科、手术室等有防辐射要求的区域	在门体、门框、门洞墙体被衬相应当量的铅板；铅板的当量要依据设备X射线放射量、设备摆放方位角度和离门远近因素、有关防护规范确定	根据医院放射科的防护等级分为2个铅当量，3个铅当量和4个铅当量	为了更好地防护辐射，建议自动门安装在室外侧；如特殊手术室需要用铅防护气密自动门，在兼顾防辐射的需求下，还需要保证气密要求进行安装	1. 铅当量应满足有关行业规范要求； 2. 铅防护气密自动门应保证防辐射需求及气密要求
6		玻璃平移门	医院大门、通道口、走廊等公共区域	由平移门机组、门禁系统、铝合金或不锈钢门框、门扇骨架、门扇玻璃构成	1. 平移门机组、门禁系统、铝合金或不锈钢门框、门扇骨架需满足相关规范或招标技术要求（两者取高）要求； 2. 门扇玻璃采用8～12mm厚钢化超白玻璃	1. 应具有智能性； 2. 应具有安全性； 3. 应具有可靠性； 4. 在应急状态下可切换成常开状态	1. 满足智能性、安全性、可靠性等各项工艺要求、功能需求； 2. 材料各项要求满足规范或招标技术要求（两者取高）

续表

序号	种类	使用部位	构造	材料	工艺要求	验收要求
7	平衡门	医院外立面平开、医院通道、医院病房、卫生间、特殊诊疗室	立柱+拐臂+门扇	1. 立柱、拐臂、门扇等主要材料满足规范受力要求； 2. 门体厚度、门板厚度不低于设计要求、有关规范、招标技术要求（三者取高）	有效利用室内外压力，以门转动支点为界限，把传统作用于门体的压力分成两部分，并能有效平衡两端压力，尽量弱化开门所需力度	1. 门体厚度、门板厚度应满足设计要求、有关规范、招标技术要求（三者取高）； 2. 整体使用应满足功能需求
8	防火门	门诊大楼防火分区、电梯厅通向病房的防火分区、电梯厅通向其他区域的防火分区	门扇、门框、防火锁、防火拉手、防火玻璃、防火闭门器、防火合页（铰链）等部件	根据防火等级不同，防火门门扇钢板厚度、门框钢板厚度、门扇内填充物需满足耐火等级要求	门扇及门框表面在采用喷涂工艺或聚酯烤漆工艺时，要求具有耐磨性、耐腐蚀性，漆膜易清洁；喷塑要求表面平整、光滑、无堆漆、麻点、气泡、漏涂、划痕和脱落等现象	1. 防火门的型号、规格、数量、安装位置等应符合设计要求； 2. 防火门门框与门扇、门扇与门扇的缝隙处嵌装的防火密封件应安装牢固、完好； 3. 防火门电动控制装置的安装应符合设计和产品说明书要求
9	折叠门	病房门、卫生间、诊断室、通道口等需要大开口且空间有限的场所	1. 自动折叠门：采用自动门机组、长型防夹手铰链、红外线感应器、手压开关、天地铰链、U形滑槽组成； 2. 半自动折叠门：采用中心吊自动复位转轴、长型防夹手铰链、天地铰链、U形滑槽组成	长型防夹手铰链、红外线感应器、天地铰链、U形滑槽等材质强度、敏感性需满足相关规范质量要求	门体要求具有耐磨性、漆膜易清洁；表面应平整、光滑、无划痕和脱落等现象	1. 自动折叠门安装调试后能够实现自动关闭，实现无障碍化病房门需求； 2. 半自动折叠门安装调试后能够实现手动打开，自动关闭； 3. 相关五金耐久不低于规范或招标技术要求（两者取高）

医疗建筑深化设计要点-内镜中心（室）

表5-3

序号	种类	功能配套	构造	材料	工艺要求	验收要求
1	内镜中心(室)	1. 主要功能用房包括：检前准备室、检查治疗室、麻醉室、复苏室（观察室）、内镜清洗消毒间、储镜室； 2、配套功能用房包括：工作人员更衣室、办公室、休息室、值班室、库房、污洗间、洁具间、卫生间	1. 内镜诊疗中心应按四个区域分区设置，内镜的清洗消毒应当与内镜的诊疗工作分开进行，分设单独的清洗消毒室和内镜诊疗室；清洗消毒室应当保证通风良好； 2. 不同系统的内镜，其诊疗工作应当分室进行；上消化道、下消化道内镜的诊疗工作尽可能分开。没有条件分室进行的，应当分时间段（先上消化道后下消化道）进行；不同系统内镜清洗消毒的设施、设备及用品应当分开； 3. 灭菌内镜的诊疗活动应当在达到手术标准的区域内进行，并按照手术区域的要求进行管理； 4. 内镜中心必须配备基本测漏、清洗消毒和干燥设备；包括专用流动水清洗消毒槽等	1. 检查区建议采用石膏板吊顶，乳胶漆墙面，防滑地板砖地面； 2. 清洗消毒室建议采用铝扣板吊顶，瓷砖墙面，防滑地板砖地面； 3. 内镜清洗槽的材质一般选择亚克力材料；柜身一般为封闭式，并具有防水、光滑特征，日常可用湿布擦洗；槽面设计为转角圆润，表面光洁，颜色洁白；通常台面采用倾斜式防泛水设计，四周设计有专门防泛水边，使溅到台面的液体全部从下水流走，避免污染柜门及室内地面	1. 由于内镜的清洗消毒用水量较大，需要充分考虑上下水的位置和相应的管路敷设路由；在清洗消毒过程中会产生大量的气溶胶和消毒剂等挥发气体，因而需要较好的自然通风条件或有效的新风、排风系统； 2. 内镜的清洗消毒应当与内镜的诊疗工作分开进行，分设单独的清洗消毒室和内镜诊疗室；不同系统内镜的诊疗工作应当分室进行； 3. 不同系统内镜的清洗消毒使用的设备和清洗槽应当分开；清洗槽性能应满足设计要求或洁具有关规范或招标技术要求（三者取高）	1. 内镜诊疗中心（室）应设立办公区、患者候诊室（区）、诊疗室（区）、清洗消毒室（区）、内镜与附件储存库（柜）等，其面积应与工作需要相匹配； 2. 应根据开展的内镜诊疗项目设置相应的诊疗室； 3. 不同系统（如呼吸、消化系统）软式内镜的诊疗工作应分室进行； 4. 各区域划分清楚并做好隔离，无交叉与污染； 5. 各功能用房配置齐备； 6. 洁具间、洗手设施等卫生间设施到位，并满足最大负荷用量要求

表5-4

医疗建筑深化设计要点-手术部（室）

序号	种类	功能布局	构造	材料	工艺要求	验收要求
1	一般手术部（室）	以一般手术室为中心建立一般手术部，也可根据需要在一般手术部设置洁净手术室。一般手术部（室）需设置无菌物品存放间、准备室和更衣室等辅助用房，手术室平面尺寸不应小于4.2m×4.8m。功能布局应合理、符合手术无菌技术原则，洁污分明。可以采用单通道、双通道甚至多通道式布局	由一般手术室和辅助用房构成	墙面和吊顶材料应确保表面光滑、无缝隙、耐擦洗以及耐消毒液腐蚀；地面应采用耐磨、耐腐蚀、不起尘、易清洗和防止产生静电的材料	手术部（室）应当设在医院内便于接送手术患者的区域，宜临近重症医学科、临床手术科室、病理科、输血科（血库）消毒供应中心等部门；周围环境安静、清洁；建筑布局做到布局合理、分区明确、标识清楚，符合功能流程合理和洁污区域分开的基本原则；应设工作人员出入通道、患者出入通道，物流做到洁污分明、流向合理	一般手术部（室）室内卫生指标应符合现行国家标准《医院卫生消毒标准》GB 15982—2012有关Ⅱ类环境用房的相关规定
2	洁净手术部（室）	洁净手术部（室）的功能用房包括：手术间、洗（刷）手间、手术间内走廊、无菌物品间、药品室和麻醉准备室等；其中洁净要求最为严格，非手术人员或非在岗人员禁止入内	包括洁净空调和新风系统、医用气体系统、给水排水系统、电气系统、信息化系统等	1. 手术室地面装饰用材可选用PVC卷材、橡胶卷材； 2. 手术室墙、天花装饰用材可选用电解钢板+抗菌涂料、加芯彩钢板及新型材料钢化玻璃等； 3. 手术室辅助区域地面装饰用材选择较多，可选用有瓷砖、环氧树脂、自流平、PVC卷材等； 4. 手术室辅助区域墙、天花装饰用材选择较多，可选用彩钢板、无机预涂板、树脂板、抗菌涂料等	1. 洁净级别要求高的手术间应设在手术室的尽端或干扰最小的区域； 2. 洁净手术室尽量沿洁净走廊的长轴布置（可减少病床车转弯次数）； 3. 根据洁净手术室的特点及特殊要求，装备宜选择嵌入式安装方式，各安装缝隙均需做密封处理	1. 按照设计文件和双方合同约定各项施工内容； 2. 经核定的完整工程竣工资料； 3. 有设计、施工、监理等单位签署确认的工程合格文件； 4. 有施工单位签署的工程质量保修书； 5. 有公安消防部门出具认可文件； 6. 对于铅防护要求的洁净手术部应有卫生检查检疫部门出具的铅防护等级认可文件； 7. 建设行政主管部门或其委托的质量监督部门责令整改问题整改完毕

续表

序号	种类	功能布局	构造	材料	工艺要求	验收要求
3	术中放疗复合手术室	术中放疗复合手术室附属房间有刷手间、无菌物品存放间、器械存放间、医护人员工作及更衣更鞋间、卫生间等	1. 术中放射治疗手术室与控制室或专用于加速器调试、维修的储存室等辅助用房应自成一区； 2. 手术室的防护门必须与加速器联锁，手术室和控制室之间必须安装监视和对讲设备；手术室外醒目处必须安装辐照指示灯及辐射危险标志；控制台和手术室内必须分别安装紧急停机开关	术中放疗复合手术室室内装饰材料要满足不产尘、不吸附尘埃、耐久、耐磨以及耐擦洗；墙面装饰材料可采用电解钢板、铅板，地面可采用橡胶地板；	采用“钉贴法”工艺，先在龙骨上固定一层强度高、易粘贴的板材作为基层，再将铅板粘在基层上面，然后用钉子固定在龙骨上，最后将钉子部位出现的泄漏点用铅板封闭	验收阶段应进行效果评价和环评验收，以保证达到最佳效果。同时也应按照《医院洁净手术部建筑技术规范》GB 50333—2013有关要求，由具有相应检测资质的第三方技术服务机构进行洁净度、压差和温湿度等项目的检测，并出具检测报告

医疗建筑深化设计要点-消毒供应中心 表5-5

序号	种类	功能配套	构造	材料	工艺要求	验收要求
1	消毒供应中心	1. 工作区域： （1）去污区：回收区、危险物品处理区、手工清洗区、分拣装载区、自动机械清洗区、回收间、缓冲间、制水间、洁具间、杂物间、推车清洗间； （2）检查包装及灭菌区：机械清洗卸载区、器械检查区、配包及包装区、低温灭菌物品包装区、灭菌器装载区、敷料制备间、低温灭菌间、缓冲间、封闭洁具间、设备间；	由工作区域、检查包装及灭菌区、无菌物品存放区、仓储区域、办公区和生活区构成	1. 墙面：墙面可采用50系列净化彩钢板，面层钢板厚度应达到0.426mm，并且具有耐生锈、耐擦洗、防火、隔声保温等基本特性。原材料均应符合国家标准的原厂生产加工的成品。特别是在所有接缝处，应采用抗老化的耐火胶密封拼缝，使墙面、吊顶处于气密状态；	结合整体材料的选取，建议工作区域的各能区，所有90°阴、阳角采用彩钢板专用铝合金型材形成过渡。此材料大致分为喷塑或电泳的两种。喷塑的防静电且与板材颜色相近，较为美观；电泳的有耐酸碱、抗污染、延缓铝型材老化、光泽鲜明和不易褪色等特点	1. 周围环境整洁无污染； 2. 位置距临床科室的距离合理，方便下收下送，并尽量避免露天运送； 3. 消毒供应中心（室）应有相应的面积，其使用总面积与床位之比为0.8：1~1.0：1； 4. 墙壁及天花板光滑无裂隙，无尘，地面光滑易清洗消毒； 5. 污染区、清洁区、无菌区划分明确，并有实际的屏障，标志明显； 6. 人、物分流，工作区与生活辅助区分开； 7. 有无菌、清洁、污染物品通道或窗口；

续表

序号	种类	功能配套	构造	材料	工艺要求	验收要求
		（3）无菌物品存放间：灭菌物品卸载区、降温区、高温灭菌物品存放区、低温灭菌物品存放区、一次性物品存放区、记录区、发放区、发放间、推车存放间。 2. 辅助区域： （1）办公区：护士长办公室、办公室、会议室、资料室、值班室； （2）生活区：更衣室、休息室、卫浴间、会客间； 3. 仓储区域： 包括一次性物品库房、缓冲区		2. 地面：地面材质可使用2mm厚PVC卷材地板，并要求耐磨等级为P级； 3. 设备内外装扣板：灭菌器和全自动清选机等屏障设备的隔断材料，建议采用与设备面板一致的不锈钢板； 4. 天花吊顶：应采用50系列彩钢板； 5. 门窗：建议门均采用与墙体同质材料，并配套电泳铝型材制作		8. 集中式供应中心（室）有与手术室相通的专用电梯或专用密闭运送工具； 9. 收、送物品时污、洁分开，回收物品有专用密闭容器，分类放置； 10. 清洗处理各类物品过程符合有关规定的标准步骤； 11. 消毒液和酶浓度比例达标，按规定及时更换； 12. 车辆每日或污染后用蒸汽枪冲洗或清洗后用消毒液擦拭； 13. 室内通风措施满足实际使用要求和满足有关规范

医疗建筑深化设计要点–医学检验中心 表5-6

序号	种类	功能配套	构造	材料	工艺要求	验收要求
1	医学检验中心	1. 标本采集区域： （1）血液标本采集； （2）体液标本采集。 2. 工作区域： （1）标本接收与前处理区域； （2）自动化仪器检测区域； （3）手工检测区域。 3. 配套用房： （1）水处理； （2）供电；	标本采集区+工作区域+配套用房+交通区	1. 使用的装修材料应防火、耐腐蚀、易清洗； 2. 天花吊顶宜采用可活动的铝扣板，方便各类管路系统的检修； 3. 检验中心内部分隔用墙（贴墙不放置高于1.5m的仪器、橱柜或安装吊橱）可采用玻璃墙，玻璃窗框下缘离地高约1.2m、上缘距吊顶约0.2m；	1. 医学检验中心内部通风要求至少每小时换气4次（能达到每小时6~8次更优），新风占进风量的20%~30%，根据实验室内部空间体积计算所需风机的风量功率； 2. 医学检验中心需配备2套供水、供电系统；	1. 所使用原材料满足相关设计规范或招标技术要求（两者取高）； 2. 室内通风换气、供水、供电、弱电等暖通机电系统，应满足功能使用要求及设计图纸规定

续表

序号	种类	功能配套	构造	材料	工艺要求	验收要求
		（3）低温库房； （4）常温库房； （5）污洗间； （6）办公与会议区域； （7）更衣室、休息室、值班室与卫生间		4. 墙面可使用涂料或铝塑板； 5. 地面宜使用聚氯乙烯材料，选用的材料除了防火、耐腐蚀、易清洗、防滑等特性外，还应有一定缓冲性，可降低实验器皿掉落时碎裂的风险	3. 医学检验中心排水点包括水池、通风柜、地漏以及各类仪器排水，所有可能接触到标本及潜在生物危害污染物的排水管均应接入医院统一污水处理系统进行无害化处理后方可排入公共污水系统； 4. 弱电系统包括网络、通信等布线与接口	

医疗建筑深化设计要点-医院标识导向系统　　表5-7

序号	种类	使用部位	构造	材料	工艺要求	验收要求
1	医院标识导向系统	1. 人行标识： （1）宜在院区主、次入口分别设置院区引导标识（或院区总平图）和户外人行导视标识； （2）宜在人行流线的起点、终点、转折点、分岔点、交会点等容易引起通行疑惑的位置设置导视标识，室内应结合二级医疗流程在主要流程节点重点设置指引标识和索引标识； （3）人行指引标识的设置应考虑其所处环境、人流密集程度、标识大小、标识版面信息量等因素，设置间距不宜超过35m； （4）公共建筑应设置楼梯、电梯或自动扶梯所在位置的标识；	标识基础结构+支撑结构+面板材料+文字内容部分	1. 户外标识常用材质： （1）镀锌板：镀锌板是指表面镀有一层锌的钢板，镀锌是一种常用的经济有效的防腐方式； （2）铝板：铝板是指用纯铝或铝合金材料通过压力加工制成（剪切或锯切）的获得横断面为矩形、厚度均匀的矩形材； （3）灯箱字：灯箱字是内发光字的统称，采用LED、霓虹灯、铁皮、亚克力等制作成各种形状的内发光文字；	1. 目前较常采用的是基于型材的模块化处理方式，即以轻质的铝型材制成大小不同的模块，根据设计需求予以组合，配以固定配件（需标明固定方式），在各个模块上再进行图文的印刷；如果需要对单个内容进行调整，则将该模块的图文重新印刷即可； 2. 对于宣传栏类的标识牌，其内容的更新更为频繁，因此最好采用可随意更换且造价经济的材料；	1. 材料的规格尺寸满足设计规范要求； 2. 灯箱字的照度满足设计规范要求； 3. 户外的标牌应注重防雨水腐蚀和抗紫外线的处理，避免褪色； 4. 支撑的结构部分对于采用胶质黏合的部分，要保证其牢固程度； 5. 确保文字使用正确，标识指向无误

续表

序号	种类	使用部位	构造	材料	工艺要求	验收要求
		（5）在不同功能区域，或进出、上下不同楼层及地下空间的过渡区域，应设置指引标识； （6）设置室内人行指引标识时应特别注意隔离医护人员与患者的流线，做到医患分流、洁污分流； 2. 车行标识： （1）车行指引标识点位应设置在道路的分岔点、交会点之前一定距离，并易于识别； （2）车行限制标识应设置在警告、禁止、限制或遵循路段的起始位置，部分禁令开始路段的交叉口前还应设置相应的提前预告标识，使被限制车辆能提前了解相关信息； （3）地库入口处应设置地库入口限高标识及限高杆； （4）设置车行指引标识时应结合院区交通规划，尽量做到客货分流、洁污分流		2. 室内标识常用材质： （1）铝型材：铝型材是指铝棒通过热熔、挤压，从而得到不同截面形状的铝材料； （2）亚克力：具有较好的透明性、化学稳定性和耐候性，易染色，易加工，外观优美，在建筑业中有着广泛的应用； （3）雕刻字：标识雕刻字通常采用铜字和不锈钢字，尽管二者价格稍贵，但成品效果极佳，具有金属感强、线条清晰有力的特点	3. 采用雕刻字形式金属材料牌匾应保证材料厚度对刻字可行性限制，不建议在厚度超过3mm金属上刻字； 4. 文字信息设计外文时应请相关外语专业人员校对避免用词有误	

医疗建筑深化设计要点-医院水系统 **表5-8**

序号	种类	使用部位	构造	材料	工艺要求	验收要求
1	给水 排水	全院	1. 有两路以上的市政供水管线给水，供水能力宜为用水量的两倍，在医院内形成供水环网； 2. 当建筑高度超过2层且为暗卫生间或建筑高度超过10层时，卫生间的排水系统宜采用专用通气立管系统；	1. 应选择材料卫生、性能优越、便于安装维修的管材； 2. 排水主干管宜用双壁波纹管。建议检查井和化粪池宜采用一体化的PP-PE塑料井、池，取代传统的水泥管和钢筋混凝土井、池	1. 给水系统可由一根主立管和各楼层横向供水主管层层供水，管道设于本层或下层吊顶内；此系统相对于竖向系统，有三个方面的优点：首先，解决了不同楼层功能不同导致的管道转弯问题；其次，便于医院的后期管理维护；最后，方便了给水计量统计；	1. 所有材料、设备满足设计要求或招标技术要求或有关规范要求（三者取高）； 2. 给水管道水压试验符合设计要求； 3. 排水管道进行闭水、通球试验符合设计要求；

续表

序号	种类	使用部位	构造	材料	工艺要求	验收要求
			3. 中心供应室、中药加工室、外科、口腔科等有可能发生堵塞排水管道的场所，排水管径应根据排水量的大小确定，且适当放大管径； 4. 排放含有放射性污水的管道应采用机制铸铁（含铅）管道，立管应安装在壁厚不小于150mm的混凝土管道井内； 5. 存水弯的水封不得小于50mm，且不得大于100mm		2. 排水管道应作伸顶通气管；医用倒便器应设专用通气管；室内各种集水坑应密闭并做好透气； 3. 为保证医院运行时的污水管道检修的可能性，设备层以上病房区域的污水立管宜分设多路汇合管道引至一层排出，一旦一路管道堵塞清通或检修时，其余区域的医疗、生活排水设施仍可安全使用	4. 给水箱以及给水管道消毒清洗完毕； 5. 所有管道标示满足设计要求的色标或者色环以及标示水流方向； 6. 所有给水、排水控制箱内张贴线路图，每个线路均有编号； 7. 管道外包需做好隔声措施； 8. 有完整的技术档案和施工管理资料
2	热水及饮水	病房、开水间、卫生间、手术部、产房、婴儿室、供应室等科室	1. 热水系统加热器热源为蒸汽时，宜选用弹性管束、浮动盘管半容积式水加热器； 2. 自备水加热器，生活热水的温度不应低于60℃； 3. 医院病房冷、热水供水压力应平衡，当不平衡时应设置平衡阀； 4. 管道直饮水蓄水箱的有效容积不宜小于最大日用水量的1.2倍； 5. 管道直饮水应设水质分析室，直饮水水质分析每班应不少于2次； 6. 饮用水设备和龙头应设置在卫生条件良好通风的房间或场所，不应设置在卫生间或盥洗间内	1. 热水供应系统在设计和选择换热设备时，建议采用即热式或半即热式热交换器，不宜采用容积式热交换器； 2. 热水供应系统建议采用铜质管材； 3. 热水供应系统应选用不产生水雾的淋浴喷头	1. 手术部集中盥洗室的水龙头应采用恒温供水，末端设置温度控制阀且温度可调节，供水温度宜为30~35℃； 2. 洗婴池的供水应防止烫伤或冻伤且为恒温，末端设置温度控制阀且温度可调节，供水温度宜为35~40℃； 3. 医院手术室、产房、婴儿室、供应室、皮肤科的医疗病房，门急诊、医技各科室和职工后勤部门对热水供应的要求差异较大，需要分别设置热水供应系统	1. 生活热水的水质指标应符合现行国家标准《生活饮用水卫生标准》GB 5749—2022的要求； 2. 直管道饮水的水源应符合《生活饮用水卫生标准》GB 5749—2022、《生活饮用水水源水质标准》CJ/T 3020—1993和《饮用净水水质标准》CJ/T 94—2005的要求； 3. 热水及饮水所使用的材料、设备需满足规范相关要求或招标技术要求（二者取高）

续表

序号	种类	使用部位	构造	材料	工艺要求	验收要求
3	雨水排水系统及雨水收集	屋面、市政路面	1. 雨水排水系统：雨水斗+连接管+立管+排出管+散水或水簸箕； 2. 雨水收集系统：雨水管+立管+雨水调蓄收集模块	1. 雨水斗：不同设计排水流态、排水特征的屋面雨水排水系统应选用相应的雨水斗； 2. 连接管：连接管一般与雨水斗同径，但不宜小于100mm，连接管应牢固固定在建筑物的承重结构上，下端用斜三通与悬吊管连接； 3. 悬吊管：管径不小于连接管管径，也不应大于300mm； 4. 立管：重力流屋面雨水排水系统立管管径不得小于悬吊管管径，压力流雨水排水系统立管管径应经计算确定，可小于上游横管管径； 5. 排出管：排出管是立管和检查井间的一段有较大坡度的横向管道，其管径不得小于立管管径； 6. 雨水收集系统的雨水斗应采用65型、87型雨水斗系列	1. 雨水口宜设在道路两边的绿地内，其顶面标高宜低于路20~30mm； 2. 雨水口应采用平箅式，且不与路面连通，设置间距宜为40m； 3. 渗透排水一体设施除符合渗透设施的要求外，还需满足排除溢流雨水的要求； 4. 雨水收集系统设有弃流装置时，雨水斗至弃流装置的管长宜相近； 5. 屋面雨水收集系统应独立设置，不得与室内污废水系统连接，不得在室内设置敞开式检查口或检查井； 6. 雨水收集系统一个立管所承接的多个雨水斗，其安装高度宜在同一标高层； 7. 寒冷地区雨水立管应布置在室内	1. 应逐段检查雨水供水系统上的水池（箱）、水表、阀门、给水栓、取水口等，落实防止误接、误用、误饮的措施； 2. 雨水利用工程的验收应符合设计要求和国家现行标准的有关规定

医疗建筑深化设计要点-供电、配电 表5-9

序号	类别	主要深化设计要点
1	供电、配电	一、医院负荷计算； 二、供电系统10KV（20KV）高压系统主接线方式的选择； 三、供电系统220V/380V低压系统主接线方式的选择； 四、配变电所位置的选择： 1. 接近负荷中心或大容量设备处； 2. 方便高压进线和低压出线，并接近电源侧； 3. 方便设备的运输、装卸及搬运； 4. 不应设在有剧烈振动或高温的场所； 5. 不宜设在多尘或有腐蚀性气体的场所； 6. 不应设在厕所、浴室或其他经常积水场所的正下方，且不宜与上述场所相贴邻； 7. 不应设在有爆炸危险环境的正上方或正下方，且不宜设在有火灾危险环境的正上方或正下方； 8. 不应设在地势低洼和可能积水的场所； 9. 一般不宜设在地下室的最底层。 五、柴油发电机房位置的选择： 1. 柴油发电机房宜靠近一级负荷或配变电所设置； 2. 柴油发电机房可设置在建筑物的地下一、二层，不应布置在地下三层及以下； 3. 发电机房不应设在厕所、浴室或其他经常积水场所的正下方和贴邻；也不宜设在办公室、手术室、诊室、候诊区等人员长期停留区域正下方或贴临。 六、低压配电系统—大型医疗影像设备配电深化设计要点： 1. 用电负荷的计算； 2. 电源变压器容量的确定； 3. 保护设备的选择； 4. 配电线路导线截面的确定
2		绿色医院： 一、新系统深化设计应注意的事项： 1. 精确的负荷中心计算； 2. 低压变电所数量及低压系统节能； 3. 减少压降与电缆截面； 4. 划分用电区域； 5. 网格管理

医疗建筑深化设计要点-通风、供暖、空调机热力系统 表5-10

序号	类别	主要深化设计要点
1	通风、供暖、空调机热力系统	一、功能需求： 1. 保障室内空气安全； 2. 提升室内空气品质； 3. 按需供应新风，实现系统节能； 4. 实现高效智能管理

续表

序号	类别	主要深化设计要点
2		二、深化设计注意事项： 1. 详细分析医疗工艺流程、建筑空间特点和功能要求，确定新风量和压差要求（换气次数法和最大人流量人均风量法取高值，且应考虑过滤器对风量影响）； 2. 应按保证压差要求，控制空气传染，仔细划分医院建筑通风系统，切忌通风系统跨压差分区； 3. 应严格按功能性质进行分区，设置独立的送、排风系统（如病房层的医护人员办公区与病房区宜分开设置独立的送排风系统），并做到送排风系统所管辖区域相对应； 4. 对于内区应尽量考虑设置独立的送排风系统，并考虑过渡季节运行问题和高低峰人流量，适当加大送、排风量； 5. 房间内送风、排风口布置位置应考虑房间内的医疗工艺过程，控制交叉感染，提高通风效率； 6. 设备安装位置应方便设备检修和设备运输，减少噪声和振动； 7. 风管走向应考虑安装空间。建议通过BIM技术提前排布消防管线、供暖供水管线、新风风管、空调风管，防止各专业工程交叉碰撞，建议消防系统贴近结构顶板，新风空调风管位于消防管线下方以减少结露、冷热量流失问题； 8. 暖通专业管线与点位布置应与结构专业、装饰装修专业同步深化，加强专业间配合交流
3		三、医院洁净空调系统深化设计要求： 1. 医院洁净用房净化空调系统设计（包括冷热源），应在保障诊疗与感染控制前提下，参照《公共建筑节能设计标准》GB 50189—2015等相关标准的节能规定进行； 2. 洁净空调系统送风应设置三级空气过滤，分别位于新风口、空调机组出口正压段及送风口。回风口和有害排风口也应设过滤器； 3. 可以利用回风考虑热回收新风机组

医疗建筑深化设计要点-医院电梯和扶梯系统　　表5-11

序号	种类	主要使用部位	构造	技术参数要求	验收要求
1	直梯	住院部 急诊部	包括曳引系统、导向系统、门系统、轿厢、重量平衡系统、电力拖引系统、电气控制系统和安全保护系统等	以常用医用电梯为例： 1. 载重量：1600kg； 2. 最小楼层间距：2620mm； 3. 速度：2.5m/s； 4. 开门形式：CO； 5. 整机功率（每台）：32.8kW； 6. 控制：VVVF； 7. 开门尺寸：1000mm×2100mm； 8. 启动电流：108.1A（380V）/186.6A（220V）； 9. 行程：140m； 10. 额定电流：50.9A（380V）/87.9A（220V）； 11. 绳速比：2：1；	1. 报当地地市级质量技术监督部门的资料应符合验收要求； 2. 报当地建设行政主管部门的资料应符合相关要求； 3. 安装质量应满足《电梯安装验收规范》GB/T 10060—2023、《电梯制造与安装安全规范 第2部分：电梯部件的设计原则、计算和检验》GB/T 7588.2—2022、《电梯试验方法》GB/T 10059—2023、《电梯工程施工质量验收规范》GB 50310—2002等相关规范的要求；

续表

序号	种类	主要使用部位	构造	技术参数要求	验收要求
				12. 机房发热量（每台）：3543.5kcal/h； 13. 停站/开门数：40/40； 14. 至少1部电梯进深满足担架长度需求，同时考虑医院物流运载工具尺寸	4. 空调系统满足电梯间夏天降温需求，验收前检查取掉室外机临时保护罩
2	扶梯	门急诊	包括支承部分、驱动系统、运载系统、扶手系统、电控系统和安全保护系统等	1. 由于门急诊楼中大部分乘客的健康状况相对不佳，基于安全因素考虑，一般应选择额定速度为0.5m/s的自动扶梯，即v=0.5m/s； 2. 成年人正常通过的尺寸约为0.6m，在门急诊楼中，一位患者在一位陪护人员的搀扶下乘坐自动扶梯比较安全，门急诊楼自动扶梯踏步合理的宽度应该是Z=1.0m，系数k=2.06	1. 报当地地市级质量技术监督部门的资料应符合验收要求； 2. 报当地建设行政主管部门的资料应符合相关要求； 3. 安装质量应满足《电梯安装验收规范》GB/T 10060—2023、《电梯制造与安装安全规范 第2部分：电梯部件的设计原则、计算和检验》GB/T 7588.2—2022、《电梯试验方法》GB/T 10059—2023、《电梯工程施工质量验收规范》GB 50310—2023等相关规范的要求

医疗建筑深化设计要点-医用气体系统　　表5-12

序号	种类	构造	材料	工艺要求	验收要求
1	医用气体系统	医用气体供应源（医用氧气）	医用钢瓶和医用氧焊接绝热气瓶	1. 医用液氧贮罐供应源的医用液氧贮罐不宜少于2个，并应能自动切换使用，且不得使用电动或气动阀门； 2. 氧气浓缩器供应源站房不应设置在地下空间或半地下空间，应布置为独立单层建筑物或设置在建筑物顶，也可与建筑物贴邻，空内环境温度范围应是10～40℃； 3. 医用氧气汇流排站房及储存库不应设置在地下空间域半地下空间，房间内不得有地沟、暗道，应设置良好的通风、干燥措施	1. 依据合同和设计文件，进行气源设备型号和工艺性能验收； 2. 运行设备，对比设计文件，进行各项性能检查和验收； 3. 检查设备布局是否合理，设备间维修通道是否畅通，设备摆放是否整齐、方向统一，管路支架安装是否横平竖直； 4. 检查机房各种标识、规章制度、安全防护措施的完整性、合理性、正确性

续表

序号	种类	构造	材料	工艺要求	验收要求
2		医用气体管道	医用气体管材及管件选用时应遵循以下原则： 1. 除真空系统外，其余医用气体系统的管道均应采用无缝铜管、不锈钢无缝钢管； 2. 医用真空系统可采用无缝铜管、无缝不锈钢管或焊接不锈钢管； 3. 设计真空压力低于27kPa的真空管道，如牙科专用真空和麻醉或呼吸废气管道可采用无缝铜管、无缝不锈钢管、焊接不锈钢管以及PPR管、UPVC管等非金属管道； 4. 不锈钢管宜选用BA级或EP级不锈钢管以确保管道洁净度； 5. 管材壁厚应经强度与寿命计算确定，应保证管道的设计使用年限不小于30年	1. 重要生命支持区域的每间手术室、麻醉诱导和复苏室，以及每个重症监护区域外的每种医用气体管道上应设置区域阀门； 2. 大于DN25的医用氧气管道阀门应采用专用截止阀，阀门应设置明确的当前开、闭状态指示以及开关旋向指示；除区域阀门外的所有其他阀门，应设置在专门管理区域或采用带锁柄的阀门； 3. 医用气体管道系统预留端应设置阀门并封堵管道末端； 4. 各医用气体减压器后应设安全阀； 5. 管道系统维护、测试、扩容时应通过适当的阀门对相关的区域实行隔离； 6. 医用气体管道设计时可以在立管最低处设置集水装置或排水阀； 7. 医用气体压力表精度不得低于1.6级，其最大量程应为最高工作压力的1.5～2.0倍	1. 验收医用气体管道支吊架间距、防腐措施、管道与支吊架间的绝缘隔离措施验收； 2. 管道与管道之间，管道与管道附件之间间距、标识验收； 3. 医用气体管道应分段、分区以及全系统做压力试验及泄漏性试验； 4. 医用气体管道吹扫及颗粒物检查验收； 5. 医用气体管道穿过墙面、楼板套管（防火封堵）检查验收； 6. 医用气体管道接地检查验收
3		医用气体供应末端设施	1. 装置内不可活动的气体供应部件与医用气体管道的连接宜采用无缝铜管； 2. 装置的外部电气部件不应采用带开关的电源插座，也不应安装能触及的主控开关或熔断器	1. 装置内不可活动的气体供应部件与医用气体管道的连接宜采用无缝铜管，且不得使用软管及低压软管组件； 2. 装置的外部电气部件不应采用带开关的电源插座，也不应安装能触及的主控开关或熔断器； 3. 医用供应装置安装后不得存在可能造成人员伤害或设备损伤的粗糙表面、尖角或锐边；横排布置真空终端组件邻近处的真空瓶支架，宜设置在真空终端组件离患者较远一侧	1. 医用气体末端通气正确性验收； 2. 分气源种类进行医用气体末端压力、流量验收，应符合《医用气体工程技术规范》GB 50751—2012第11.3.7条的规定； 3. 医用气体末端外观、标识进行验收； 4. 医用气体末端供应气体的洁净度验收，应符合《医用气体工程技术规范》GB 50751—2012第11.3.5条的规定； 5. 医用供应装置检查验收

续表

序号	种类	构造	材料	工艺要求	验收要求
4		医用气体检测报警	集成式或独立式	1. 除设置在医用气源设备上的自身报警外，每一个监测采样点均应有独立的报警显示，并应持续直至故障解除； 2. 声响报警应无条件启动，1m处的声压级不应低于55dB（A），并应有暂时静音功能； 3. 视觉报警应能在距离4m、视角小于30°和1001x的照度下清楚辨别； 4. 报警器应具有报警指示灯故障测试功能及断电恢复启动功能，报警传感器回路断路时应能报警； 5. 气源报警及区域报警的供电电源应设置应急备用电源	1. 各监测报警装置交叉错接和标识检查验收； 2. 各子系统报警功能检查验收； 3. 集中检测报警系统检查验收

医疗建筑深化设计要点-医院物流运输系统　　表5-13

序号	类别	医用全自动箱式输送分拣系统	医用轨道物流输送系统	AGV与AMR系统	负压式垃圾被服收集系统
1	主要规格参数	1. 垂直提升效率：100～200箱/h（往复式）、400～600箱/h（循环式）； 2. 水平输送效率：800～1200箱/h（水平输送速度0.3～0.5m/s）； 3. 设备平均噪声：≤65dB； 4. 周转箱尺寸：470mm×320mm×240mm，660mm×450mm×350mm； 5. 输送重量：30～50kg（根据医院需求定制）	1. 输送方式：单轨/双向输送； 2. 单车净载重：10～20kg； 3. 运行速度：水平方向平均速度0.6m/s，垂直方向平均速度0.4～0.8m/s； 4. 单车容积：35～50升； 5. 转弯半径：水平转弯半径约0.8m；垂直转弯半径约0.7m； 6. 系统供电：380V三相交流电； 7. 系统平稳性：小车行走过程中无噪声、无振动、行走平稳，血液标本传送前后指标相同；	AGV系统： 1. AGV平均行进速度一般设置在0.6～1.2m/s，速度根据需要可调，最大速度可达2m/s； 2. AGV可共享使用院内公共网，但需满足距地20cm处信号强度不小于-70dBm； 3. 跨楼层协助AGV垂直提升的电梯，其轿厢深度往往影响所选用AGV的长度，常见AGV尺寸在1.6～1.7m之间，也可以根据需求定制； 4. AGV最大爬坡角度≤7%，轮子与地板表面摩擦系数>0.5，地板电阻值<1GΩ，地板地坪接缝<5mm，温度5～35℃，湿度30%～80%； 5. AGV行车双车通道占宽≥2.5m、单车道占宽≥1m； AMR系统： 1. AMR平均行进速度一般设置在0.6～1.0m/s，速度根据需要可调，最大速度可达1.5m/s；	1. 投放口采用304金属不锈钢材质门框及拉门，并带自动关闭的闭门器； 2. 投放口设置RFID读卡装置，用于智能刷卡获取授权以开启投放口； 3. 管道竖井预留口被服与垃圾两根竖管：1m×2m； 4. 横向水平管道转弯半径不小于1.5m； 5. 水平管道最大爬坡角度15°（26.8%）； 6. 中央收集站机房约240m²，层高要求6m，具备环卫部门垃圾车运输通道条件；相同情况下优先考虑设在地面位置；

续表

序号	类别	医用全自动箱式输送分拣系统	医用轨道物流输送系统	AGV与AMR系统	负压式垃圾被服收集系统
			8. 系统冗错性：系统具有故障自动诊断、自动排除功能和故障恢复能力。当小车输送中如发生断电，数据不会丢失，来电后能自动恢复，继续完成原定操作指令	2. AMR可共享使用院内公共网，但需满足距地20cm处信号强度不小于–70dBm； 3. 跨楼层协助ARM垂直提升的电梯，其轿厢深度往往影响所选用ARM的长度，常见ARM尺寸在0.9～1.1m，也可以根据需求定制； 4. AMR系统院内机器人所需经过的门为敞开状态，或为电动控制门，使机器人能够自主控制门的开关。开门后满足1m的净宽度； 5. 机器人行走路线需WiFi全覆盖无盲区（包括电梯内），若老旧医院或WiFi情况不佳，需要工程师现场测试4G信号； 6. 走廊宽度考虑到加床情况，最小需满足2.5m净宽度	7. 供电：220kW、50Hz、380V； 8. 如采用污被服收集储存罐，规格为2.5m×2.35m×7.5m，占用空间为4.5m（宽）×10m（长）×5m（高）以上
2	构造	1. 垂直输送分拣机； 2. 收发站点； 3. 水平贯通运送线； 4. 控制系统； 5. 输送载体	1. 收发工作站； 2. 运载小车； 3. 轨道； 4. 转轨器； 5. 防火窗； 6. 控制设备	1. AGV系统：由AGV导引车、推车（依据运输物品类别选择配置）、工作站、控制系统、外围控制设备、网络通信单元、配电及充电站、消防及后勤管理单元构成。 2. AMR系统：主要由物流管理调度平台、前端站点管理系统、机器人车体、电梯和门禁控制系统、辅助设备、充电站及管理系统、辅助存储设备等几大部分构成	1. 投放系统； 2. 传输管网系统； 3. 中央收集系统； 4. 控制及动力系统
3	工艺要求	1. 考虑医院病区数量，当医院物资运送量较大时，垂直井道采用双盒位双层设计。当医院物资运送量不大时，垂直井道采用单盒位双层设计；	1. 轨道线路水平部分尽量平直布置，垂直线路设置在楼内井道间或室外外挂井道间； 2. 工作站位置应尽量靠近使用人员常驻位置； 3. 中央监控机房用于安装中央监控电脑及维修测试台，设置面积通常不小于15m^2，可设置在地下、设备夹层和大楼中间某层；并注意设置空调通风系统；	1. 通常与医院信息中心、弱电系统共同设计部署； 2. 在同层区域要求AMR或AC双执行任务中所经的所有区域均有无线网络覆盖，当处于提升机区域时要求提升机轿厢内部覆盖随动无线网络（无须整个提升机井道都覆盖）； 3. 在同层的隔断门处应设置蓝牙模块，以控制隔断门的自动开启； 4. 轿厢空间按照带承载箱体的AMR或AGV车，确定电梯轿厢的尺寸规格；	1. 投放系统的垂直竖管用于连接投放口与底部排放阀室，管径为500mm，安装于管井内； 2. 投放系统的通风装置应位于垂直竖管的正上方及建筑天面，可使竖管内持续保持微负压； 3. 投放系统的排放阀室用于放置系统设备，包括用于垃圾暂存、系统阀门及电气控制组件等；

续表

序号	类别	医用全自动箱式输送分拣系统	医用轨道物流输送系统	AGV与AMR系统	负压式垃圾被服收集系统
		2. 若医院建筑有设备层，水平走线在设备层地面布置，要求避免与建筑其他管线干涉。当建筑没有设备层时，水平走线考虑在地下层吊装，需要建筑留有0.65～1m的空间，必要时吊装可以走在天花吊顶内	4. 轨道穿越任何防火分区隔墙，都必须设置轨道系统专用防火窗；轨道必须穿越防火卷帘位置时，需要改变防火卷帘卷包安装高度或者宽度，采用挂板或加边墙等方式，从防火卷帘上部或侧边穿过，并设置专用防火窗； 5. 原则上不允许轨道系统水平穿越净化分区； 6. 轨道需穿越建筑沉降缝时，必须做特别处理； 7. 精装天花板接口处不能直接做固定无缝连接，不能将轨道作为固定、承重支架连接，避免小车运行时引发共振，增大噪声； 8. 在轨道沿线需设置检修孔	5. 隔断门应该设置为带有按钮线控的平开门形式； 6. 充电桩应设计安装在AMR或AGV车通路上较为偏僻的地方；同时应设置在附近区域的平面上，不能放置在台阶或是底部有垫高物的地方	4. 传输管网系统随土建进度安装，在地下室上空吊装或室外埋地安装； 5. 中央收集系统的污衣被服收集终端应设在洗衣房内或邻近区域，方便收集后的污被服直接清洗处理

医疗建筑深化设计要点-医院辐射防护　　表5-14

序号	材料	工艺要求	验收要求
1	1. CR、DR等能量较低的放射诊断设备机房墙体可直接选用页岩实心标准砖砌筑墙体（厚度为240mm）进行防护，其底板和顶板可直接利用钢筋混凝土楼板进行防护，防护门采用平开成品不锈钢防护门体及门套。	1. 大型医疗设备机房的防护门窗尺寸大小应满足使用需求并标注准确，其机房整体防护效果（包括防护四周墙体、地面底板和天花顶板、防护门窗等）均应满足预评价报告的要求；	1. 对施工质量问题整改完毕后，由施工单位报请监理单位组织相关部门人员进行正式验收工作； 2. 在辐射防护专项验收之前，由监理单位对施工单位的整改情况，比照初步验收意见逐项进行检查落实；

续表

序号	材料	工艺要求	验收要求
	2. DSA、CT、PET-CT等能量较高的放射诊断设备在机房空间足够的情况下，墙体可选用页岩实心标准砖砌筑墙体（厚度为370mm）进行防护，其底板和顶板可直接利用钢筋混凝土楼板进行防护，防护门根据具体情况可采用手动平开门或电动推拉门；如果该类机房空间有限，为保证机房的净使用面积，需与室内装修一并考虑，对机房四周防护墙体可采用以下三种方式： （1）采用钢筋混凝土墙体（厚度需200mm）及两侧分别抹20mm厚砂浆； （2）采用240mm厚页岩实心标准墙体、在墙体内侧增加1mm厚铅板； （3）采用240mm厚页岩实心标准墙体、在墙体两侧分别抹20mm厚的重晶石砂浆。 3. 直线加速器、γ刀、回旋加速器等能量极高的放射治疗设备机房六个面均宜采用钢筋混凝土（其容重需达到2.35g/mm以上，在混凝土浇筑时必须振捣密实，并加强混凝土养护、严格避免钢筋混凝土收缩时产生微裂缝等）进行辐射防护，具体钢筋混凝土厚度应根据辐射防护预评价相关内容来确定。其防护门需选用电动防护	2. 如果同类医疗设备需设多个机房，应整体考虑辐射防护效果，如主射束线方向均设置在一个方向，尽量共用辐射防护墙体等，可节约有限的空间资源，并减少防护成本； 3. 患者使用的等候区与检查治疗区相对独立，并设置有效的管控隔离导行措施；病员及家属等候空间的大小应根据服务病员数量及预约量的多少来决定；病员及家属通道和医护人员通道应分开设置，互不干扰	3. 经监理单位确认整改完毕，由监理单位组织建设单位、设计单位、施工单位、评价单位等技术人员一起参与该分部专项验收工作； 4. 主要从辐射防护墙体、铅防护门、铅防护窗等的施工质量、外观、防护材料之间的搭接宽度等各方面进行实地检查和验收，并形成书面的专项验收资料

医疗建筑深化设计要点-医院救援直升机停机坪 **表5-15**

序号	构造	材料	工艺要求	验收要求
1	钢结构的柱子和梁作支撑，配合铝合金航空专用甲板；	1. 航空铝合金相比于普通铝合金的优越性及特点：有良好的机械性能、易加工、使用性和耐磨性好，更具有抗腐蚀性能和抗氧化性能；表面铺有防滑条，以及适应任何气候的涂料；	1. 地面停机坪选址要求50m × 50m的空旷区域，且该区域内不能有任何影响飞行安全的净空障碍物，包括景观绿植、路灯、电线杆、标识标牌、高压线等；	1. 需组织本次直升机停机坪项目的业主、监理（或民航监理）、总承包及专业施工单位、设计五方人员进行工程完工的验收；

续表

序号	构造	材料	工艺要求	验收要求
	特殊的铝合金结构甲板，连接为隼接，其对接处留有收缩缝，避免温差及震动导致机坪开裂	2. 在钢结构和航空铝合金甲板之间用氯丁橡胶隔离，防止两种金属长时间接触而发生化学反应，且能减轻直升机起降甲板整体的震动； 3. 航空铝合金配合钢结构使用可有效地防止扰动气流； 4. 航空铝合金材质不锈蚀，拆装简易方便；使用年限长达50年，并可回收利用，满足绿色建筑要求	2. 高架停机坪标高应为楼顶最高点，不能低于周边女儿墙、幕墙、设备机房、屋顶设备等；高架停机坪只允许一侧有净空障碍，且障碍物距离机坪边缘要大于5m； 3. 停机坪到手术室运送病患通道需提前考虑，尤其是高架停机坪在大楼整体方案设计时应考虑将一部手术室电梯升出屋面，和停机坪通过连廊连接，达到快速转运的目的； 4. 直升机停机坪益于助航导航以及专用航空应急消防设备使用，需要一个专用的设备间作为控制室。设备间尺寸要求8～10m^2，需要做防水保温和地漏排水设施，同时需引入配套水电	2. 配合当地消防部门对大楼整体竣工验收（此项包含消防验收）； 3. 停机坪项目建筑主体部分竣工后，业主再聘请具备民航监理资质单位做停机坪专项竣工验收，同时也可以邀请专业航空救援公司进行试飞验收

设计管理的第三阶段是EPC工程总承包对产品负责的落地环节。现场放线、测量、加工图制作、样品和样板评审、监造以及验收等环节，构成了设计与采购融合管理的完整链条，确保了管理的连贯性。通常，当一次结构和二次结构现场施工完成后，总承包方不仅需要设置各楼层的基准线（红线），还需与机电、装饰团队协同作业，精准标注装饰边界面层控制线（蓝色）和机电管线控制线（黄线）。在标注过程中，将对主要管线和设备的边界线进行界定。这一过程不仅是对设计图纸的现场核实，也是对施工细节的进一步深化。通过这种方式，可以及时发现并解决图纸设计阶段可能遗漏的问题，为各专项加工图提供坚实的现场数据基础。

在施工图的基础上，深化图的制作考虑了各厂家的施工专长、材料、节点和构造特点，旨在满足施工图要求的同时，发挥供应商各自的传统优势。这不仅为供应商在控制工程进度、保障质量和减少成本方面提供了坚实的支撑，同时也有利于对他们的合同执行情况进行有效监督。在项目管理实践中，是通过以下三种方式完成深化加工图管理工作的。

方法一：总承包方依赖自身的技术力量来完成优化和深化工作，并由专业人员进行审图，以及由设计院确认出图，这一做法对总包团队的专业能力提出了高标准。为了有效实现EPC项目管理目标，总包团队需集结土建、机电（电气及暖通专业）、装饰专业技术及商务人员，他们运用在施工工艺、运维经验、材料选择、设备应用、节点构造等方面的深厚知识和实践经验，能够独立完成部分一次和二次结构、机电（水、电、暖通）、内装饰节点的深化设计工作，并利用其技术力量和商务能力，对其他专业专项的深化、优化设计及其造价进行管理。然而，国内建筑行业的传统管理机制，导致总包管理项目的人员结构和知识结构存在偏差，特别是在机电、装饰专业工程师和造价人员方面存在明显缺口。这些人员在工程产品、技术、造价方面的知识也相对欠缺。面对这一挑战，一些大型总承包企业已经开始采取行动。通过行政手段，将下属专业公司（主要是机电公司和装饰公司）的管理人员纵向整合进项目团队，以强化项目的专业管理能力，并建立了企业内部的利益分配机制，以促进资源的合理配置和团队的高效运作。尽管如此，许多企业或其大多数项目仍未能配备齐全机电、装饰专业的管理人员。这限制了这些企业在优化、深化设计方面的独立完成能力，以及依靠自身专业力量管理各专业供应商的能力。因此，这些企业需要在实践中不断培育和加强自身的专业管理能力，以适应EPC工程总承包项目的复杂性和高标准要求。

方法二：委托专业咨询企业来执行优化和深化工作，是一种提升项目质量和效率的有效途径。通过精心挑选E类供应商，按照总包方的标准，完成各个专业的优化和深化设计任务。这些设计成果随后提交给独立的第三方公司或专业顾问团队进行审图或审核。经设计院对这些成果给予确认，便成为正式的深化图，为施工过程和后续的结算审计提供依据。在医院建设等技术复杂的工程项目中，众多专业领域需要经过细致的专项论证和优化。政府投资项目在概算审批时会对专项咨询费用进行审慎考量。EPC总承包方，本着对产品性价比的不懈追求，投入适当的咨询费用，采购专业咨询服务可以在产品性价比、优化深化图、完善产品定义等方面做大量工作，从而提高管理效率。以医疗工程为例（表5-16～表5-18）。

建筑通用专项列表 **表5-16**

<table>
<tr><th>序号</th><th>类别</th><th colspan="2">专项名称</th></tr>
<tr><td>1</td><td rowspan="9">通用专项</td><td rowspan="5">室内装饰</td><td>室内设计</td></tr>
<tr><td>2</td><td>导视标识
（包含室内、室外、地下车库标识及车位划线）</td></tr>
<tr><td>3</td><td>软装设计</td></tr>
<tr><td>4</td><td>照明设计</td></tr>
<tr><td>5</td><td>声学设计</td></tr>
<tr><td>6</td><td rowspan="4">园林景观</td><td>硬景软景</td></tr>
<tr><td>7</td><td>景观照明</td></tr>
<tr><td>8</td><td>雕塑小品</td></tr>
<tr><td>9</td><td>标识点位</td></tr>
</table>

续表

序号	类别	专项名称	
10		幕墙设计	
11		泛光照明	
12		装配式	方案+初步设计
13		基坑支护	
14		地基处理	
15		边坡治理	
16		市政接驳工程	
17		外电设计	
18		防水防渗漏专项	
19		污水处理	
20		数据中心	
21		厨房设计	
22		燃气设计	
23		电力外网	
24		隔声降噪	
25		减震隔震	
26		机电抗震支架	
27		机械车库	
28		动力油库设计	
29		直升机停机坪	
30		海绵城市专项设计	
小计			

医疗建筑专项列表 **表5-17**

序号	类别	专项名称
1	医疗特有专项	医疗净化特种工程 （手术室净化工程、实验室）
2		医用气体工程
3		防护设计
4		实验室
5		高压氧舱
6		中央纯水
7		物流传输
8		智能污物收集
9		洗衣房
10		医院信息化
11		制剂中心
12		直饮水系统工程
13		污水处理系统工程
14		辐射防护工程
15		磁屏蔽工程
16		锅炉蒸汽系统
17		太平间设计
小计		

通常设计院列表自行设计专业 **表5-18**

序号	类别	专项名称
1	设计院自行完成专项	建筑节能
2		建筑工程
3		结构工程
4		电气工程

续表

序号	类别	专项名称
5		通风与空调工程（含冷库、阴凉库设计）
6		给水排水工程
7		竖向设计
8		室外道路工程
9		室外管线综合（综合管网）
10		用地范围外的管线接入工程
11		建筑智能化（不包括数据中心）
12		电梯设计
13		钢结构
14		预应力
15		二次机电
16		人防工程设计
17		幕墙设计配合签字盖章
18		竣工图编制
19		报批报建配合、现场服务、施工驻场

方法三：A类供应商集成管理完成优化深化。这些供应商的集成管理对于完成优化和深化工作至关重要。这些供应商的专业往往技术含量高，对建筑产品的功能、品质、运维和造价有着深远的影响。因此，工程总包企业必须运用其采购权和高效的供应商管理策略，即“大采购”模式，筛选并培养一支覆盖各专业领域的优秀供应商团队，参与到项目的优化和深化环节，为提升产品性价比提供强有力的支持。这种方法的优势在于，总包方或业主能够节省咨询服务费用，尤其是对于财政投资项目，这笔费用通常不会包含在预算之内。同时在优化深化过程中，总包方能够更全面地评估专业供应商的实力，专业供应商也会在咨询过程中更全面地了解专业内容，并结合自身的技术优势和供应链资源，共同探讨出更为实用、成本效益更高的解决方案。以一家弱电公司为例，在参与会议系统优化的过程中，该公司发现原设计中的音响技术参数并不适合中小型会议室，而是更适用于大型空间，如教堂或剧院。因此，该供应商提出了优化建议，帮助业主节省了约30%的投资，并推荐了一些技术参数明确、具有规模销售优惠的设备作为可选项，这些设备也是行业会

认可的知名品牌。通过这种深化合作，不仅为后续的招标工作在质量控制和成本管理方面奠定了坚实的基础，而且也是与专业供应商紧密合作所带来的项目成本效益和工程质量的双重提升。

5.2 建筑工程EPC项目设计与采购融合

民用建筑工程中通常最复杂的是医疗建筑工程。在实践操作中，如何组织战略供应商在设计阶段参与集成设计是关键问题。涉及的专业领域包括基坑支护、防水、电梯、消防、弱电、幕墙、精装、机电、市政、手术室装修、防辐射、医疗气体、轨道物流、厨房等。总承包商应利用其采购权和供应商管理策略，筛选并培养能够参与协同设计优化和深化的供应商。通过这种方式，可以在设计阶段就开始控制造价，并确保用户需求、产品品质得到有效管理，为采购、施工、运维各环节创造有利条件。

在采购战略的推动下，施工企业在供应链集成管理方面积累了丰富的经验，与企业的信息流、物流、资金流形成了协同高效的工作机制，并建立了坚实的信任基础。具有专业能力的A类和E类供应商，凭借对EPC总承包合同和项目目标的深刻理解，得以参与到项目的设计优化和深化过程中。总承包商的角色是确保这些专业供应商在性价比设计方面发挥最大效能，同时借助E类咨询服务的专业力量，强化设计交底、过程控制、施工图评审和审图等关键环节。在特定专业领域，可以采取由一家E类咨询单位负责设计工作，而另一家E类咨询企业执行评审和审图的模式，以此确保设计方案的专业性、合理性和可靠性。

通常招标采购有以下五大要素：

（1）技术标准和要求；

（2）合同界面；

（3）合格供应商；

（4）商务条件及价格；

（5）中标单位。

让我们分析一下设计管理与采购五个要素的关联关系：

由于本书前文所述的多重因素，导致很多专业招标前产品定义不明确，导致招标时技术标准和要求不完善，甚至存在缺失。这不仅造成招标价格与结算价格之间巨大差异，也增加了成本控制的风险。合同执行过程中的变更和洽商频繁，导致交易和生产成本大幅上升，成为工程项目管理的一大难题。这使得总包、业主的工程技术人员、商务人员，以及分包和供应商的相关人员不得不投入大量精力处理这些问题，严重影响项目目标绩效的实现。

设计本身的不完善导致专业界面不清晰，增加了现场生产计划的制定与实施难度，以及造价控制的复杂性。缺乏深化设计的情况下，招标时的界面存在漏洞，合同执行中因界面错误和不明确的地方而产生高昂的管理成本。

此外，合格供应商的选择也是项目实施过程中的一个挑战。许多企业由于过去缺乏供应链采购管理经验，正面临着筛选合格供应商的问题。长期合作的优质供应商也是随着时间变化而不断变化的，那么应该如何考察供应商呢？深化设计是考察供应商的有效方法之一，在长达三到六个月的深化设计过程中，供应商的技术实力、供应保障能力、价格水平和服务响应速度将得到充分体现。通过深化设计，供应商对业主意图、产品需求、技术细节、施工工艺和构配件供应有更深入的理解和论证，有助于预防和解决施工环节可能暴露的问题。

中标价格的确定也是一个难题。但如果按照《建筑工程深化设计管理理论与实践》书中的步骤，完成深化设计全过程的产品性价比优化和深化工作，总包方对采购标的的成本将有清晰的认识。供应商集成管理应遵循互利共赢的原则，考虑给予专业供应商8%左右的利润空间是合理的。任何专业的成本，如果在招标时未考虑，最终都会在合同执行过程中成为争议焦点。数十年的实践经验表明，相对公平的合同是实现总成本最低的商务策略。与低价中标、高价索赔和猎人模式相比，供应链的集成管理通过全供应链降低成本、追求共赢，正是供应商集成管理的精髓。因此，企业主管在优质供应商的合理利润和中标定价上必须明确，一个懂得控制项目总成本的承包商应该认真权衡利弊，使定价原则成为企业供应商战略的重要组成部分。

定价问题解决后，中标更多考虑的是战略供应商的维护。要求每个供应商在总包企业每年应有一定的合同额，并在绩效评估中，考虑非价格因素对中标的激励政策规则。在商务价格谈判中，技术路线谈判也是一个重要环节。对于招标技术条件，特别是那些前期未参与深化设计的投标人，可以利用自身的经验和技术优势，提出性价比更高的技术方案，以大幅降低成本。这时，可以鼓励投标人提出带优化方案的报价，优化技术标准，以降低成本。例如，电梯的不同厂家产品特点可能在不同的使用环境要求下形成差异性的性价比产品，可以根据不同使用要求细分标段，让各自发挥技术优势，降低工程造价。

医院工程，涉及众多专业分包和设备，其复杂性要求项目管理必须精心组织。通过系统地组织专业技术分包商和设备供应商，完成产品定义设计。招标要为施工创造条件，为项目成功打下基础。但各专业的设计和采购的工作量是巨大的。在项目结构施工期间，从基坑开挖起，将功能需求、优化、深化及造价控制纳入项目施工的总进度计划，确保设计、采购、施工各阶段有序展开。下面以医疗工程中最复杂的弱电系统为例，详述深化设计为采购所做的准备工作。

【实践者】

某医院改造工程总建筑面积为11万平方米，业主工期要求2年6个月，拿到弱电图纸时面临以下问题：

（1）由于设计院弱电工程图纸中，大量子系统缺少平面图纸，有平面图的子系统点位设置情况未取得使用方确认，以至于招标技术标准和要求不清晰、使用需求不清晰、对品质的要求不清晰、与相关专业的界面划分不清晰，不能满足分包招标的要求；

（2）根据设计院图纸无法编制完整准确的工程量清单及招标控制价，无法实现造价控制；

（3）如先招标再深化，会面临分包进场后花很长的时间进行需求的二次确认以及深化设计、无法快速投入生产、施工过程中出现大量的变更与拆改、拖延工期、增加造价等风险。

按照先完成深化设计、功能需求确认、造价控制后招标的思路，在长期合作的弱电供应商的支持配合下，提出如下解决方案，报业主同意，在业主支持下完成：

（1）总包方与设计院一起梳理弱电工程各系统及子系统的设计情况，补充完善医院运行时必须建设完成的子系统；

（2）总包方与建设方、使用方进行需求复核，并取得确认；

（3）总包方与造价咨询公司一起进行造价估算和概算分析；

（4）总包方与设计院形成初步深化图纸，由使用方科室复核确认；

（5）深化设计深度至可按图采购、按图施工，结合深化设计成果的技术标准和要求，以及材料设备品牌档次的要求，对招标范围进行确定，与相关专业进行合理的界面划分；对于不在弱电工程建设范围内但与今后医院运行相关度高的内容，我们也列出详细要求和清单交由使用方参考，以便于使用方及时进行财政资金计划。

完成以上计划历时一年时间，在概算不超的前提下，使医院的概算、功能、开院原计划忽略的需求及医院各特色科室的个性化需求得到很好的满足，包括部分功能是医院开办过程中财政另外投资的部分，亦做好整体功能设计并做好预留预埋。因此，医院方对一年的服务非常满意，主要工作内容见表5-19 ~ 表5-21。

项目弱电不同阶段深化设计文件 **表5-19**

序号	系统名称	投资概算金额（单位：万元）	备注
	一、信息设施系统	1090	
1	综合布线系统	420	设计规模约为6870个信息点（其中网络点约5023点，电话点约1118点，无线AP点约362点）；设计采用六类非屏蔽布线标准，主干采用12芯单模光缆，3类非屏蔽大对数电缆
2	统一视频服务系统（含数字电视系统）	550	统一视频服务系统设计规模：信息发布约76个，数字高清互动有线电视点约303个，视频监控约580个，手术示教5个，共30个频道（其中含自办节目一个频道）
3	背景音乐系统	120	设计为模拟广播系统，约824个扬声器，含广播配管（刷防火涂料）
	二、公共安全系统	756	
1	保安监控系统	580	IP数字监控系统（720P），设计规模约580个监控点（POE型），采用NVR存储，存储格式为3M码流，存储时间30天，监控中心设计为3×14普通液晶电视墙（42英寸×2+22英寸×36），含安防UPS2套；概算包含桥架及监控系统配管
2	入侵报警系统	3	设计为总线制报警系统，设计约75个报警点（双鉴探测器、跳脚开关及报警按钮）
3	门禁系统	130	设计为总线制门禁系统，设计规模约276个门禁点，单向刷卡（标准读卡器），普通IC卡（含测试卡15张）
4	停车场系统	43	设计采用车牌识别管理方式，设计规模为三进三出（不含安全岛及岗亭），中央收费站一套
	三、医院建筑设备管理系统	635	
1	楼宇自动控制系统	580	设计采用TCP/IP以及开放式协议的BA系统架构（本地总线制），包含中央服务器、组态软件、DDC、扩展模块、传感器及网关等，风/水阀及执行机构等由暖通专业提供，系统共设计约3500个I/O点
2	综合集成系统	55	集成系统主要包含楼宇自控系统（含公共照明）、保安监控系统、门禁系统、报警系统、停车场系统，系统支持电话短信报警、子系统间联动管理功能等
	四、医院辅助系统	395	
1	排队叫号系统	195	设计采用IP网络型叫号系统，设计规模：16套叫号主机，16台等候区液晶主显示屏（参考尺寸55英寸），120台诊室显示屏（参考尺寸19英寸）及叫号模块等

续表

序号	系统名称	投资概算金额（单位：万元）	备注
2	ICU探视系统	38	设计采用IP网络型探视系统，设计有36台数字真彩屏可视病床分机及36台可视探访分机（参考尺寸10.2英寸），系统设计护士站管理主机3套
3	手术示教系统	162	系统暂设计为4+1模式（即4间手术室和1个示教室），其中2间手术室为标准固定数字化手术室设备，2间手术室为标准移动式手术室设备
	合计	2876	投资概算合计（单位：万元）

深化设计详细说明 表5-20

序号	系统名称	投资概算金额（单位：万元）	备注	参考品牌
	一、信息设施系统	1630		
1	综合布线系统-PDS	420	设计规模约为5461个信息点（其中网络点约3757点，电话点约1342点，无线AP点约362点）；设计用六类非屏蔽布线标准，主干采用12芯单模光缆，3类非屏蔽大对数电缆	清华同方
2	统一视频服务系统（含数字电视系统）-IPTV	550	统一视频服务系统设计规模：信息发布约76个，数字高清互动有线电视点约303个，视频监控约580个，手术示教5个，共30个频道（其中含自办节目一个频道）	视联动力
		0	统一视频服务系统（含数字电视系统）只考虑目前设计图纸中的布线，再补充模拟有线电视系统布线一套（规模同数字电视），两部分布线合计工程造价约75万元	
3	背景音乐系统-PA	120	设计为模拟广播系统，约824个扬声器，含广播配管（刷防火涂料）	霍尼韦尔
4	计算机网络系统-CNET	540	单核心万兆交换机（支持9个以上业务插槽，万兆业务卡+24口千兆业务卡，双电双引擎，支持双机虚拟技术），按目前设计信息点规模满配置接入交换机，规划92台全千兆48口交换机及192台全千兆24口交换机，接入交换机上行万兆单链路，1台无线AC（双电源，含授权），362个无线AP（含POE模块），含防火墙、路由器、IPS入侵防御主机、出口医保VPN、应用网关、网管软件及网管服务器	HUAWEI

续表

序号	系统名称	投资概算金额（单位：万元）	备注	参考品牌
	二、公共安全系统	756		
1	保安监控系统-CCTV	580	IP数字监控系（720P），设计规模约580个监控点（POE型），采用NVR存储，存储格式为3M码流，存储时间30天，监控中心设计为3×14普通液晶电视墙（42英寸×2+22英寸×36），含安防UPS2套；概算包含桥架及监控系统配管	天地伟业
2	入侵报警系统-ALS	3	设计为总线制报警系统，设计约75个报警点（双鉴探测器、跳脚开关及报警按钮）	霍尼韦尔
3	门禁系统-YKT-ACS	130	设计为总线制门禁系统，设计规模约276个门禁点，单向刷卡（标准读卡器），普通IC卡（含测试卡15张）	立方
4	停车场系统-YKT-CPS	43	设计采用车牌识别管理方式，设计规模为三进三出（不含安全岛及岗亭）中央收费站一套	立方
	三、医院建筑设备管理系统	665		
1	楼宇自动控制系统-BA	580	设计采用TCP/IP以及开放式协议的BA系统架构（本地总线制），包含中央服务器、组态软件、DDC、扩展模块、传感器及网关等，风/水阀及执行机构等由暖通专业提供，系统共设计约3500个I/O点	DELTA
2	综合集成系统-BMS	55	集成系统主要包含楼宇自控系统（含公共照明）、保安监控系统、门禁系统、报警系统、停车场系统，系统支持电话短信报警、子系统间联动管理功能等	ZCLF
3	能源管理系统-TMRS	30	能源管理系统设计采用总线制，支持约366块各类智能仪表，其中200块电表（含变配电室及普通楼层配电柜）、62块水表、92块热水表、12块冷热量表，能源平台包含基本功能包（组态管理、报警管理、存储模块及驱动模块等），本概算不包含智能仪表的供货安装	ACREL
	四、医院辅助系统	395		
1	排队叫号系统-DZJH	195	设计采用IP网络型叫号系统，设计规模：16套叫号主机，16台等候区液晶主显示屏（参考尺寸55英寸），120台诊室显示屏（参考尺寸19英寸）及叫号模块等	来邦

续表

序号	系统名称	投资概算金额（单位：万元）	备注	参考品牌
2	ICU探视系统	38	设计采用IP网络型探视系统，设计有36台数字真彩屏可视病床分机及36台可视探访分机（参考尺寸10.2英寸），系统设计护士站管理主机3套	来邦
3	手术示教系统	162	系统暂设计为4+1模式（即4间手术室和1个示教室），其中2间手术室为标准固定数字化手术室设备，2间手术室为标准移动式手术室设备	来邦
4	护理呼叫		设计院图纸中共有病床约215间，床位730个，护士站19处	来邦
	合计	3446	投资概算合计（单位：万元）	

深化设计方案扩展情况说明 　　**表5-21**

序号	系统名称	投资概算金额（单位：万元）	备注1	备注2
	一、信息设施系统	1635		
1	综合布线系统	460	平面图中设计规模约为5557个信息点（其中网络点约3757点，电话点约1342点，无线AP点约458点）； 设计采用六类非屏蔽布线标准，主干采用12芯多模光缆，3类非屏蔽大对数电缆； 布点原则：在设计院图纸的布点原则的基础上做进一步细化（仅在院办公室、主任办公室、护士长办公室设置外网点【约55个】，其余网络点位为内网【约4160个】），主干内网为双链路，外网为单链路，主机房与灾备机房采用12芯室内多模光纤实现通信	增加了96个AP点，内网设计改成万兆双链路，增加外网主干千兆单链路
2	计算机网络系统	625	系统设计为内网、外网、专网三部分。 外网和专网为单核心（双电双引擎），内网为双核心万兆交换机（支持9个以上业务插槽，万兆业务卡+24口千兆业务卡，双电双引擎，支持双机虚拟技术）。按目前设计信息点规模满配置接入交换机，外网规划27台全千兆24口交换机；专网规划59台全千兆24口交换机；内网规划77台全千兆48口交换机，43台全千兆24口交换机，38台全千兆24口POE交换机； 接入交换机上行万兆单链路，1台无线AC（双电源，含授权），458个无线AP（含POE模块），含防火墙、路由器、IPS入侵防御主机、出口医保VPN、应用网关、网管软件及网管服务器	增加整套外网设备，内网设备按万兆双核心，万兆双链路配置

续表

序号	系统名称	投资概算金额（单位：万元）	备注1	备注2
3	统一视频服务系统（含数字电视系统）	550	统一视频服务系统设计规模：信息发布约94个，数字高清互动有线电视点约306个，手术示教2个，共30个频道（其中含自办节目一个频道）； 建议按目前要求完成布线，并根据管理需要或开业需要配置相应设备	
	二、公共安全系统	769		
1	保安监控系统	585	IP数字监控系统（1080P），设计规模约541个监控点（POE型），高速球2个、电梯摄像机23个（IP数字型）采用IPSAN存储，存储格式为720P（2M），存储时间90天，监控中心设计为3×7液晶拼接屏（46英寸×21台），含安防UPS 2套（后备时间30分钟）、在收费处、发药处等重要位置增加拾音器、拾音器与前端摄像机直接接入	适当增加拾音器点位约30个
2	入侵报警系统	3	设计为总线制报警系统，设计约75个报警点（双鉴探测器、跳脚开关及报警按钮）	
3	门禁系统	138	设计为网络模式门禁系统，设计规模约281个门禁点，单向刷卡（标准读卡器）出门按钮，普通IC卡（含测试卡15张）	增加5个门禁点设备
4	停车场系统	43	设计采用车牌识别管理方式，设计规模为三进三出（不含安全岛及岗亭），中央收费站一套	
	三、医院建筑设备管理系统	465		
1	楼宇自动控制系统	380	设计采用TCP/IP以及开放式协议的BA系统架构（本地总线制），包含中央服务器、组态软件、DDC、扩展模块、传感器及网关等；风/水阀及执行机构等由暖通专业提供。系统共设计约3245个I/O点，冷冻站网关接口1个，板换接口1个	优化I/O点表，冷机群控改为通过接口集成方式，取消板换接口，取消风/水阀执行器，优化部分路由管线，较原设计优减约250个点位

续表

序号	系统名称	投资概算金额（单位：万元）	备注1	备注2
2	能源管理系统	30	建议独立配置，根据管理要求选择集成；能源管理系统设计采用总线制，支持约366块各类智能仪表，其中200块电表（含变配电室及普通楼层配电柜）、62块水表、92块热水表、12块冷热量表；能源平台包含基本功能包（组态管理、报警管理、存储模块及驱动模块等）；本概算不包含智能仪表的供货安装	
3	综合集成系统	55	集成系统主要包含楼宇自控系统（含公共照明）、保安监控系统、门禁系统、报警系统、停车场系统，系统支持电话短信报警、子系统间联动管理功能等	
	四、医院辅助系统	330		
1	排队叫号系统	195	设计采用IP网络型叫号系统，暂设计规模：16套叫号主机，16台等候区液晶主显示屏（参考尺寸55英寸），120台诊室显示屏（参考尺寸19英寸）及叫号模块等； 本系统规模为依据平面图纸相关诊室暂估量	
2	ICU探视系统	30	设计采用IP网络型探视系统，设计有36台数字真彩屏可视病床分机及8台可视探访分机（参考尺寸10.2英寸），系统设计护士站管理主机3套； 本系统规模为依据平面图纸相关诊室暂估量	减少探视分机28台
3	手术示教系统	105	系统暂设计为2+1模式（即2间手术室和1个示教室），其中1间手术室为标准固定数字化手术室设备，1间手术室为标准移动式手术室设备	由4+1改为2+1
	合计	3199	投资概算合计（单位：万元）	

通过与总包、建设单位将近一年时间的反复沟通，最终确定弱电工程的深化方案（表5-22、表5-23），有了详细的考虑周全的深化设计方案供选择，决策就很容易，而且是在可以预测结果的条件下供业主决策，从而为总包、业主完成项目综合性目标提供强大的支撑。

表5-22

弱电工程招标方案

序号	系统名称	系统分项名称	设计院施工图纸设计情况	总包单位深化设计说明	是否为医院开业必须建设的系统	批复概算（元）	对应概算范围造价估算（元）	概算外增加系统造价估算（元）	备注	方案一	方案二	方案三	方案说明
一、信息设施系统						10,539,100	10,019,076	12,156,594					
1	综合布线系统-PDS	综合布线系统	有配管、布线、信息插座平面图及原理图	深化设计内容包括配管、布线、信息插座，不包括计算机网络设备及无线AP设备； 深化设计平面图中设计规模约为5613个信息点（其中网络点约3909点，电话点约1485点，无线AP点的219点）；设计采用六类非屏蔽布线标准，主干采用12芯多模光缆，3类非屏蔽大对数电缆	是	9,111,000	9,500,000	—		9,500,000	9,500,000	9,500,000	根据院方提出的使用要求，在弱电间现有一组机柜的基础上再增加一组机柜，并增加一路主干光纤。方案一二三均按院方要求考虑
		灾备机房布线	设计说明5.1：地下一层信息中心为预留灾备机房，由院方信息中心自行设计	建筑施工图纸地下一层无信息中心，未就此部分进行深化设计	否	0	—	800,00		—	—	—	
2	计算机网络系统设备-CNET	计算机网络系统—专网	未设计	楼宇自控、安防、门禁系统交换机（至地下一层安防机房）	是	0	—	490,000		490,000	490,000	490,000	
		医院办公网设备（含WiFi）	未设计	未就此部分进行深化设计	是	0	—	800,000	设备统一采购	—	—	—	
3	统一视频服务系统-IPIV	线材	仅有系统原理图	深化设计内容包括配管、布线	是	0	—	330,116		330,116	530,000	330,116	方案一为统一视频预留管线；方案二为统一视频预留管线、有线电视系统预留管线、有线电视系统设备；方案三为完整的统一视频服务系统，但需调整概算
		系统设备	仅有系统原理图	未就此部分进行深化设计	否		—	500,000	设备统一采购	—	250,000	5,000,000	
4	信息发布系统（LED屏）-INF	设备及线材	未设计	深化设计共设置10块双基色LED屏，约30平方米，设置于住、出院窗口，挂号、收费等窗口；全彩屏共设置2块，约25平方米，暂设置于首层门诊大厅、门诊药房2处	是	1,428,100	519,076	—		519,076	519,076	519,076	

续表

序号	系统名称	系统分项名称	设计院施工图纸设计情况	总包单位深化设计说明	是否为医院开业必须建设的系统	批复概算（元）	对应概算范围造价估算（元）	概算外增加系统造价估算（元）	备注	方案一	方案二	方案三	方案说明
5	会议系统-HY	线材	仅有系统原理图	深化设计内容包括配管、布线，预留配管布线实现如下功能： 本项目设计约7间大小会议室，其中小会议室4间（约30平方米以下）、中会议室2间（约100平方米），多功能厅1间（约400平方米），主要会议系统功能设计如下： 1. 4间小会议室：专业扩声、投影显示； 2. 2间中会议室：专业扩声、数字发言、投影显示、摄像跟踪、高清视频切换、智能中控； 3. 1间多功能会议室：专业扩声、数字发言、投影显示、辅助显示、摄录像系统、高清视频切换、会议灯光、智能中控	否	0	—	71,418		71,418	120,000	120,000	方案一为会议系统预留配管（因会议系统使用需求与布线有直接关系，使用需求不确定暂按不布线考虑）；方案二、三为会议系统预留配管、线缆（布线按常规需求考虑）
		系统设备		会议室、多功能厅设计支持视频会议设备的接入应用，视频会议等	否		—	4,500,000		设备统一采购	—	—	
6	电梯五方对讲系统-DTDT	线材	未设计	深化设计内容包括配管、布线	是	0	—	165,060		165,060	165,060	165,060	
二、公共安全系统						3,289,500	6,059,679	600,000	申报概算638.74万元，批复概算				
7	保安监控系统-CCTV	设备及线材	有平面图及原理图	监控系统采用网络型，设计规模约570个监控点（POE型），存储方式为IPSAN，存储格式为720P，存储时间为30天。监控中心设计为3×7液晶拼接屏（46英寸×21台），系统采用UPS供电	是	3,289,500	4,307,049	—	概算中382个监控点，施工图设计约570个监控点，281个门禁点，原设计存储方式为NVR	4,307,049	4,307,049	4,307,049	
8	入侵报警系统-ALS	设备及线材	有平面图及原理图	设计为总线制报警系统，设计约75个报警点（双鉴探测器、跳脚开关及报警按钮）	是		107,522	—		107,522	107,522	107,522	
9	门禁系统-ACS	设备及线材	有平面图及原理图	设计为网络模式门禁系统，设计规模约281个门禁点，单向刷卡（标准读卡器）出门按钮，普通IC卡（含测试卡15张）	是		1,645,108	—	概算中230个门禁点，施工图设计281个门禁点	1,645,108	1,645,108	1,645,108	

续表

序号	系统名称	系统分项名称	设计院施工图纸设计情况	总包单位深化设计说明	是否为医院开业必须建设的系统	批复概算（元）	对应概算范围造价估算（元）	概算外增加系统造价估算（元）	备注	方案一	方案二	方案三	方案说明
10	停车场管理系统-CPS	线材	仅有系统原理图	设计采用车牌识别管理方式，设计规模为三进三出	是	0	—	100,000		—	—	—	考虑到本系统与后期运营模式相关，运营模式目前暂未确定，本次未进行深化设计
		设备		未就此部分进行深化设计	是	0	—	500,000		—	—	—	
三、医院建筑设备管理系统						5,424,800	3,357,793	1,032,346					
11	楼宇自动控制系统-BA	设备及线材	仅有系统原理图	设计采用TCP/IP以及开放式协议的BA系统架构（本地总线制），包含中央服务器、组态软件、DDC、扩展模块、传感器及网关等，风/水阀及执行机构等由暖通专业提供，系统共设计约2172个I/O点	是	5,424,800	3,357,793	—		3,357,793	3,357,793	3,357,793	
12	能源管理系统-TMRS	设备及线材	无	包含水表173块，电表255块，预留变配电室能耗管理接口（6间变配电室），不含变配电室智能表的调试费用（智能表数量未确定）	否	0	—	482,346		482,346	482,346	482,346	
13	系统集成	设备	仅有系统原理图	未就此部分进行深化设计	否	0	—	550,000		—	—	—	无需路由，通过软件实现，院方后期可按需考虑
四、医院辅助系统						618,139	496,790	1,110,000					
14	电子叫号系统-DZJH	门诊排队叫号系统	仅有系统原理图	管线		51,139	160,000	—		160,000	160,000	160,000	
		取药叫号系统	未设计	管线			70,000	—		70,000	70,000	70,000	
		门诊排队叫号系统	仅有系统原理图	设备		254,400	—	150.000	设备统一采购	—	—	—	
		取药叫号系统	未设计	设备			—	80.000	设备统一采购	—	—	—	
15	ICU探视系统	设备及线材	仅有系统原理图	设计采用IP网络型探视系统，设计有26台数字真彩屏可视病床分机及8台可视探访分机（参考尺寸10.2英寸），系统设计护士站管理主机2套		145,500	236,790	—	236,790	236,790	236,790	236,790	
16	手术示教系统-SSSJ	设备及线材	仅有系统原理图	管线	是	59,290	30,000	—		30,000	30,000	30,000	
				设备	是	107,810	—	880,000	设备统一采购	—	—	—	
	合计					19,871,539	19,933,338	14,898,940		21,472,278	21,970,744	26,520,860	

分包工程承包范围及界面划分

表5-23

弱电工程承包范围

分包工程承包范围

（1）本工程门诊医技病房楼的弱电系统（信息设施、安全防范、医疗辅助智能化、医院建筑设备管理等系统，详见下表）的深化设计（深化设计为完全响应招标文件、合同文件并由原设计单位及发包人签字确认的最终〈深化〉设计）、设备材料的供货、安装、调试、测试、软件编程、负责办理相关验收备案手续并取得相关批准文件、验收、培训、保修、售后服务、竣工资料（含竣工图）编制以及虽未载明，但为完成工程竣工交验所需的一切设备、材料供应及相关工作。

系统	子系统	招标范围
信息设施	综合布线系统	本系统前端信息点、水平线缆、主干线缆、配线架、网络机柜等，其中配线架要求30%预留量
	视频服务平台系统（数字有线电视系统和信息发布系统）	本系统前端各信息点、水平线缆、主干线缆等
	信息显示系统（LED屏）	前端双基色LED显示屏、全彩LED显示屏、水平线缆、主干线缆等
	会议系统	无
	电梯五方对讲系统	电梯控制柜至消防控制室电梯对讲主机间的电梯对讲总线配线
计算机网络	计算机网络（视频监控）系统	核心交换机、接入交换机
安全防范	视频监控系统	前端摄像机、传输设备、后端存储、显示等设备、线缆敷设，电梯摄像机等
	入侵报警系统	各报警点、报警主机、报警键盘等设备、系统线缆敷设等
	门禁系统	各门禁读卡器、出门按钮、电锁、门禁控制器、发卡器等设备、线缆敷设等
医疗辅助智能化	分诊排队叫号系统	系统线缆敷设
	取药叫号系统	系统线缆敷设
医院建筑设备管理	建筑设备监控系统	控制器、传感器、设备箱、管理软件等设备、线缆敷设等
	能源管理系统	数据采集器、管理软件等设备，线缆敷设等

（2）分包人与承包人、独立承包人、其他分包人之间的工作界面划分如下：

1）与承包人的界面划分：配管、桥架由承包人施工；能源管理系统水表、电表等由承包人施工，为弱电专业预留标准接口。

2）与医用气体工程界面划分：护理呼叫系统由医用气体专业施工：设备带上信息插座及配线由分包人施工，医用气体专业分包需按本分包工程的相关要求在设备带上为弱电信息插座开孔。

3）与洁净工程的界面划分：

A. 综合布线系统：地下二层中心供应、三层微创、四层ICU、十三层层流病房的综合布线系统，由分包人施工至弱电间配线架（含配线架），自配线架（不含配线架）至末端的配管配线桥架及信息插座等由洁净工程专业施工；四层手术室分包人施工至弱电间网络机柜（不含配线架），自弱电间配线架（含配线架）至末端的配管配线桥架及信息插座等由洁净工程专业施工。三层静脉配液中心、七层CCU的综合布线系统配管配线桥架及信息插座等均由分包人施工。

B. 背景音乐广播系统：洁净工程区域内的背景音乐广播系统均由洁净工程专业施工。

C. 呼叫对讲系统、层流病房一对一对讲系统：洁净工程区域内的呼叫对讲系统、层流病房一对一对讲系统均由洁净工程专业施工。

D. 电视监控系统：洁净工程区域内的电视监控系统均由洁净工程专业施工。

E. ICU视频探视系统：洁净工程区域内的ICU视频探视系统均由洁净工程专业施工。

F. 门禁及可视对讲系统：洁净工程区域内门禁及可视对讲系统均由洁净工程专业施工。

G. 门禁系统：洁净工程区域内的门禁系统（非门禁及可视对讲系统）由分包人施工。

4）与消防工程的界面划分：消防广播系统由消防专业施工。

5）与电梯工程的界面划分：电梯对讲设备、电梯井道内各分机间的布线由电梯工程专业施工；用于电梯摄像机的自电梯轿厢至电梯机房的视频电缆（视频线缆满足监控要求）由电梯工程专业施工；电梯摄像机电源取自轿厢顶，由电梯工程专业提供AC220V接口，电梯摄像机由分包人安装。电梯工程专业配合调试。

6）其他：手术示教系统、计算机网络系统（含无线AP设备）、停车场管理系统、信息机房工程不在本次招标范围在深化设计的进程中，各专业间的技术界面也得到精细的打磨和完善。对于那些图纸难以详尽表达的细节，辅以文字描述进行补充，确保弱电专业工程的产品定义清晰明确。这种细致入微的定义工作，使得招标界面无懈可击，为专业分包总价合同的签订创造了条件。由此，施工过程中的变更、拆改、索赔和商务计量得以大幅减少，付款流程依照形象进度和合同量有序进行。作为专业分包商，由于设计周全，漏洞极少，他们可以全心投入到现场履约中，摒弃了低价中标后高价索赔的策略。专业分包商的主要精力集中在建立良好的履约记录和维护企业信誉上，期望通过高质量的服务实现与总包方的长期合作。在这个过程中，总包方通过长达一年的深化和优化工作，对专项工程的成本了如指掌。在招标时，总包方还考虑给予专业供应商8%～10%的利润空间，从而在总包与专业供应商之间建立起互利共赢的合作关系，共同服务于业主，实现共同成长。

医疗建筑工程的每个专业单项，均需在施工前完成深化设计和招标准备工作，正如弱电工程一样。这一过程为施工现场管理奠定了坚实的基础。通过在设计和采购阶段的精心组织和管理，复杂工程项目施工管理中常见的质量、进度和造价控制问题得到了有效预防。

5.3 设计采购为施工创造条件

在某城市建造一个综合性医院的工期情况大多是4年左右，时间长的大约5～7年。相应概算控制大多不尽如人意。至于质量，研究小组对该城市使用5年以上的三甲医院进行了普查。普查结果显示，大多数医院虽然采用了比较高档的装修材料，但从用材、装饰效果、机电末端等可以外观的统计情况看，并不让人满意，说明在缺少系统的深化设计管理的情况下，质量管理效果统计离散性很高。

图5-4～图5-9是部分对比照片，进一步展示了这一现象。

对比研究小组在日本观察到的建筑项目外观质量的显著一致性，我国建筑行业的管理实践，特别是在设计和采购的整合上，显示出明显的改进空间。以下从三个方面阐述深化设计与采购融合管理对总承包施工管理产生的积极影响。

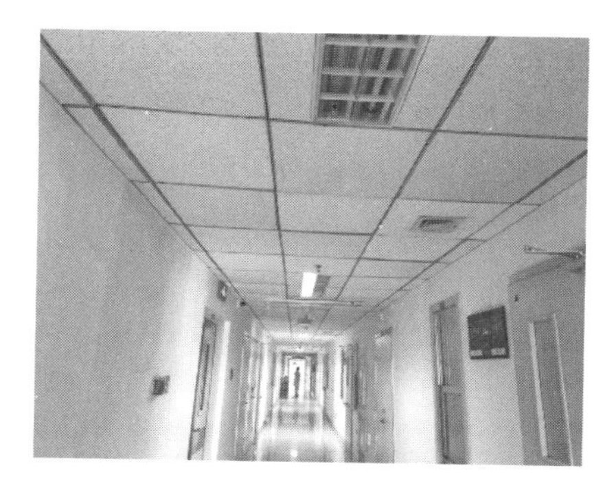

图5-4　矿棉板吊顶变形塌腰

图5-5　走廊矿棉板平整度好

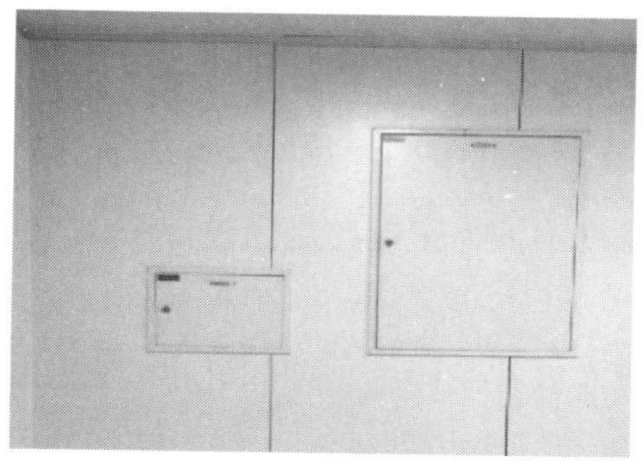

图5-6　树脂板与机电设备排布乱

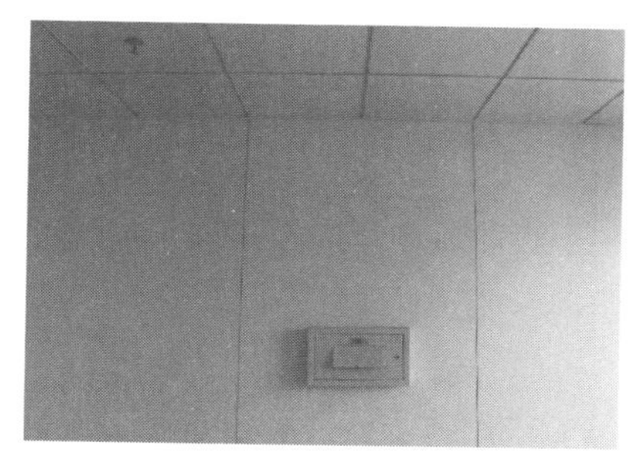

图5-7　树脂板与机电设备排布整齐

图5-8　物流轨道与吊顶冲突

图5-9　物流轨道与吊顶结合美观

5.3.1 进度

在过去十多年，北京综合性医院的建设工期通常为4 ~ 5年，有些医院甚至需要5 ~ 6年才完工。尽管结构施工期间的进度看似迅速，平均每7 ~ 15天完成一层楼，但一旦进入专业施工阶段，由于种种原因，施工进度常常陷入困境。主要原因在于医院项目涉及众多专项工程，多达40 ~ 50个，这些专项工程往往先招标后深化，导致专业分包供应商在追求自身利益时与其他专业在产品功能、品质、造价等方面产生诸多争议，效率低下。部分专业在招标前未能充分论证功能和造价，深化过程中又掺杂供应商利益，进一步降低了工作效率。

施工前，专项的设计和采购工作准备不足，影响了总包的现场组织和专业供应商的生产计划执行。若40 ~ 50家供应商都面临这种情况时，不仅总包现场效率低下，专业供应商的工程周期也被拉长，形成了一个效率普遍低下的局面。这导致现场施工中不断出现变更、拆改，专业边界模糊，生产协调难度加大，工期控制因设计、采购遗留的诸多问题变得异常困难。

然而，如前所述，如果所有分包供应商在结构施工期间经过总包系统管理下的全面优化、深化后进场，专业供应商便能依据合同和招标图有计划地组织材料、设备和人工进场，严格按计划执行。例如，某医院工程的手术室医疗装修，在完成深化设计和招标后，能迅速出具加工图，经过审批、订货和3个月的工厂加工，半成品设备到现场，短短4个月内便能完成全部手术室的现场安装并具备调试条件。同样，弱电工程虽涉及20余个分项，但经过深化过程中对功能、品质、造价和运维需求的清晰论证，以及充分征求并确认各科室个性化需求，从进场到施工完成具备调试条件也仅需约10个月。

按照这种工作流程，40 ~ 50家供应商能够有序地在各自具备工作面时投入工作，现场主要协调平面和竖向运输。由于产品定义清晰、合同界面严谨，供应商客观上没有了索赔的空间，主观上也因现场组织有序而积极履约、提高效率、降低成本。在这种有序的工作局面下，整个项目的工期得到有效控制，医院项目完全有可能在两年半至三年内完成。虽然这样的进度尚属少见，但只要按照设计、采购、施工一体化的方式组织，项目工期的控制是完全可行的。

5.3.2 质量

综合性医院的质量要求不仅限于通过验收备案的基本标准，更关键的是满足设计的功能和运维需求，确保用户使用便捷，为医生和患者创造一个舒适的工作和就医环境。这些要求在各功能区域和房间的具体实施中显得尤为复杂和多样。

由于过去几十年来设计、采购、施工之间缺乏有效整合，功能和运维需求在施工图阶段未能得到充分落实。这包括缺少详尽的用户意见征询环节，可研初设阶段缺乏充分论证，以及在招标前没有明确的产品技术规格说明书，导致招标时缺乏明确的技术标准。对于需要在项目实施过程中进一步明确的功能和质量标准，业主需要专业的顾问来管理设计环节。然而，目前业主的咨询服务企业中存在一些不足，如设计单位不驻场，监理和管理公司也缺乏完成设计交底和审图任务的能力，这导致工程施工过程中的质量标准不够明确，也是当前建筑工程质量管理存在的根本原因。

对于建筑工程EPC项目，通过上述的设计采购融合管理，总承包商可以通过采购专业咨询企业的服务来实现供应商的集成管理。专业工程师完成产品定义后，再经过审批、招标，不仅系统性地完成了庞大的专项工程产品定义和功能、运维需求的论证审核，而且筛选出了价格合适的专业供应商，为产品质量保证提供了坚实的依据。

在提升综合性医院建筑质量的过程中，将供应商的工艺加工图审核、监造、半成品验收以及分部分项验收等环节纳入设计管理的范畴，是确保技术信息连贯性和一致性的关键。这种做法确保了产品从设计定义到采购再到加工验收的每个环节都具有明确的责任归属，从而实现质量的全面控制。

通过这一过程，实现了质量保证的闭环管理，它公开透明，允许业主代表和监理全程参与监督，确保施工严格依照图纸和标准进行，真正实现按图施工、按标准验收。这种全面系统的质量保证逻辑，正是日本建筑工程产品质量管理的坚实基础。

5.3.3 成本

在确保建筑产品满足既定功能、品质、运维需求以及总承包合同要求的前提下，工程总承包项目降低成本的讨论成为关键问题。成本的构成和控制受到多种因素的影响，主要可以归纳为以下三个方面。

（1）通过价值工程降低成本

在建筑工程的方案阶段、初步设计以及施工图设计阶段，优化和深化设计管理是控制成本的关键。通过运用价值工程的方法，在设计环节中寻求成本降低的途径。实现这一目标的具体做法包括引入专项咨询或供应商集成参与设计过程。在总承包设计、技术和商务人员的协同组织下，通过一系列管理要求，如指标要求、技术交底、质量检查、审图以及报审批准——确保设计优化、深化工作的高效和合规性。

以土方支护工程为例，业主通常会委托设计院提出支护方案。然而，设计院可能对造价不够敏感，对现场开挖环境、平面布置、施工过程及现场变化缺乏深入研究，而更多关注边坡的安全性。这导致施工图在优化和深化方面存在较大空间。经验表明，通过优化设计，通常能够实现大约20%的成本降低。

（2）降低交易成本

专项工程通过深化设计阶段明确技术标准和要求，使得工程量清单及其市场价格变得清晰透明。参与投标的单位已经参与了优化和深化设计的全过程，对工程的具体情况、业主和总包的需求以及项目的潜在风险都有了深刻的理解。

这些投标单位作为与总包长期合作的战略供应商，对项目有着深入的了解，并且在总价合同的基础上进行招标，确保了投标价格的真实性和合理性。他们充分挖掘可用于本项目的资源，以展现自身的竞争优势。

在合同执行过程中，由于信息共享和双方建立的信任关系，沟通协商的成本被降至最低。即使出现冲突，双方也倾向于通过协商和妥协来解决问题，避免了问题的激化。此外，总价合同中界面和设计定义的清晰性，大大减少了洽商和索赔的可能性，从而从根本上保证了专项工程造价的可控性。

（3）降低大型总包和供应商生产成本

以一个大型综合性医院项目为例，如果在设计和采购阶段就完成了产品定义，并明确了合同方式、内容和界面，同时选定战略供应商来执行合同，那么工期将得到有效控制，现场施工将基本避免窝工、返工和拆改的情况。

对于专业供应商而言，从进场到完工，工程能够高效顺利地进行，人力物力的投入变得可控，从而将生产成本降至最低。对于专业分包来说，项目的顺利完成至关重要，因为只要项目未完工，就需要持续派驻管理人员。如果工程进展不顺，出现拆改或返工，将导致人、材和机费用的增加，甚至可能面临劳务索赔的风险。

因此，顺畅高效的现场管理不仅能降低各专业供应商的成本，还能转化为对总包投标报价的优惠，进一步传递至总包成本中。对于工程总承包商而言，由于工期的缩短，可以节约大量的现场管理费用，并减少现场各专业拆改、返工、窝工以及被索赔等额外费用，使得项目成本因设计和采购阶段的充分准备而得到显著降低。

【实践者】

一个十多万平米的大型综合性医院，若要系统地在结构施工期间（约一年左右）完成设计优化、深化，总包团队、各专业技术、商务采购人员在通常35人左右的基础要再增加35人，组织专业供应商及专业咨询公司人员大约60～100人工作一年，完成各专项工程深化优化，总承包项目部大约增加现场管理费800万～1000万元；若项目工期拖延一年，产生的现场管理费、水电费、架料、设备费约1500万元；这还不包括各专业分包、劳务队伍在工期拖延时隐性对总包结算必然会增加的费用。对业主和使用人创造的价值就更大了。如果业主对工期服务满意，更是增加总承包企业的市场价值。

建筑工程专业分包、材料、设备等采购在招标阶段，通常要明确技术标准和要求、合同界面、商务条件、价格及中标人。详细分析采购执行的几大要素都是当前的采购管理存在问题，这些问题给后续的工程项目管理造成后患。因此，我们需要重新审视“采购管理”问题。

通过设计与采购阶段的融合，建筑产品有了完整的设计定义，实际上已完成了建筑产品的模拟建造。有了深化设计就有了完善的各专业施工界面；后续招采过程和各专业协同设计，与供应商签订总价合同，供应商可依招标图结合现场放线测绘加工图；再由总包及设计、技术、监理审批后加工订货；最终现场安装各专业之间界面清晰，总包现场生产主要协调平面场地、作业面、竖向运输。传统现场管理影响施工的界面问题、设计变更甚至使用功能、运维需求已在设计过程中消化；专业供应商的效率很高，相应成本降低，这也会降低供应商下一次报价时对成本的评估并反映到报价中，供应链整体优化的效能体现出来。另一方面完善的设计、总价合同也断了供应商二次索赔的想法，从报价中标开始只有一个想法，“索赔没可能，早点干完活儿赶下一单”，再加上有长期合作协议的加持，合同履约过程中的纠纷在长期合作战略思维推动下，协商代替对抗，求同存异，极大地降低运行管理成本，从而使项目总成本降低。在招标过程中，由于发承包双方信任，信用会降低对风险的担心，因此供应商会降低报价和一次性利润的追求；只要是竞争局面，一定有一个相对合理、较低的价格，过往的经验，8%的利润是一个平衡点，一切顺利，利润可能会达到10%～12%，即使不顺利也会有4%～5%的利润；这是一个良性的长期合作的范围，而大量数据分析整理，有经验的总包对招标合理控制价是可以测算的。关于工程品质由于在设计过程中对功能、材料设备、工艺、节点进行了详细的论证、评审、验收、确认，施工阶段可以真正做到按图施工，施工图说不清楚的有技术规格说明、有深化节点工艺图、有样品确认，对工艺复杂的半成品驻场监造、驻场验收后交货；把品质管控深入到每一个环节，按标准抓到位，而这些验收环节作为供应商绩效考核上传至管理系统进行绩效评估，长期记录并展示质量品质控制变化情况，纳入绩效评估，这样的定量客观的考核，如一束阳光照在供应商的履约记录中，让大家向正确的方向不断前行。

通过设计与采购融合，使设计、采购、施工一体化真正实现，从而从根本上解决工程项目施工现场管理中的质量通病、工期拖延、造价失控等老大难问题，这就是建筑工程项目管理通过治理上游的“水土流失”解决下游“洪水泛滥”问题。

过去三十年设计院与运维渐行渐远，以至在设计过程中对运维场景、可能产生的问题和需求知之甚少。所以这么多年国家提倡设计、采购、施工、运维一体化难以落地，而施工企业因为有两年的保修留款，五年的防水防渗漏维修责任，对运维产品缺陷有一定的认知，但是鲜有企业系统地分析整理不同业态工程运维需求的，更不用说系统地运用到设计管理中去。而EPC工程管理，要对产品负责、对用户负责，EPC实际上是在一个设计、采购、施工、运维知识不断提升的PDCA循环中提高产品品质和用户满意度，其中运维的Know-How系统分析总结并运用于下一次产品设计中，是一个有战略眼光的EPC承包商必须重视的管理环节。而各专业工程战略供应商的支持配合，并按工程总承包企业的要求，收集整理提高各专业运维技术水平，同时反馈至总承包管理系统，为总包制定设计管理标准所用。2020年研究小组有幸参观了日本多栋综合楼，从地下室机房、停车场、运维中控室、大堂，乃至各功能房、屋面，其完善的运维考虑，功能与设计细节的完美结合令人叹为观止。我们相信，在国家行业改革的推动下，通过全供应链的共同努力，降低成本，提高效率，同时为用户提供性能优越的产品是行业同仁今后为之奋斗且一定能实现的目标。

附录一：推荐案例——香港儿童医院 EPC工程总承包案例

【他山石】

2020年，我们有幸跟随某建筑集团战略研究院深入调研建筑工程EPC项目管理的实践与成效。香港儿童医院项目以其卓越的管理和创新，成为调研中的一个突出案例。本书精心转录了该项目的核心经验，目的在于凸显专项咨询在EPC项目全建设周期中的关键作用。除了专项咨询顾问公司所提供的深度服务外，众多专业供应承包商也通过供应商集成模式，积极参与到项目的优化和深化过程中。这种模式对建筑工程EPC总包企业而言，提出了在采购方式和管理方式上的重大挑战，同时也带来了新的机遇。我们同样观察到，香港的业主和最终用户通过咨询顾问公司的协助，对各专项工程的交付标准进行了严格的审查和监督。这种做法不仅确保了工程交付的高标准和产品质量，而且为业主和政府部门提供了宝贵的参考和启示。

通过对香港儿童医院项目的学习和分析，我们认识到专项咨询在提升EPC项目质量和效率方面发挥的不可替代的作用，同时也强调了对供应链进行精细管理的重要性。这些经验对于推动建筑工程领域的发展，提高项目管理水平具有重要的借鉴意义。

案 例

国际EPC模式下的医院工程管理重点

——以香港儿童医院为例

设计施工一体化模式（Design & Build），作为国际EPC建设模式的主流应用形式，在我国香港地区已展现出其卓越的适用性和成效。这一模式在特区政府总部、启德邮轮码头、将军澳消防训练学校、港珠澳大桥香港连接线等多个不同类型的重大项目中得到成功运用，并取得了令人瞩目的成果。EPC模式以其在控制投资成本、节约整体工期、保证建设质量等方面的显著优势，被广泛认为是现代大型医院建设的理想选择。事实上，香港特区政府建筑署在近年的医院建设项目中，无论是已建、在建，还是筹建的近10个项目，均全面采纳了EPC模式。

本小节旨在探讨国际EPC模式在医院工程管理中的关键要点，并结合香港儿童医院项目的实践经验，提供深入的介绍和分析。希望通过分享这些宝贵的案例和见解，为业界同仁提供实用的参考和启示，共同推动医院建设项目的高效管理和卓越执行。

一、国际EPC工程建设模式特点

1. 适用条件

通常来说，一个建设项目选择EPC模式有几个适用条件：

（1）工程复杂，工艺技术含量高，其中设备的采购和安装占有重要地位；

（2）业主的工程资源力量有限，希望降低自身的组织协调工作量；

（3）业主希望总投资成本可控、风险较低；

（4）项目建设要求的工期比常规项目要短；

（5）业主或使用者的需求在项目一开始时就明确。

2. 业主关注重点

对于EPC工程，业主关注如何在规定的时间、规定的技术标准、限定的预算内完成工程项目，其关注重点具体表现为：

（1）工程建设时间，包括施工里程碑时间、交付使用时间；

（2）工程建设成本，包括界定合约边界、每一阶段确定设计内容、总预算不超标、设定备用金比例；

（3）工程建设质量，包括设计质量、施工质量、测试质量。

一个理想的EPC工程，应达到工期可控、成本可控、质量可控、符合业主及用家期许等目标。

3. 合同特点

国际EPC合同特点主要有“用家要求”“评标”“设计及审图流程”“工程监督人员”等几个方面。

（1）用家要求（Employer’s Requirements，ER）

用家要求是合约中的正式文件，该文件必须涵盖用家希望项目中包含的所有要素、要求及与项目相关的所有信息。一旦决定采用EPC模式，用家要求在项目一开始时就须定义明确且保持稳定。如果业主要求不够准确或用家需求没有定义清晰，就会对招标、评标、设计、采购和施工等过程造成困难。用家要求（ER）是国际EPC工程中业主控制工期、质量和成本的关键。

（2）评标（Assessment of Tenders）

业主需在评标前建立一个评标小组（Tender Assessment Panel），并在招标前制定出评标方案，提供公平客观的评标方法。评标分为商务标及技术标，两者各占一定比例，技术标中设计部分设置及格分，若设计部分分数不及格，投标者即出局。

（3）设计及审图流程（Design Checking Procedures）

设计及审图流程的规范性很重要，流程通常包括两个主要阶段：初步设计（Approval in Principle，AIP）、深化设计（Detailed Design Approval，DDA）。

（4）工程监督人员（Supervising Officer）

工程监督人员在EPC总包设计审核中的职责主要为执行用家要求（ER）中规定的设计检查要求。在现场进行分项工程施工前，监督人员应要求承包商为工程的每个部分提交监督、检查和执行计划（Inspection Test Action Plan，ITAP）。

4. 工程发包前后的主要流程（图1、图2）

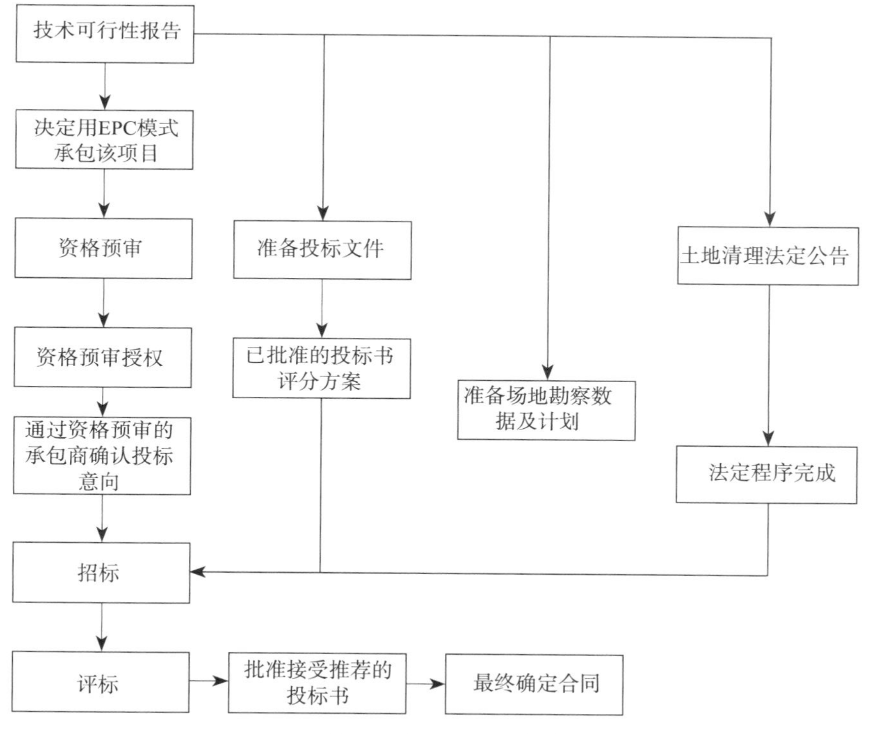

图1 国际EPC项目在发包前的主要流程

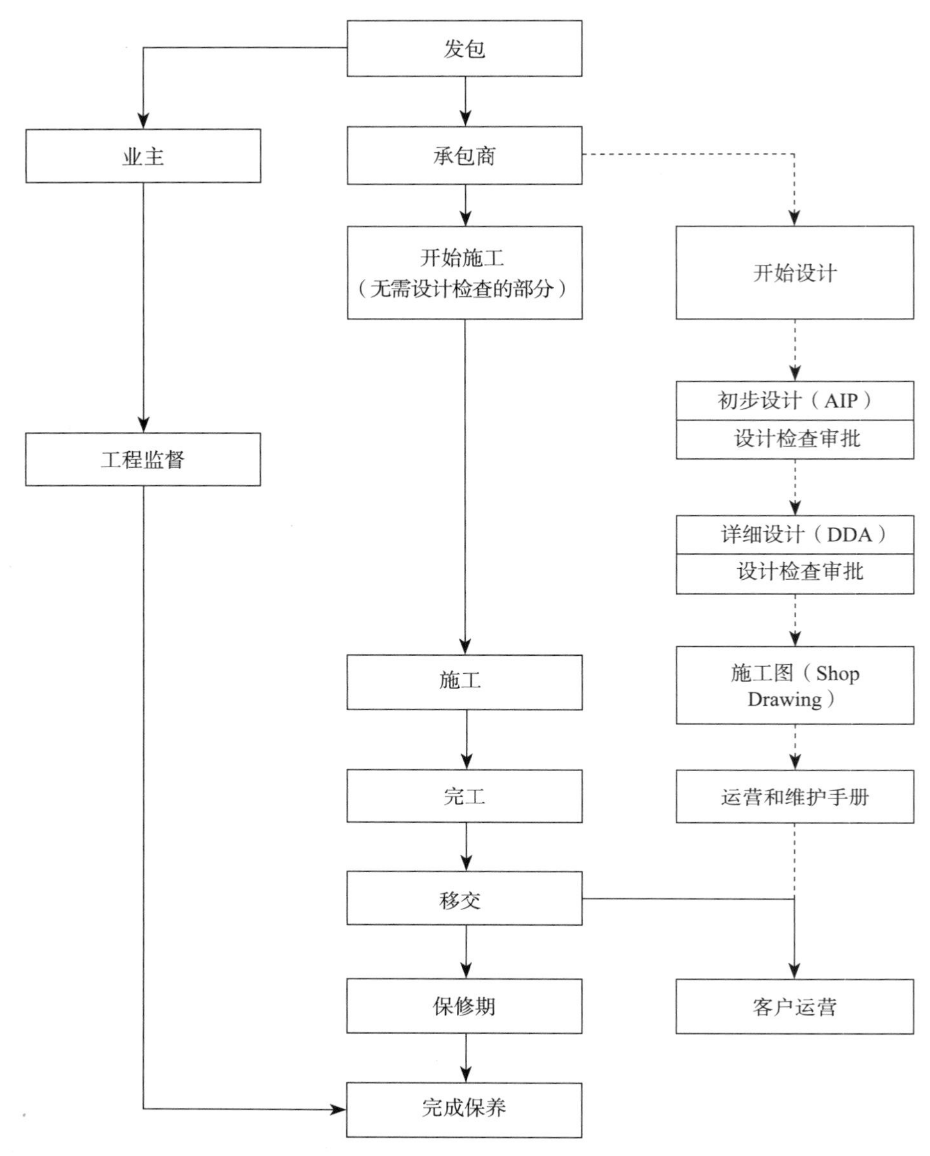

图2　国际EPC项目在发包后的主要流程

二、以香港儿童医院项目为例介绍国际EPC医院工程管理重点

香港儿童医院，作为香港首屈一指的医疗机构，是唯一一家专注于处理重症、复杂、罕见及需跨专科治疗的儿科病症的第三层医疗服务医院。它不仅提供全面的临床服务，还承载着科研和培训的重要职能，是香港医疗体系中的一颗璀璨明珠。

该项目是香港特区政府为实现建设亚洲顶尖医院宏伟蓝图的关键载体，同时也是香港特区政府迄今为止单项合约额最大的工程。香港儿童医院的建设，不仅体现了政府对提升医疗服务水平的坚定承诺，也彰显了其打造世界级医疗服务设施的决心。

鉴于该项目的重要性、紧迫的工期要求、技术难度以及对高质量标准的严格要求，香港特区政府建筑署明智地选择了EPC模式进行建设。EPC模式的采用，确保了设计和施工的高效协同，为项目的成功实施提供了有力保障。

香港儿童医院项目包括一栋教学科研大楼、一栋临床服务大楼、两层地下室等，建筑面积加地下室约20万平方米，于2013年8月开工，2017年9月完工，2018年2月移交给医院，同年12月正式运营。

自项目开工之日起，EPC总承包商便置身于重重挑战之中：管理团队规模庞大，沟通协调任务繁重，设计工作的复杂性，技术标准的严苛要求，以及市场资源的极度紧张，所有这些构成了巨大的压力。然而，EPC总承包商展现出了充分的耐心和清晰的判断力，抓住主要矛盾，做好顶层设计，用管理筑基、以创新为魂，积极主动、迎难而上，最终完成“不可能的任务”，在香港房建领域留下了浓墨重彩的一笔：

■ 单项合约额最大的政府工程（超90亿港元）；

■ 管理设计及审图顾问公司最多（38家）；

■ 设计咨询最广泛（征求医护等意见超过1000人次）；

■ 工程量最大的单项房屋工程（桩基础总长超10万米；土方挖掘量约250000立方米，处理海泥100000立方米；主电缆长度超过21万米，支线长度过亿米，冷气管道近20万平方米，医疗气体管道长度近80000米）；

■ 施工速度最快的政府房屋工程（大型深基坑项目土方挖掘及临时支护工程7.5个月；主体结构6.5个月；结构平顶至消防验收6个月；消防验收至竣工3个月）；

■ 单月完成工程量最多的房屋工程（最高单月完成工程量约7亿港元）；

■ 高峰期开工人数最多的房屋工程（超过5000人/日，占香港建造业同期开工人数近5%）；

■ 近20年来香港输入劳工最多的工程。

这是香港近年获得海内外各类奖项最多的工程项目之一，已获奖项包括澳洲建造师学会（AIB）国家年度大奖、亚太项目管理学会（APFPM）大奖、香港项目管理学会（HKIPM）大奖、英国皇家特许建造学会（CIOB）年度最佳项目经理奖、英国皇家特许测量师学会（RICS）年度最佳项目管理团队奖、香港特区政府建筑署（ASD）周年大奖、香港工程师学会（HKIE）卓越结构奖等。本项工程在满足业主的功能及标准要求的同时，实现了美观、实用、经济、可持续发展等要素均衡。我们深知，只有优秀的投标设计方案，才能在激烈的国际EPC工程竞标中脱颖而出，赢得最终的胜利。

1. 完善的顶层设计是EPC工程成功的基础

在EPC工程中，总承包商承担着设计、采购、施工的全面统筹任务，这对总包的建设能力、沟通协调和资源调配能力提出了极高的标准。确保项目从一开始就有良好的顶层设计，是EPC工程顺利实施的关键。顶层设计的精髓在于精准捕捉项目的主要矛盾，坚持以问题为导向，始终以客户需求为中心，深化体系构建，并通过卓越的管理追求效益最大化。如香港儿童医院项目涉及极庞大的管理体量：

■ 香港医院管理局（Hospital Authority，HA）设立了“联合事务团队”（Joint Commissioning Team，JCT）负责香港儿童医院的规划和启用，JCT成员涵盖护理、行政、实验室、放射科、康复、药学、工程等领域专业人士，包括13家公立医院的儿科部门，以及两所大学的儿科教授和18个儿科亚专业组别代表；

■ 作为业主的香港特区政府建筑署由助理署长带领的30人团队参与管理；

■ EPC总承包商自身的项目管理团队高峰期超过350人，设计及审图顾问团队过百人，分包商近三百家，供应商近两百家，技术工人高峰期日开工人数超过5000人。

2. 设计管理工作是EPC工程的核心

EPC工程的核心优势在于通过EPC总承包商对设计、采购、施工三个阶段的同步协调，从而显著提高工程建设的效率。同时，EPC模式下总承包商责任的统一，有效降低了业主面临的风险。

对于EPC总承包商而言，责任的统一首先体现在设计问题上。设计管理是EPC工程成功的关键，其水平直接关系到设计进度是否与现场施工需求相匹配，设计质量是否满足业主及最终用户的需求，以及是否能够避免不必要的过度设计。

在香港儿童医院项目中，设计管理团队汇集了超过30位专业人士，涵盖建筑、结构、机电等多个专业领域。团队负责统筹33家设计顾问公司、5家审图顾问公司以及众多专业分包商团队的工作，并与JCT合同条款和业主进行紧密协调，重点确保设计进度和设计质量的高标准，实现专业水平的进一步提升。

3. 设计进度管理是设计管理工作的重中之重

香港儿童医院项目的设计复杂性极高，即便采用传统的DBB模式（Design-Bid-Build，设计—招标—建造），其设计周期在香港其他医院项目中也至少需要三年以上，这几乎等同于我们采用EPC模式下的设计、采购、施工一体化的总工期。在这个意义上，设计进度在很大程度上决定了EPC工程的工期。

为了有效控制设计进度，对设计内容进行了全面梳理，并明确了设计沟通、修改、确认、审批的流程。针对设计流程中的不同关键环节，EPC总承包商还建立了针对性的风险应对机制，并进行详尽的过程记录，确保设计进度的持续可控。

在国际EPC项目中，整个设计流程通常分为三个主要阶段：初步设计（AIP）、深化设计（DDA）和施工图设计（Shop Drawing）。面对香港儿童医院项目庞大的设计工作量，总包在与业主及“联合事务团队”JCT的充分沟通协调下，对初步设计阶段进行了进一步细化，将其分为“建筑平面初步设计协调意见收集（1st AIP）”和“建筑平面初步设计协调意见确认（2nd AIP）”两个子阶段。同样，深化设计阶段也被细分为1st DDA和2nd DDA两个阶段。

通过优化设计及审批流程，确保了从初步设计到深化设计的过渡更加顺畅，图纸审批速度得到提升，设计与施工的衔接也更为紧密。这些措施保障了施工的连续性，显著提高了工程效率，确保了工期的稳定性，并有效控制了成本。

4. 设计质量管理是设计管理工作的中心

在设计流程中，设计管理团队负责统筹整体设计任务和进度计划。设计顾问公司根据这一计划提前提交设计草稿供设计管理团队审阅，并由施工管理团队进行可施工性审查。一旦设计草案满足要求，它将依次提交给审图顾问和业主审批；若不符合，则设计顾问需在规定时间内进行修改并重新提交。

设计顾问团队和设计管理团队对用家要求（ER）的深入理解是确保图纸满足要求并顺利通过审批的关键。

为了满足业主和用家的期望，建立有效的工作机制必不可少。在香港儿童医院项目中，管理团队通过用家会议（User Meeting）和设计样板（Mock-Up）与业主和用家进行设计沟通和确认。

User Meeting的目的是确定房间细节，如家具布置和机电设备接口等，该项目中举行的大型User Meeting超过200次。Off-Site Mock-Up是在项目现场外创建的代表性区域室内设计样板，邀请业主和用户现场提出意见并进行修改。这一过程的目的是确定室内材料的款式、尺寸、颜色，以及机电设备的布置和数量。

在香港儿童医院项目的深化设计阶段，我们选取了18个典型区域，完成了1：1的设计样板，包括候诊区、药房、实验室、手术室、办公室、洗手间、更衣室等，总面积超过2000平方米。Off-Site Mock-Up初步完成后，我们收集了超过1000人次的医护人员意见，并针对每一条意见进行了积极的回应和设计细节的合理调整，最终完成了设计确认。

VMU（Visual Mock-Up）是指完成代表性外墙的设计样板，邀请业主提出意见并进行修改，以确定外墙材料的款式、尺寸、颜色等。

这些机制和措施提高了业主和用家在设计过程中的参与度，有效地引导、规范和统一了他们的需求。这不仅确保了设计质量，形成了各方都满意的设计定稿，而且在很大程度上避免了后期工程变更的发生，从而极大地增强了对成本和工期的控制。

5. FPE设备采购与安装是EPC工程的工期制约因素

在香港医院的EPC项目中，医疗设备的采购被划分为EPC总包负责的采购部分以及由用家方直接负责的采购，即FPE（Forward Procured Hospital Operation & Medical Equipment）。例如，在香港儿童医院项目中，听力室、消毒炉等医用设备属于EPC总包的采购范畴，而核磁共振成像（MRI）、计算机断层扫描（CT）等设备则属于FPE。

用家需要与EPC总包紧密协调，确保医院的设计和施工能够满足这些设备的设计和安装要求。若在设计阶段对FPE的考虑不够充分，或在施工阶段未能妥善协调安装工作，可能会对医院的最终移交和运营产生不利影响。

为应对这一挑战，在香港儿童医院项目中，我们从项目初期便要求负责FPE的分包商参与用户会议（User Meeting），并在初步设计阶段根据用家需求（ER）提供设备的尺寸、重量等关键信息。在深化设计阶段，我们进一步收集FPE设备的详细参数，并确保在设计中予以充分考虑。

同时，我们将FPE设备的运输、安装、调试方法及工期安排与项目整体施工计划相融合。通过与用户方和FPE分包商的紧密合作，我们有效降低了FPE采购与安装对项目工期的潜在影响。

6. 设计、施工与采购的有机结合是EPC工程的管理精髓

EPC工程的显著特点在于设计、报批和施工的同步进行，这种同步性是EPC工程管理的精髓所在。在EPC模式中，设计不仅为施工和采购奠定基础，更是满足业主和用户期望的关键。施工的早期介入不仅提升了设计的质量与效率，也推动了设计和采购进度的加快。同时，采购环节对医院的移交时间有着直接影响，并对设计与施工提出了相应的制约。

在香港儿童医院项目中，设计、施工与采购的紧密相连体现在每个阶段。比如，地基勘探（G.I.）进行到一定阶段后，通过细分设计流程，提前启动了初步设计（User Meeting AIP）阶段中的大楼基础设计，并争取到了基础设计审批（AIP Piling Submission & Approval）的时间，确保了基础工程能够按时施工。通过不断优化工作流程和加强各环节的紧密衔接，确保了在分项施工前对应的图纸得到审批，使得设计与施工能够有序且高效地搭接，显著提升了建设效率。最终，香港儿童医院项目在设计工作结束后仅半年便实现了项目竣工，达到了EPC模式的理想效果。

7. 精细化管理是EPC工程的重要保障

在项目管理中采用了企业特色项目管理体系——“5+3工程项目管理模式”（图3）。这一模式超越了传统的三要素控制理论，它将社会科学、行为理论、复杂性理论的精髓与现代科学管理理论相结合，从系统的角度深入分析项目成功与失败的根本原因和内在动

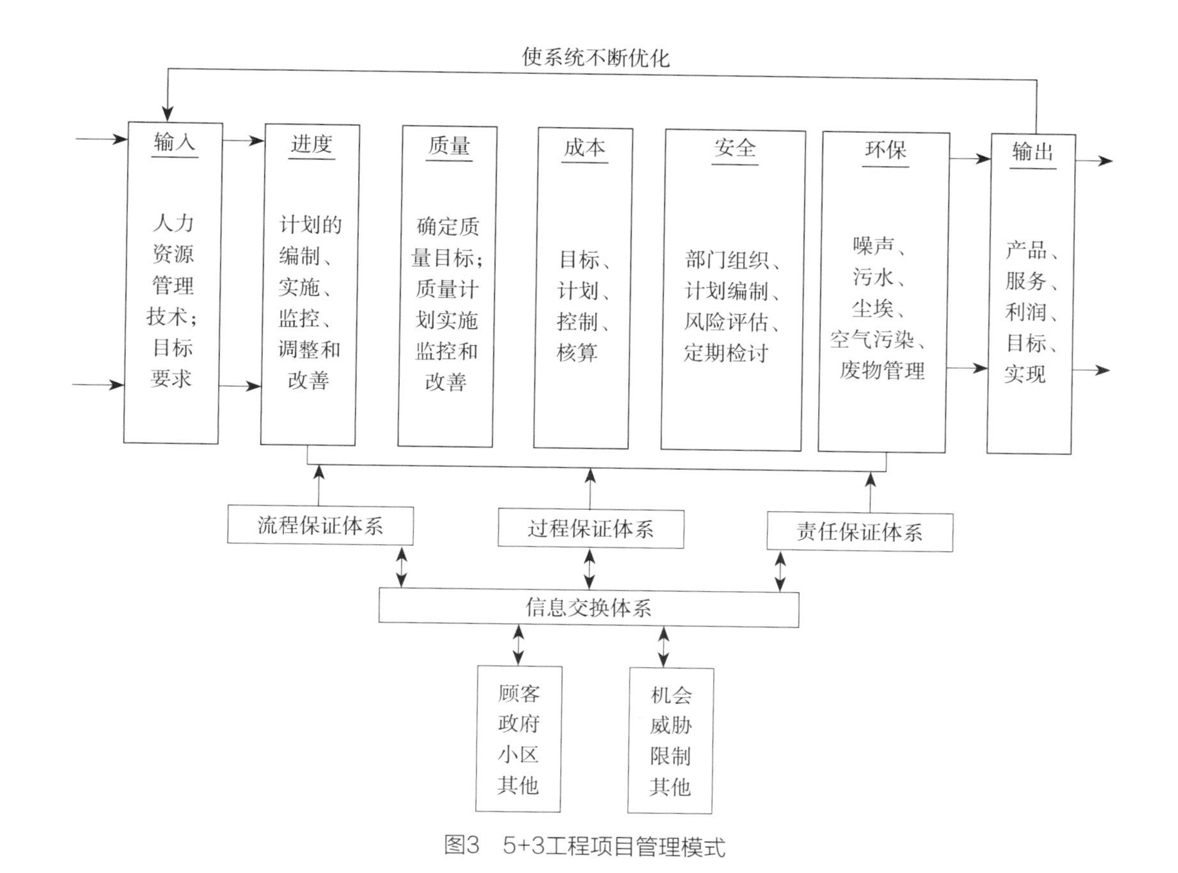

图3 5+3工程项目管理模式

因，形成了一套国际工程管理的理论体系。

“5+3工程项目管理模式”是一种综合性的管理方法，它将项目管理的核心职能和目标细化为五个关键要素：进度、质量、成本、安全和环保。这一模式通过三个确保体系——流程保证体系、过程保证体系、责任保证体系——在项目管理的微观、细观、宏观层面上，确保这五个要素的平衡与统一。在项目的操作层、管理层和决策层，“5+3模式”实现了社会责任、合同责任、经营责任的协调统一，这不仅是工程项目管理的目标，也是项目成功的关键所在。在香港儿童医院项目中，项目管理团队进一步将科技等要素融入该模式，丰富和发展了理论系统，全面提升了项目管理的绩效。

在“5+3工程项目管理模式”的支持下，项目管理团队勇于采用新材料、新技术、新方法和新工艺，创新性地引入劳工资源，为项目的快速施工提供了坚实的人力资源保障。克服了工程技术、市场环境和资源条件等方面的挑战，确保了香港儿童医院项目不仅按期完成，而且在施工全过程中未发生严重工伤事故，无任何重大质量安全环保事故，各项安全环保指标均远低于行业标准，项目质量得到了广泛认可。

三、对EPC医院工程的展望

尽管EPC建设模式在内地引入已有20年历史，但其在医院项目中的应用仍面临不少挑战。常见问题包括业主在立项阶段难以明确提出具体要求、在设计阶段参与度不足、缺乏统一的高质量医院建设标准，以及缺少具备丰富经验和专业能力的EPC总包。这些问题导致了所谓的“伪EPC”模式的出现，其建设成效往往与EPC模式的初衷相悖。

然而，随着我国人民对美好生活需求的不断提升，高标准、高水平、高效率的医院建设将是大势所趋。香港儿童医院项目仅用四年时间便完成了设计、建造并成功交付使用，这一成功的实践充分证明了国际EPC工程模式能够满足现代医院建设的复杂需求，是一种先进的医院建设模式。

在长期的国际医院建设实践中，我们总结了高标准医院建设的USMC模型：

- 以使用者为本（User-friendly），使用者深度设计参与；
- 以高质量医院建设标准（One Standard）为核心；
- 以EPC+工程模式（One Mode）为高效推进的载体；
- 以有经验的国际承包商（Experienced Contractor）为有力的执行者、管理者、推动者。

附录二：上海环球金融中心项目总承包的设计管理

【他山石】

上海环球金融中心项目是我国建筑工程管理行业的一座丰碑，这不仅仅是因为金融中心的建筑高度，更重要的是该项目是国内主流施工企业第一次真正面对国际工程管理环境，并在此过程中对设计、采购、施工一体化的经验教训进行了系统的总结提升。虽然时隔多年，其经验教训至今仍掷地有声。其中，设计管理作为重点内容，设计管理落地的组织方式尤其值得我们深思。设计咨询单位和供应商、设计单位发挥什么作用？如何进行组织、考核、激励？正是供应链集成管理要回答的问题。

一、概述

上海环球金融中心（Shanghaiworld Financial Center，SWFC）位于上海陆家嘴金融贸易区Z4-1街区（世纪大道100号），北临世纪大道，西邻金茂大厦。上海环球金融中心是日本森大厦株式会社企业集团联合日本、美国等40多家企业投资建设的摩天大楼。该工程地块面积30000平方米，建筑占地面积14400平方米，总建筑面积381600平方米。

上海环球金融中心地上101层，地下3层，建筑主体高度达492米。该工程是以办公为主，集商贸、宾馆、观光、会议等功能于一体的综合性大厦，建成后它已经摘得“建筑屋顶高度世界第一”和“人可达到高度世界第一”两项桂冠，并被世界高层建筑与都市人居理事会（CTBUH）评为“2008年全球最佳高层建筑”。

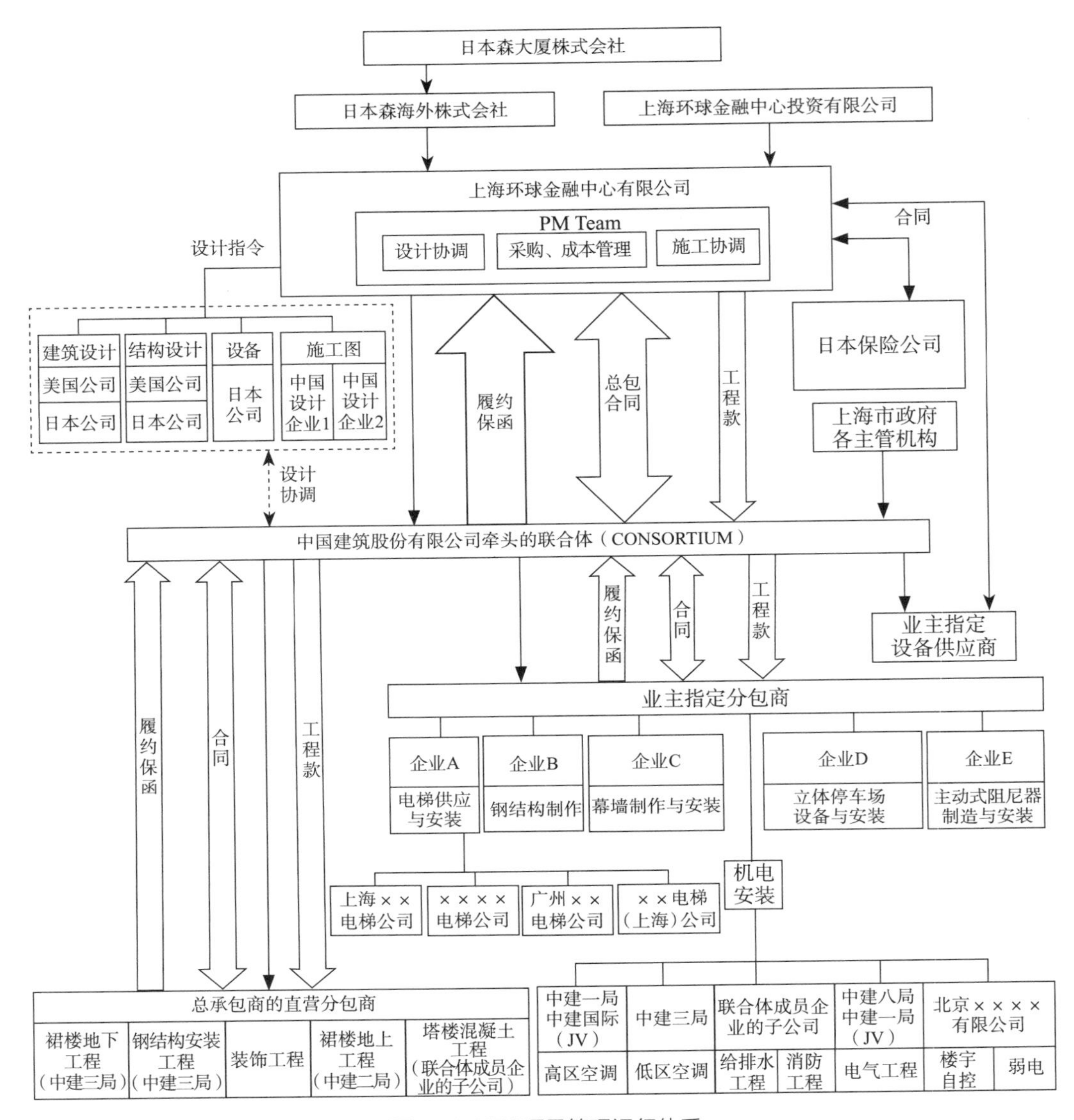

图1　SWFC项目管理运行体系

如图1所示，SWFC项目是中国建筑企业首次以总承包身份建造的世界顶级摩天大楼（表1），项目实施具有复杂的运营体系。本项目的建造过程对我国大型建筑企业的施工技术和项目管理能力是一个综合考验。

SWFC与已建成摩天大楼的比较 表1

类别	SWFC	台北101	双子塔	金茂大厦
地点	上海	台北	吉隆坡	上海
结构高度（m）	492	508	378.6	403
最高楼层高度（m）	474	438	375	366
屋顶高度（m）	492	448	378.6	403
含天线高度（m）	492	508	452	420.5
层数（地上/地下）	101/3	101/5	88/5	93/3
建筑面积（m^2）	381600	412500	395000	287360

2004年11月22日，由中建总公司牵头与上海建工集团组成联合体赢得了 SWFC项目的施工总承包权。总承包商在SWFC项目建造过程中承担的设计工作范围超出了施工总承包合同约定的范围。因此，SWFC项目的实际运行模式尤其是机电工程、钢结构工程、装饰工程更加接近于 EPC总承包模式。项目的成功实施需要总承包商的设计、采购和施工管理能力提供保障。在施工图及其深化设计初期，总包方与业主方对合同中的总承包商应该承担的设计工作范围确认存在较大差异，致使施工图及施工图的深化设计工作进展缓慢，造成施工进度大幅拖延。总包管理高层意识到SWFC初期的首要任务是消除施工图及深化设计工作的制约因素，才能有效地推进工程进度。经过与业主方反复协调施工图及其深化设计应该完成的工作内容、图纸表达方式以及各参与方应该完成的施工图深度要求等细节问题，制定了“推进施工图及深化设计来确保施工并追赶工期”的方案，最终形成业主方和总包方共同认可的施工图及深化设计管理。

二、SWFC 项目施工图及深化设计管理

目前，国内许多投资巨大、结构新颖、技术含量高的房屋建筑项目中，业主提供的图纸大部分都是由国外著名建筑设计所（如KPF、SOM等）提供初步设计，再经过国内拥有建筑设计资质的企业完成扩初设计或施工图设计。施工总承包与工程总承包的根本区别在于设计和施工的工作界面划分，业主方赋予总承包商设计工作内容的多少直接关系到总承包商对项目建造成本掌控能力的大小。如果业主方对设计的费用支出仅仅是为了满足国家的某些强制性的设计要求规定，即通过审图公司的确认程序获得工程设计的合法性，而不是从项目的施工角度考虑；那么，大量的设计工作将由承包商被动地承担，从而导致工程建造工期延误并引发设计范围和费用的争端。目前，房屋建筑领域的大型工程建造实践中普遍存在的情况是，业主方请国外设计公司提供的施工图一般只达到国内的扩初设计的深

度标准，需要承包商按照中国的法规要求，完成满足中国法规要求的施工图深度要求，以确保施工图能够满足指导现场施工的需求。但是，承包商报价中的设计费用往往报得很低或只是象征性地列入开办费项目中。

针对以上情况，作为总承包商的施工特级总承包企业将面临一系列问题，在参加大型房屋建设项目投标时如何确定合理的设计费用报价？如何组建施工图及其深化设计的管理和工作团队？在我国建设管理体制尚没有完成设计施工一体化转型的时期，施工企业如何参与设计？大型房建总承包项目中，作为承建商的大型施工企业完全有能力完成施工图及其深化设计任务，但是如何处理业主工程师审核确认的施工图、国家建设主管部门要求的合法施工图以及施工单位发挥施工技术优势，优化施工图的资质制约等方面的问题？概言之，在房屋建筑领域的总承包项目管理中，施工图及其深化设计已成为影响工程进度、造价和质量的关键因素。大型施工企业要通过设计施工一体化实现为项目增值的目标，首先要解决设计能力、费用和机制方面的问题。

三、SWFC项目施工图深化设计中出现的问题及对策

1. SWFC项目施工图及深化设计管理的特点

在SWFC工程的建造初期，施工图的设计深度问题及施工图的深化设计工作一度成为制约工程进度的瓶颈，设计影响了施工进度而造成了总承包商和业主方之间相互埋怨的气氛。当时，业主方认为总承包商对工程总承包项目的管理经验不足，于是业主工程师开始直接参与管理分包商的施工图设计及深化工作，并且对已经完成的图纸频繁审核、反复要求修改，甚至已经符合施工条件进入施工现场的图纸，仍然不配合总承包单位完成符合我国设计管理规定的确认程序。而总承包商认为，由于业主方对设计阶段应该完成的工作拖延到施工阶段来完成，造成了工程施工阶段的工作范围扩大，即增加了承包商的工作内容而没有增加工期和费用；而且，在设计管理的过程中，因为业主方没有按照我国的建设管理制度发布指令，给总承包商增加了违规施工的风险。双方在设计管理过程中的碰撞和摩擦现象不断，甚至到了业主企业和承包商企业双方高层出面协调施工图设计及深化工作体制的程度。

为了保证SWFC项目工期目标的实现，总承包商组织了约500人的施工图设计及深化队伍（包括分包商的设计及深化人员）来实现业主要求的施工图设计及深化工作。在施工图及深化设计工作逐步推进的过程中，总承包商对项目深化设计管理中存在的问题及其根本原因形成了以下认识：

（1）业主在设计阶段的准备施工文件中投入太少，导致施工图设计单位有意将部分工作推入施工阶段。

（2）导致深化设计工作缓慢推进的主要原因是业主给总承包商提供的施工图在设计阶段没有完成专业工程设计的协调，原设计深度不够，不仅增加了施工图深化设计的难度，而且导致业主工程师设计变更指令频繁。

在国际工程总承包中的工程设计工作通常划分为两个阶段，即初步设计阶段和施工图设计阶段，具体工作分为3个步骤进行：①业主首先请设计公司进行初步设计，据此编制出工程量清单，并编制特殊技术规范，然后将上述资料提交给承包商。承包商在深刻理解初步设计的要求和业主提交的特殊技术规范后提出报价，承包商中标后即开始。②工程的施工图设计。③施工图的深化设计。而施工总承包商一般承担的是第二阶段中的施工图的深化设计工作。目前国内惯例是，施工总承包商只承担第二阶段中的——即③施工图的深化设计（图2），施工图设计被列入初步设计阶段完成。

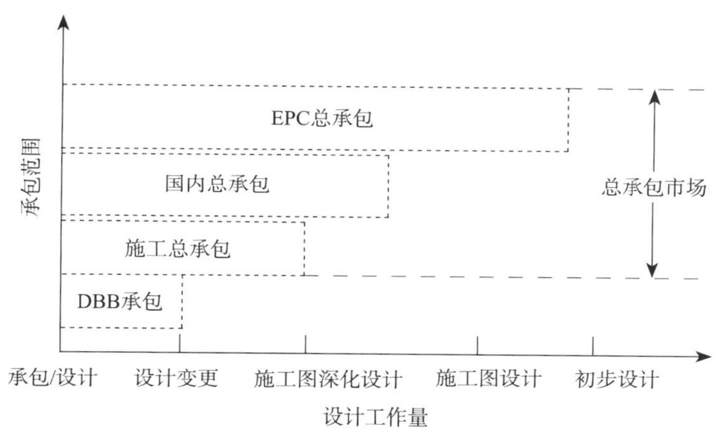

图2　工程总承包与设计范围的关系

按照我国建设管理体制中的规定［详见《建筑工程设计文件编制深度规定》（2003年版）和《建筑工程设计文件编制深度规定》DBJ 08-64-1997的规范标准］，SWFC工程在设计阶段完成的施工图设计没有达到中国规定的深度要求。在SWFC工程的总承包合同中，将设计工作划分为设计阶段和施工阶段两个阶段。在设计阶段，设计单位KPF建筑师事务所（美）、入江三宅设计事务所（日）、构造计划研究所（日）、赖思里·罗伯逊联合股份公司（美）和建筑设备设计研究所（日）的工作是"准备施工图供招标投标用的招标图"；设计单位国内某建筑设计研究院的工作是"准备施工文件供政府部门批准和施工"。实际情况是业主付给该建筑设计研究院的费用仅为国内正常设计取费标准的18%，导致该院简化设计使其仅通过政府审批（审图公司盖章确认，即所谓审批图），完全没有达到能够作为施工依据的深度要求。进入施工阶段后，业主向总承包商提供了招标图和审批图，并要求总承包商进行所谓“深化设计”。总承包商事实上被迫承担了“准备施工文件供施工用”工作（图3）。

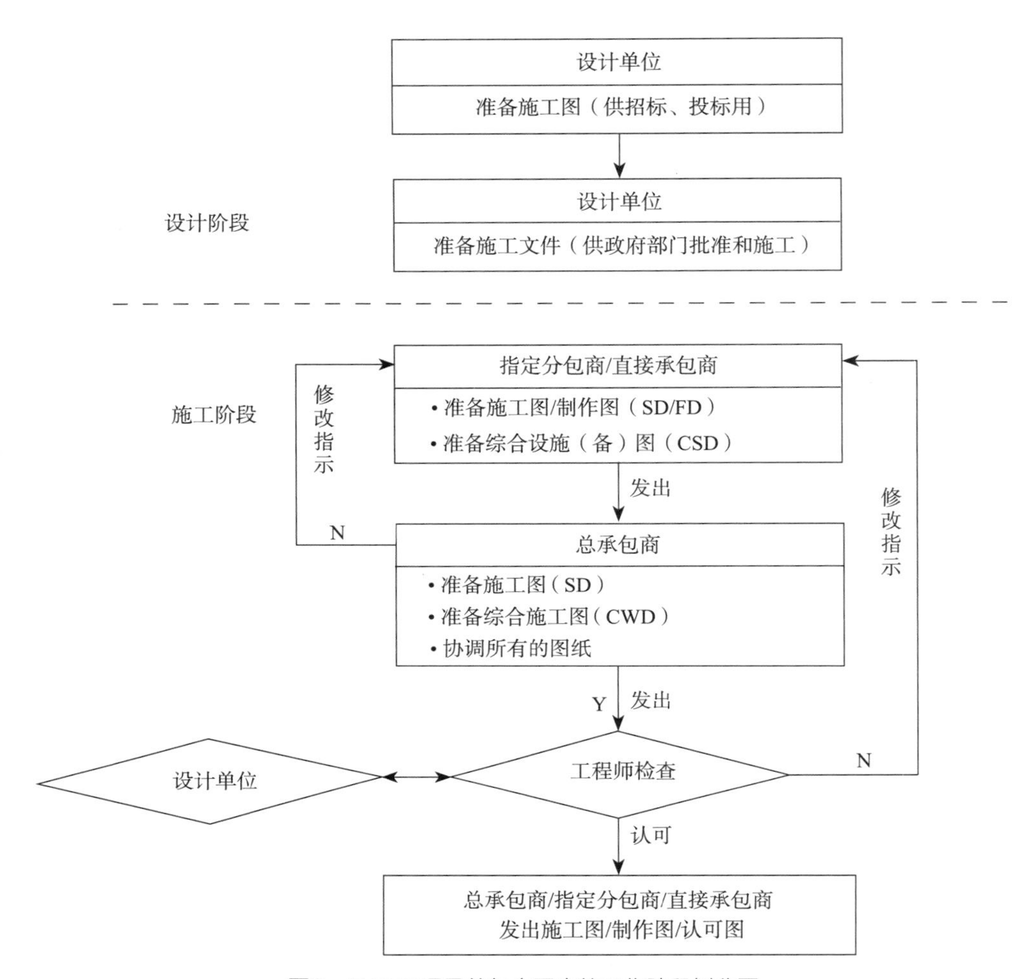

图3　SWFC项目总包合同中的工作阶段划分图

出现这种情况的原因主要有三点：

（1）施工图设计经费不足：设计阶段的施工图设计的费用收入只有国内设计费取费标准的1/6；

（2）总承包商的职责范围界定不清：SWFC工程的主合同是“固定总价”的总承包合同，在合同谈判阶段总承包商和业主方就十分清楚地知道，该工程交给主承包商的设计工作范围远非施工总承包商应该承担的施工图深化设计所能涵盖。业主方不肯明确该工程为“施工总承包”，如果认定是“工程总承包”则在招标时却未要求承包商提出设计费用的报价。最后，总包与业主妥协的结果是“SWFC项目总承包”，即上海环球金融中心项目的总承包。双方未能就本工程属于施工总承包还是工程总承包范畴达成一致；

（3）施工图在不同阶段有不同的含义：按照合同要求，SWFC工程在设计阶段完成的施工图应该是为现场施工准备的，施工阶段总承包商承担的应是总包自营工程的施工图深化设计和专业施工图及深化设计的协调管理（图4）。

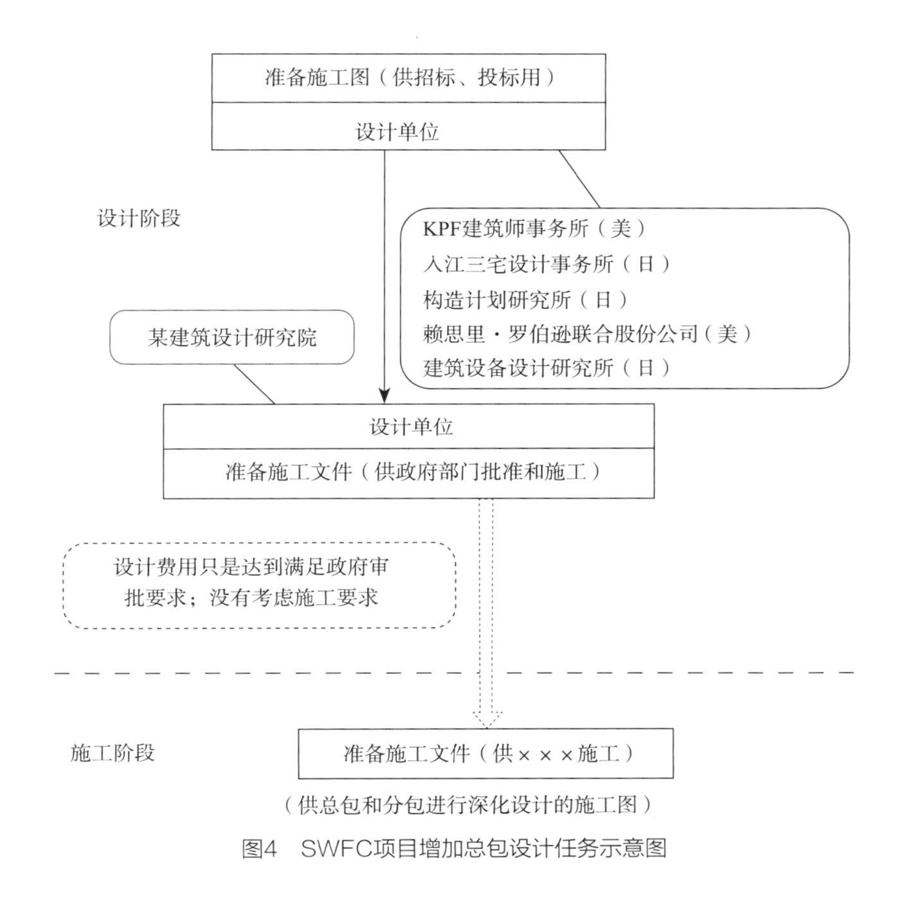

图4　SWFC项目增加总包设计任务示意图

比较该工程现场的施工图及深化设计工作的实际运作流程图（图5）与合同中的工作阶段划分图，可以看到总承包商承担了完善设计阶段的准备施工图工作，以及在设计阶段应该完成而没有完成的专业设计及协调工作；业主要求总承包商的工作范围超出了合同约定。在总承包商和分包商进行施工图深化设计时，设计阶段应完成的工作因为深度不够导致的潜在问题不断在施工阶段的设计中暴露出来。如各机电专业设计图、建筑图（装饰）、结构图以及各专业图间的初步协调工作没有完成。总承包商组织施工图深化设计时，还需要与准备施工图的原专业设计单位进一步协调，以确认原设计意图和工程功能要求。为了不影响施工进度，总承包商不得不投入大量人力和资金完善施工图，以满足工程进度的需求。

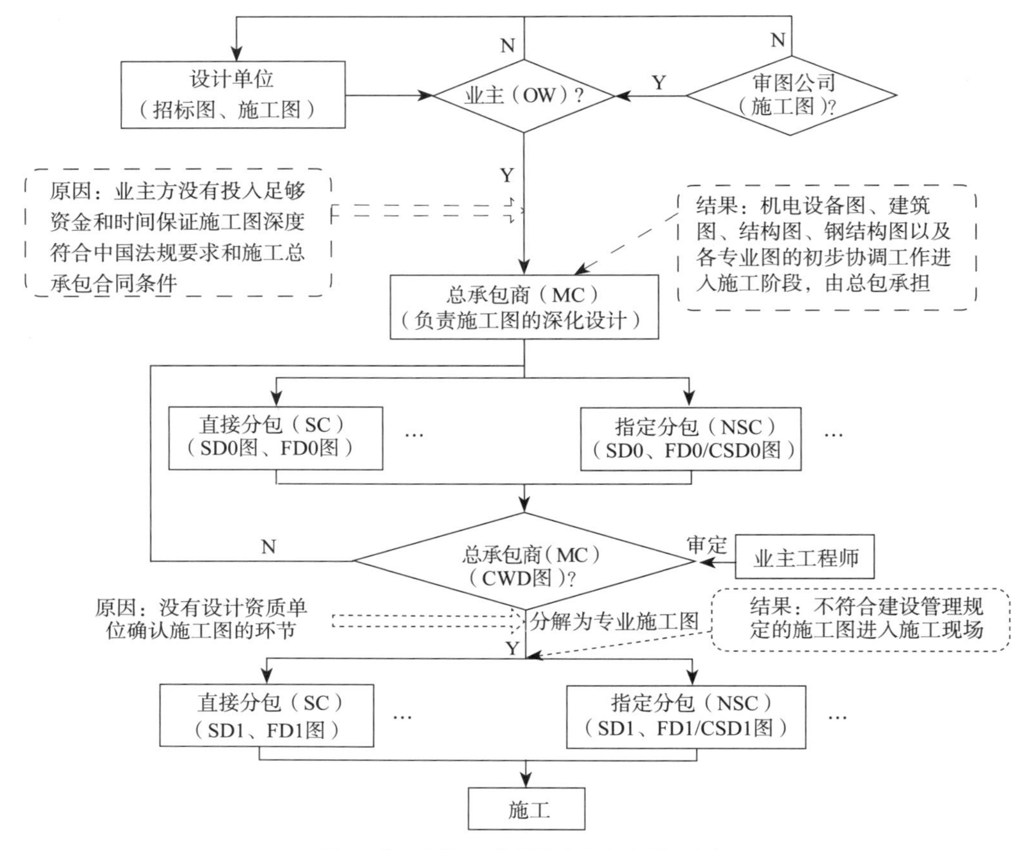

图5 施工图及深化设计实际运行流程图

业主回避其提供给SWFC工程现场施工图中存在的问题，认为要求总承包商弥补招标图（准备施工图时应该完成的）、施工图（准备施工文件时应该完成的）中设计缺陷的工作应该属于合同约定的范围，并采用对总承包商的施工图设计和深化能力以及对分包的管理协调能力提出疑问的方式来掩盖设计阶段未能满足标书要求的实质问题。

施工图深化设计后的图纸报审中，业主工程师反复提出修订指示，而且审批后的施工图不通过设计单位审核就直接发总包并指令总包组织实施。

SWFC工程实施过程中，总包和分包完成施工图设计后向业主工程师报审修改少则3次，多至十次（图6）。由于审核确定时间较长，造成施工图出图计划延误，从而影响了现场的施工速度，出现这种情况的原因包括以下几种：

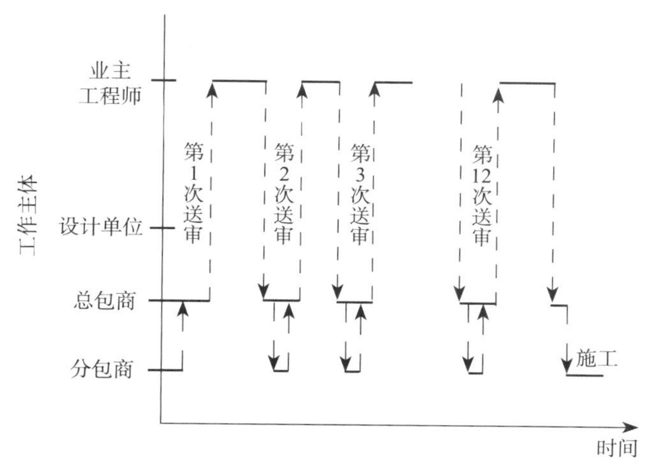

图6 施工图深化设计反复报审示意图

1）承包方的设计与深化设计能力不足

中建总公司牵头的联合体的总承包项目部在发现设计管理方面存在的问题后，调集系统内的设计单位50多人组成施工图设计及深化设计管理团队，并且聘请3家专业的制图公司协同工作。同时，总包还督促设计和深化设计能力不强的专业分包商增加设计力量。总包单方面的努力并没有使施工图设计和深化设计的进度得到彻底改观，业主工程师的审核以及与原设计单位的协调问题凸显出来。

2）原设计单位完成的施工图深度不够

2005年5月，总包设计部根据业主聘请的国内某建筑设计研究院已出的施工图，对照《建筑工程设计文件编制深度规定》（2003年版，简称GB）和《建筑工程设计文件编制深度规定》DBJ 08-64-1997，简称SH等设计要求，发现存在42项影响深化设计工作的事项（不包括一般性的错漏碰缺以及雷同的问题），在此仅举2例：

（1）全楼各处分布的大小空调机房302个，原设计没有提供（设计）平面图、剖面图、透视图。不符合GB 4.7.7条、4.7.8 条、4.7.9 条，以及 SH 4.7.6.1条、4.7.7 条的规定。

（2）“给水管系统图-1-3”（图号为P-2101-2103）、“排水管系统图-1-3”（图号为P-2105-2107）、“消火栓系统图-1-2”（图号为 F-1001-1002）“喷淋系统图-1-2”（图号为F-1003-1004）、“冷却循环水系统图”（图号为P-2108）原设计仅提供原理图。不符合GB 4.6.18.2条以及SH4.4.18 条的规定。

SWFC工程的实施中原设计院提供的施工图“设计深度不足”使得施工单位现场进行的施工图深化设计工作量剧增并成为工程初期影响施工进度的瓶颈。

业主工程师审图无序，越过总包指挥分包，变更指令频繁/混乱。起初，由于业主方来自日本的现场审图工程师各自为政，专业间缺乏完整的协调机制；如机电设备审图工程师直接指示分包修改设计，该分包按业主某专业审图工程师的意见修改后其他专业工程师又发新指令再次修改，造成了反反复复的修改工作。由于原设计的图纸上的缺陷太多，随着设计及深化设计工作的深入，问题不断暴露，业主工程师不得不频繁地提出设计修改、变更指令，要求总包和分包弥补原设计缺陷，造成施工图设计及深化设计工作反复和管理指令系统紊乱（图7）。

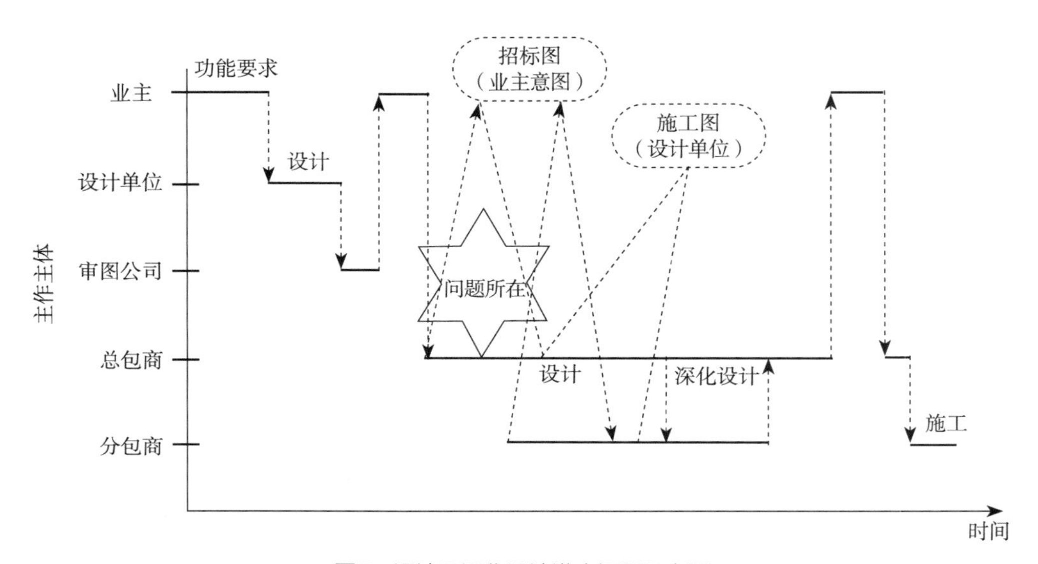

图7　设计及深化设计进度问题示意图

2. SWFC工程施工图及深化设计改进措施

为高效地解决上述问题，总包方主动向业主提出两项建议：①要求业主方通知原设计单位向现场派驻设计小组，根据项目的施工进度需求及时处置原设计的问题；②业主工程师、原设计人员和总包、分包的设计人员共同参与，把业主的要求，不论是招标图上已标明的还是新的想法梳理清楚，全部整合到施工图（统一条件图）上，为深化设计提供一个统一平台，业主审图工程师也以此图为依据来审查总包和分包深化设计后的施工图。

要求业主工程师将施工图深化设计后的审图意见、变更尽量集中到一次发指令，在深化设计的审图流程中增加具有资质的设计审核单位的确认环节（图8、图9）。

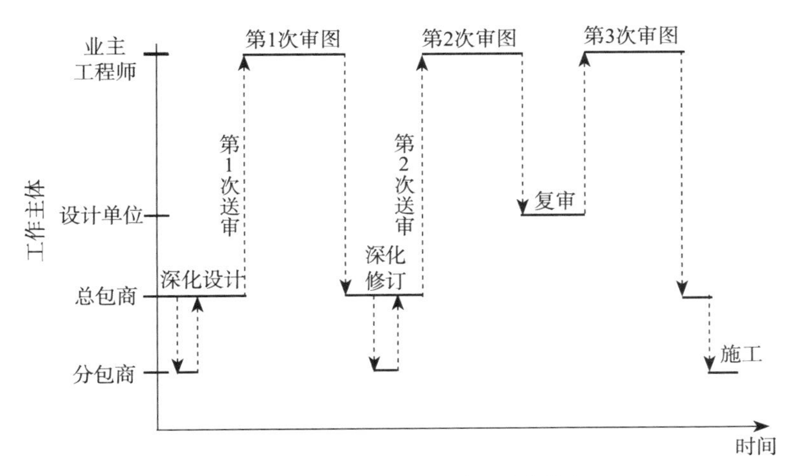

图8　施工图深化设计报审程序优化图

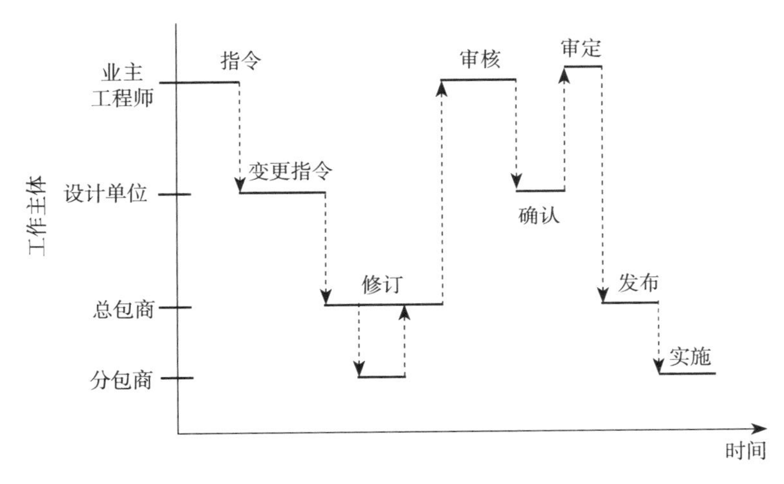

图9　变更程序优化图

3. SWFC总承包商的施工图及深化设计管理模式

1）SWFC工程施工图及深化设计的组织结构

分工明确、职责清晰的组织结构是施工图及深化设计工作得以顺畅推进的前提条件。SWFC工程的施工图及深化设计管理中，总承包商建立了由设计经理牵头，工程管理部、设计协调部和机电工程部分工协作的组织结构（图10）。

整个项目的施工图及深化设计工作由项目总经理领导，总工程师和相关项目副经理协助管理。设计经理是施工图及深化设计工作的牵头人和总协调人，分管整个项目的施工图及深化设计业务。工程管理部、设计协调部和机电工程部与设计有关的业务在设计经理的

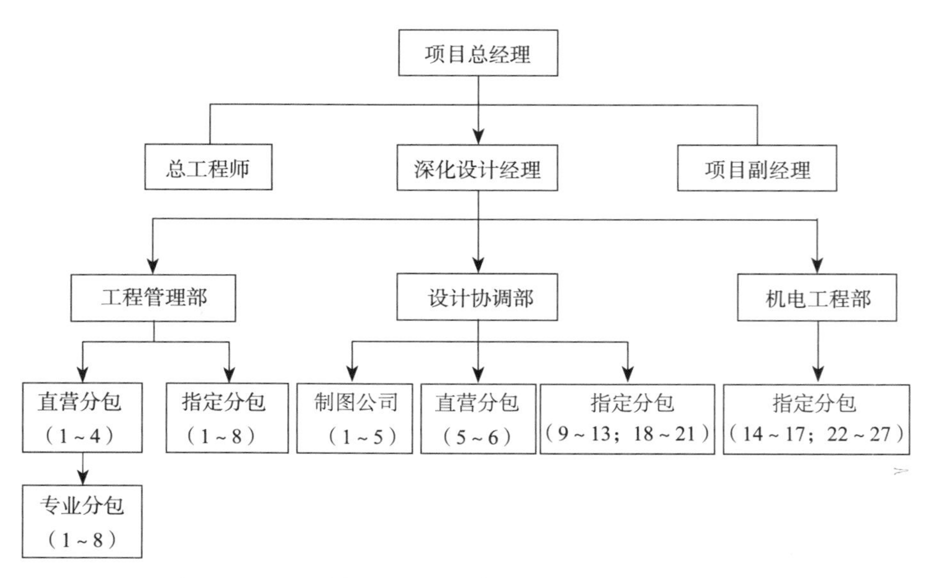

图10　深化设计组织结构图

指挥下进行监督、指令、协调相关分包商的施工图设计及深化设计工作，并且督促各家分包商按照总承包商的设计组织构架体系配置相应的责任人和设计人员，使本项目的设计管理工作有序进行。

设计管理的组织架构是否有效、合理取决于各部门和各岗位的分工是否明确。该工程的施工图专业设计及深化有46家分包商参与，分工明确的含义就是每一家分包商必须明确自己承担的设计及深化设计标段的具体内容（表2）。

各分包商深化设计标段内容明细表　　**表2**

序号	公司名称	深化设计标段内容
1	直营分包1	B2（部分）、13F～23FDE等装饰设计与安装
2	直营分包2	1F～3F、4F～12F等装饰设计与施工
3	直营分包3	1F～3F、36F～51F装饰设计与施工
4	直营分包4	部分内装饰设计与施工
5	指定分包1	客房、宾馆层79F～84F装饰设计与安装
6	指定分包2	客房、宾馆层79F～84F装饰设计与安装
7	指定分包3	客房、宾馆层79F～84F装饰设计与安装
8	指定分包4	地下与裙房部分装饰设计
9	指定分包5	餐厅装饰设计与施工
10	指定分包6	会议厅装饰设计与施工

续表

序号	公司名称	深化设计标段内容
11	指定分包7	餐饮厨具设备设计及制作
12	指定分包8	幕墙工程施工及设计
13	制图公司1	2F~6F主楼模板图
14	制图公司2	裙房2F~5F建筑结构深化设计
15	制图公司3	界区深化设计
16	制图公司4	B1F、B2F、B3F装修部分深化设计
17	制图公司5	8F~101F的模板图、平详图、ALC板条件图
18	直营分包5	B1F~B3F、1F~4F等装饰设计
19	直营分包6	大楼钢结构
20	指定分包9	18台擦窗机的设计及安装
21	指定分包10	钢结构制作深化设计
22	指定分包11	3个烟囱的设计与安装
23	指定分包12	阻尼器的设计及安装
24	指定分包13	机械停车系统设计及安装
25	指定分包14	6F以下裙房、大楼客房等空调系统
26	指定分包15	6F以上各功能区的综合空调系统的深化设计
27	指定分包16	6F以下各功能区的综合空调系统的深化设计
28	指定分包17	大楼的电力、照明系统深化设计
29	专业分包1	防静电地板的设计与安装
30	专业分包2	AI，C板的设计与安装
31	专业分包3	钢质门的设计与安装
32	专业分包4	锁的设计与安装
33	专业分包5	轻钢龙骨的设计与安装
34	专业分包6	卷帘门的设计与安装
35	专业分包7	窗台板的设计与安装

2）SWFC工程的施工图及深化设计管理流程

总承包商根据主合同约定的深化设计工作内容绘制了深化设计管理的流程图（图11）。管理流程为保证深化设计过程中设计信息和图纸文件的顺畅传递提供明确的路径，有效地避免施工现场上机电管线之间的碰撞、机电与装饰的冲突以及结构图上的留洞错误和留洞遗漏等现象的发生，提供高质量的施工图。为有效地控制工程的工期、质量和成本提供保障。

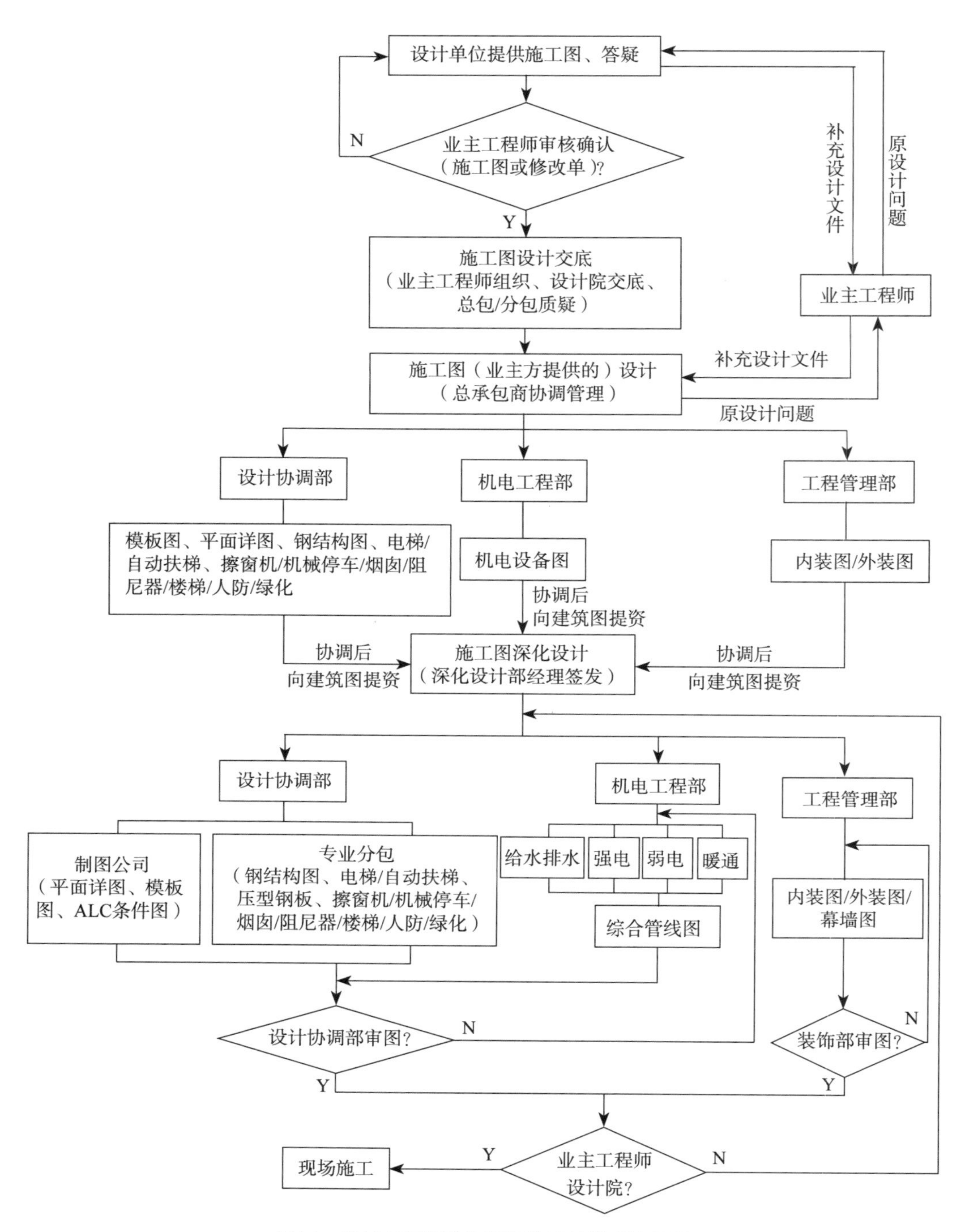

图11　SWFC项目施工图深化设计管理流程图

在工程总承包项目中，综合性的图纸文件由总承包商负责深化设计，如综合工作图（CWD），而其他专业图的深化工作，如模板图、建筑图、综合管线图（CSD）等一般按照“谁施工谁深化”的原则由分包商负责。在SWFC工程中的分项工程种类众多，一个分项工程也许仍然需要多家专业分包商的合作才能提供足够的施工能力，专业分包商下面还有材料供应商、特殊构件加工和制作商等，他们都要参与到深化设计的过程中。从分包商的构成看，有业主指定分包商、总承包商企业的直营分包商（即企业的专业化子公司）和直接分包商。指定分包商是业主指定并与总承包商建立合同关系的分包商，与业主有特殊利益关系。直营分包商是总承包商合同范围内工程的分包商，在合同层面上他们是总承包商的利益共同体。这些错综复杂的利益关系为深化设计工作的组织管理带来很多不确定性和干扰因素。因此，深化设计的协调需要根据项目的具体特点和分包商的实际情况制定相应的管理流程。如前所述，SWFC工程由于原设计深度不足给总包的深化设计工作造成了很多困难。经过近一年的探索，才形成了符合项目实际需求的深化设计管理流程。

（1）施工图交底

由业主工程师组织原设计单位对施工图进行交底，总包和分包就原施工图提出疑问，明确存在的问题。

（2）施工图设计的协调管理

因为原施工图设计深度不够，总承包商要协调业主工程师和各专业分包解决设计阶段遗留下来的问题及未完工作，并建立施工图深化设计的统一信息（提资）平台。具体内容包括：

①根据业主工程师认可的设计院提供的施工图（含业主指示书、设计变更通知等），由建筑专业整理、消化，融入到建筑图设计中。

②各专业（如钢结构、机电设备、幕墙等）依据设计院提供的施工图同时开始深化设计，在此过程中提出的专业之间的碰撞、缺漏问题，由深化设计协调部初步协调后向建筑图设计提供信息（提资）。

③建筑专业工程师将其他各专业提供的信息（提资）进行整合，深化设计协调部对此过程中出现的矛盾、问题进行协调，形成深化设计的“统一条件图”。

（3）施工图深化设计

①总包建筑图的深化，装饰分包的内外装饰图纸的深化、钢结构、幕墙及其他专业的深化设计。

②深化设计过程中各专业互相协调、提资，其中建筑图、结构图须整合所有专业的预留、预埋信息形成设备与土建综合协调图。

③各分包的深化设计图与建筑图、结构图、内装图等综合协调，进行管线调整并形成

设备综合协调图。

（4）按图施工

施工图深化设计完成后，由设计协调部报业主审核确认，之后分发各分包商作为现场施工的依据。

案例小结

一、施工图及深化设计的管理方法

运用技术、经济、管理、组织等措施对施工图及深化设计的进度、质量、成本、合同、信息等方面进行管理。

1. 施工图及深化设计的进度管理

深化设计的进度会影响到整个项目的工期，设计未完成施工就不能进行，其后果就是造成工期的拖延。为了保证设计的正常进度，通常可以采取以下措施：

各专业深化设计部门根据总承包商指定的工程施工总进度计划编制各专业的出图计划，经总承包商协调、审核、批准后执行。

所有分包商严格执行总承包商的出图计划，并提交进度报告。遇到问题应尽早向总承包商报告，以便总承包商及时协调相关方。

2. 深化设计的质量管理

施工图深化设计的质量在一定程度上决定了整个工程的质量，同时设计质量的优劣直接影响工程项目能否顺利施工，并且对工程项目投入使用后的经济效益和社会效益也将产生深远的影响。总承包商为提高设计质量，通常可以采取以下措施：

编制设计质量保证文件，经业主确认后发布，以此作为各专业工作组和分包商开展工程设计的依据之一。

根据原设计要求对设计文件的内容、格式、技术标准等作统一规定，设计人员严格按照这些规定编制设计文件。

层层把关，全面校审。分包商将深化后的图纸提交设计项目经理审核，设计项目经理部再将深化图纸提交项目总工程师审核，最后提交业主工程师进行审定。

设计的变更及时形成书面备案，并通告相关专业，在协调的过程中进行技术监督。

3. 施工图及深化设计的成本管理

在大多数合同中，总承包商或专业分包商的施工图及深化设计费用一般包含在工程总价中，项目的设计部门要尽量降低设计成本，加强对施工图及深化设计成本控制的管理。通常总承包商将审定的成本额和工程量先行分解到各专业，然后再分解到分包商。在设计过程中通过多层次管理实现成本控制的目标。

总承包商在投标前，仔细审查招标文件中的业主要求，确认设计标准和计算的准确性，避免在后期的设计和施工中出现偏差。

在深化设计阶段对分包商采取限额设计或优化设计措施。

设计过程中在执行业主的变更指令或修改原始设计错误时，及时办理相应索赔手续。

4. 深化设计的合同管理

FIDIC规定，无论承包商从业主或其他方面收到任何数据或资料，都不应解除承包商对设计和工程施工承担的职责。因此，承包商在投标阶段应对业主的招标工程范围、技术要求以及工程量清单等资料进行仔细的分析研究，避免由招标条件模糊造成的失误。

选派经验丰富的专家认真研究招标文件的内容及附件，在总承包合同中明确设计深度以及由设计变更造成的责任承担问题，并确定完成设计工作的方法和保证设计目标实现的措施。

选派管理和施工经验丰富的专家主持合同条件谈判，尤其是合同特殊条款的制定谈判。在与业主签订合同前对可能发生变化的内容，尽可能在合同中予以明确或限定，以便中标后可以获得变更补偿的机会。

合同签订以后，组织相关人员对合同及附件中的内容要求进行仔细的对比，如果已超出原投标范围或改变原来专业技术要求，应及时与业主方洽商处理程序和办法。

5. 深化设计的信息管理

在工程总承包项目中因其专业和设计数量庞大，为了适应设计过程中难免会出现多次变动和反复修改，需要对深化设计系统进行信息管理。

对项目参与各方之间有关深化设计的所有文件进行管理，如设计变更、深化图纸的鉴定等。这些文件反映了图纸深化的各个过程，有利于深化设计的责任界定和索赔管理。

对深化图纸的管理。对经总承包商批准的各专业深化图纸进行归档，编制深化图纸目录文件，发送有关部门以便对深化图纸进行查询。

二、SWFC项目的施工图深化设计管理启示

1. 重视招标阶段的文件审核，认真评估施工图深化设计内容

国外的设计师事务所通常是以建筑专业为主导、其他专业协作的设计组合体；因此，境外设计师事务所提供的施工图仅是指导性的，而且对各专业图纸之间的协调很少，仅在重点部位、关键性构造等方面有比较详细的分解节点详图和说明。境外设计师事务所设计的施工图可以达到工程招标的要求，但是与国内设计院一次性完成到基本上可以施工的设计体制有很大差异。例如，专业性的详图、不影响系统和标准的深化图、制作图、安装图

以及特殊专业图等；国际工程的业主认为这些都是应该由承包商完成的内容，还需要将各类设计原则、材料、施工工法以及各项性能指标等统统放入在“工程手册”中加以说明。特别是在海外工程建设项目中，由于不同国家的文化背景、建设管理体制和施工惯例有差异，反映在“工程手册”中所叙述的工艺、施工工法以及图纸的表达方式及深度等也会不同。

另外，国外设计师事务所完成初步设计与国内设计单位完成的施工图设计到总承包商完成的施工图深化设计，因为不同的文化和工作惯例，设计和施工之间协调的工作量很大。所以应在合同条款中明确业主设计图纸的设计深度是概念性、指导性的还是实施性的，并明确承包商完成的施工图纸的设计深度和设计责任范围、工作的处理程序和方式。

2. 修订不利于设计施工一体化的规定

工程总承包项目是以设计为主导的系统工程，设计、采购、施工、调试和验收的合理交叉有利于保证工程质量、缩短建造工期和降低工程造价。从发达国家通行的工程总承包管理模式看，我国现行对设计阶段的划分和设计审批程序不仅不利于与国际工程建设的要求接轨，施工单位不能进行设计的规定也已经不符合大型建设项目的实际需求和大型施工企业的能力水平。解决上述阻碍应该建立设计管理的新体制，取消现行的阻碍工程总承包发展的与设计相关的审批规定。

3. 中标后深入理解设计意图、功能要求以及设计标准

自20世纪 90年代以来，我国房屋建筑领域已经建成的或在建的高层和超高层建筑中国外设计的项目比较多，尤其是超高层建筑几乎都是请国外的设计师事务所设计的。投资建造一座超高层的建筑需要巨额资金，为了提升建筑物的附加值，开发商委托国际上著名的设计师事务所或设计师进行设计，以实现建筑物外观和结构的新颖独特、节点精致可靠、机电设备系统先进、使用舒适度高等特点。但是，开发商在考虑项目投资回报率的时候仅仅关注在工程设计上追求完美和超值，而对工程设计变成建筑产品方面的投入不足。总承包商通过深化设计管理可实现设计和施工的融合、提升项目价值。从本工程项目的实践看，深化设计的最终成果是经过设计、施工（安装）与制作加工三者充分协调后形成的，需要得到业主方、原设计方和总包方的共同认可。因此，在深化设计管理中需要考虑很多影响因素。首先，需要领会原设计意图和理解原设计提供的“工作手册”，并在正确理解原设计的基础上，根据国家和地方性规范和规程以及施工习惯、施工装备等条件进行深化设计。其次，理解总承包合同中约定的指示和要求，根据工程的标准和特性明确深化设计图的表达方式、深度要求以及深化图的审批确认流程。在深化设计中，有些内容在合同中并没有具体规定，需要业主方和承包方在具体实施过程中逐步确定。有时候业主方高层领导、业主工程师等的个人偏好，总承包方或者分包商的施工习惯和施工工法等因素都有可

能影响到深化设计；所以，可以组织分包商和项目相关人员制定实施规划方案。此外，可以聘请方案设计方做顾问，以便贯彻设计单位的原设计意图，规避由于理解错误而造成承包商的成本和责任风险。

4. 施工图深化设计的协调管理

从目前我国大型房屋建筑工程实践看，业主对工程总承包的集成管理优势的认识以及对承包商的总承包能力的信任还需要一个过程，施工图深化设计内容的增加反映了从施工总承包向工程总承包过渡的客观要求和必然趋势。一些分部分项工程，如机电工程、装饰工程和幕墙工程等已采用EPC总承包的运作模式，深化设计协调管理将成为我国建筑企业从施工总承包向工程总承包转变时必然要经历的总承包能力培育过程。因此，在工程总承包市场成长初期，总承包商积极探索，并形成能够适应工程总承包项目深化设计的协调管理方式，具有重要的实践价值。

习惯于施工承包或施工总承包的承包商往往对工程总承包项目实施需要的设计工作认识不够，项目部组建时容易出现设计管理力量配备不足的问题。因此，承包商在和业主签订了总承包主合同以后对施工图及深化设计的具体工作内容需要进行充分评估，明确设计任务的承担者和组织管理体系。

专业分包商是专业施工图及深化设计具体工作的主要承担者，总承包商如果要按照“谁施工谁负责”的原则明确分包商的施工图及深化设计责任，需要做好两方面的准备工作。其一，在项目分包实施时注意各标段在设计和施工任务上的匹配性；其二，各专业分包之间的设计交叉。如装饰工程的深化设计中可能会涉及机电或混凝土结构、钢结构的深化设计改变，如果该专业分包商没有相应的设计力量，而外包又因为设计量小而不容易实施，势必造成深化设计受阻或者反复修改的现象。

在项目实施现场，深化设计工作的管理实际上是业主代表、总承包项目部和专业分包商之间协调沟通的核心内容，尽管深化设计的最终结果由业主工程师审核确认，结构图须整合所有专业的预留、预埋信息形成设备与土建综合协调图。

三、需要进一步思考和研究：设计施工一体化的障碍及对策

施工总承包企业转型为工程总承包企业，必须对工程总承包项目成本的影响因素有全新的认识，把握成本波动的关键环节。影响建设项目成本的因素主要是设计，其次才是建造。“肥梁胖柱”现象出现的原因就是施工企业没有能够充分认识到设计对建造成本的影响。例如，在某工程总承包项目中，施工企业从市场上聘请一家设计企业完成该项目的设计任务，设计方只考虑质量和美观，不考虑造价，设计图纸得到业主的充分认可，可是远远超出了总承包商的预算。设计按量取费的行规更加激励了设计方更加愿意增加造价而不

是控制成本。

在设计阶段，设备和主材的选型、工艺流程的选择等因素对建造费用有极大的影响；建造阶段的费用产生主要表现在施工设备、施工工艺、项目共享资源体系等方面的建立和运行上。尽管总承包商能够通过对以上各项工作的精心策划和严格管理降低费用、创造利润，但是与设计阶段的优化所产生的价值不可比拟。因此，设计施工一体化的成本控制和利润产生的关键首先应该是构建设计为施工而优化的激励机制。

EPC 工程总承包在房屋建筑领域推行的障碍因素很多，比如业主认可程度、管理体制因素、总承包商自身素质问题等。但是在EPC工程总承包项目的具体实施过程中，设计和施工难以一体化，在操作层面的主要障碍是没有能够形成一套符合建设市场现状的利益或者说效益的分配机制。目前建筑市场上，设计方群体（设计师）和施工方群体（建造师）的绩效评价和薪酬水平主要表现出以下两个特征：

（1）设计师的市场价值远远高于建造师的市场价值；换言之，设计师的工资水平远远高于建造师的工资水平（这里指从事设计的人员和从事施工的人员的平均水平）。

（2）缺乏对设计师降低造价贡献的评价和激励机制。

根据SWFC项目的经验，可以根据现行的市场价值确定设计师薪酬：设计师的工资=基薪+优化设计降低的建造成本提成。例如，在SWFC项目上中建八局设计院承担SWFC强电设计提成条款取得了很好的效果，具有推广意义。

参考书目

[1] 德鲁克．卓有成效的管理者［M］．许是祥，译．北京：机械工业出版社，2009.

[2] 德鲁克．管理的实践［M］．齐若兰，译．北京：机械工业出版社，2019.

[3] 泰勒．科学管理原理［M］．马风才，译．北京：机械工业出版社，2021.

[4] 马斯洛，斯蒂芬斯，海尔．马斯洛论管理［M］．邵冲，苏曼，译．北京：机械工业出版社，2021.

[5] 林洙．困惑的大匠：梁思成［M］．济南：山东画报出版社，1997.

[6] 宋志平．经营制胜［M］．北京：机械工业出版社，2021.

[7] 戴明，奥尔西尼．戴明管理思想精要：质量管理之父的领导力法则［M］．裴咏铭，译．北京：金城出版社，2019.

[8] 刘宝红．采购与供应链管理：一个实践者的角度［M］．北京：机械工业出版社，2019.

[9] 辛童．采购与供应链管理：苹果、华为等供应链实践者［M］．北京：化学工业出版社，2018.

[10] 刘宝红．供应链管理 高成本、高库存、重资产的解决方案［M］．北京：机械工业出版社，2016.

[11] 顾祥柏．建筑供应链运营管理［M］．北京：中国石化出版社，2014.

[12] 周云．采购成本控制与供应商管理［M］．2版．北京：机械工业出版社，2014.

[13] 比尔·李，卡佐克．供应链变革：构建可持续的卓越能力与绩效［M］．王长军，译．北京：中国财富出版社，2012.

[14] 殷绍伟．精益供应链：从中国制造到全球供应［M］．北京：机械工业出版社，2016.

[15] 刘宝红．供应链管理：实践者的专家之路［M］．北京：机械工业出版社，2017.

[16] P.沃麦克，T.琼斯．精益思想［M］．沈希瑾，张文杰，李京生，译．北京：机械工业出版社，2015.

[17] 今井正明．改善［M］．战凤梅，译．北京：机械工业出版社，2017.

[18] P. 沃麦克，T. 琼斯，D. 鲁斯．改变世界的机器：精益生产之道［M］．余锋，张冬，陶建则，译．北京：机械工业出版社，2015.

[19] 莱克．丰田模式：精益制造的14项管理原则［M］．李芳龄，译．北京：机械工业出版社，2016.

[20] 大野耐一. 大野耐一的现场管理［M］. 崔柳，等译. 北京：机械工业出版社，2016.
[21] 蒋振盈. 采购供应链管理：供应链环境下的采购管理［M］. 北京：中国经济出版社，2015.
[22] 成丽，王其亨. 宋《营造法式》研究史［M］. 北京：中国建筑工业出版社，2017.
[23] 强茂山，王佳宁. 项目管理案例［M］. 北京：清华大学出版社，2011.
[24] 卢洁峰. 吕彦直与黄檀甫：广州中山纪念堂秘闻［M］. 广州：花城出版社，2007.
[25] 黎志涛. 中国建筑名师丛书：杨廷宝［M］. 北京：中国建筑工业出版社，2012.
[26] 江欢成. 中国工程院院士传记：江欢成自传 我的优化创新努力［M］. 北京：人民出版社，2017.
[27] B.斯图尔特，邱菀华. 价值工程方法基础［M］. 北京：机械工业出版社，2007.
[28] 丁士昭，杨胜军. 政府工程怎么管：深圳的实践与创新研究［M］. 上海：同济大学出版社，2015.
[29] 杨德昭. 怎样做一名美国建筑师［M］. 天津：天津大学出版社，1997.
[30] 陈耀东.《鲁班经匠家镜》研究：叩开鲁班的大门［M］. 北京：中国建筑工业出版社，2010.
[31] 汪晓茜. 大匠筑迹：民国时代的南京职业建筑师［M］. 南京：东南大学出版社，2014.
[32] 梁思成，陈占祥. 梁陈方案与北京［M］. 沈阳：辽宁教育出版社，2005.
[33] 单士元. 故宫营造［M］. 北京：中华书局，2015.
[34] 吴启迪. 中国工程师史：天工开物：古代工匠传统与工程成就：第1卷［M］. 上海：同济大学出版社，2017.
[35] 吴启迪. 中国工程师史：师夷制夷：近现代工程师群体的形成与工程成就：第2卷［M］. 上海：同济大学出版社，2017.
[36] 吴启迪. 中国工程师史：创新超越：当代工程师群体的崛起与工程成就：第3卷［M］. 上海：同济大学出版社，2017.
[37] 汪克，姜涌，刘克峰. 营建十书：走向中国建筑师全程业务［M］. 北京：北京出版社，2009.
[38] 中南建筑设计院股份有限公司. 建筑工程设计文件编制深度规定［M］. 北京：中国建材工业出版社，2017.
[39] 陈占祥，陈衍庆，王瑞智. 建筑师不是描图机器：一个不该被遗忘的城市规划师陈占祥［M］. 沈阳：辽宁教育出版社，2005.
[40] 林洙. 中国营造学社史略［M］. 天津：百花文艺出版社，2008.
[41] 董安邦，廖志英. 供应链管理的研究综述［J］. 工业工程，2002（5）：16-20.

[42] 王伟. 供应链概念的起源和发展研究［J］. 中国市场，2015（2）：76-78.
[43] 刘丽文. 供应链管理思想及其理论和方法的发展过程［J］. 管理科学学报，2003（2）：81-88.
[44] 包祖伟. 对日本企业开展全面质量管理的观察与思考［J］. 丝绸，1991（8）：9-10.
[45] 吴小婷. 基于PDCA的建筑工程施工项目质量评价及控制对策研究［D］. 南昌：华东交通大学，2024.
[46] 陈柯宏. 基于全面质量管理PDCA循环法的培训项目质量提升研究［D］. 大连：东北财经大学，2023.
[47] 张蓉. 基于PDCA循环的H电力公司碳资产管理体系应用研究［D］. 长沙：长沙理工大学，2024.
[48] 凌国良. 关于丰田生产方式的形成过程及在中国企业的应用研究［D］. 杭州：浙江大学，2005.
[49] 万长松. 丰田生产方式的产业哲学基础［J］. 自然辩证法研究，2006（12）：69-72；113.
[50] 周晓杰. 供应链管理［M］. 沈阳：沈阳出版社，2014.
[51] 胡建波，刘卫华，沈保华，等. 供应链管理［M］. 北京：清华大学出版社，2020.
[52] 黄玉桂，刘宇. 数智赋能华为供应链转型升级［J］. 内蒙古科技与经济，2022（20）：16-21.
[53] 徐梦迪，郭静雯. 基于海尔集团背景下供应链管理研究［J］. 中国储运，2023（3）：187-188.
[54] 冯禹丁. 联想供应链整合：最复杂的问答题［J］. 商务周刊，2007（Z1）：85-87.
[55] 王盛，金洋子. 房地产市场“双轨制”的历史与现状［J］. 上海房地，2013（4）：21-23.
[56] 王冰炎. 某建筑工程项目进度管理研究［D］. 成都：西南交通大学，2017.
[57] 崔星. 建筑工程项目中基于供应链管理的物料采购管理研究［D］. 杭州：浙江工业大学，2013.
[58] 李亚男. 供应链管理视角下施工企业物料采购研究［D］. 济南：山东建筑大学，2019.
[59] 刘春颖. 施工总承包商材料采购成本风险管控研究［D］. 南京：东南大学，2023.
[60] 邓晓梅，王圣龙，马长捷. DBB模式下建筑师负责制与我国工程监理制的效果比较［J］. 建筑经济，2017，38（8）：5-11.
[61] 陶亮. 建筑师负责制中的责权利关系比较研究：以行业标准合同为线索［J］. 南方建筑，2019（6）：67-70.

[62] 陶亮. 建筑师视角下的工程设计管理策略研究［D］. 广州：华南理工大学，2021.
[63] 姜涌，邓晓梅. 建筑师职能的国际比较与中国改革［J］. 中国勘察设计，2016（4）：45-55.
[64] 李正. 设计院牵头的EPC项目设计采购施工一体化管理应用探索［J］. 水电站设计，2024，40（1）：74-77.
[65] 王姝力. 基于供应链一体化的国际工程EPC项目采购管理研究［D］. 北京：清华大学，2017.
[66] 苑东亮. 工程项目建设材料采购项目化管理研究［D］. 西安：西安建筑科技大学，2011.
[67] 刘依然. 供给侧结构改革推动的建筑师负责制研究［D］. 南京：东南大学，2019.
[68] 方小六. 建筑工程质量管理：全过程造价控制及合同管理创新策略［J］. 房地产世界，2024（7）：100-102.
[69] 陈芳湖. EPC项目设计采购一体化的BIM技术应用研究［J］. 中国住宅设施，2023（10）：100-102.
[70] 李建聪. 河北港口集团：以集中采购推动管理变革［J］. 中国商人，2024（6）：108-109.
[71] 赵亚星，王红春. 基于AHP-灰色关联分析的建筑供应商选择［J］. 工程经济，2018，28（4）：63-67.
[72] 王红春，郭循帆，刘帅. 基于前景理论：TOPSIS的装配式建筑PC构件供应商选择［J］. 建筑经济，2021，42（9）：100-104.
[73] 王友国. 价值工程在新港龙庭项目建筑施工成本控制中的应用［D］. 青岛：青岛理工大学，2013.
[74] 黄婉意. 价值工程在建筑项目设计方案评价中的应用分析［J］. 设备管理与维修，2023（14）：160-162.
[75] 马士华，林勇. 供应链管理［M］. 6版. 北京：机械工业出版社，2020.
[76] 王丹. G时尚公司生产外包供应商选择与评价研究［D］. 上海：东华大学，2023.
[77] 胡晓敏. 基于区块链的大型建筑企业供应商绩效评价研究［D］. 北京：北京交通大学，2022.
[78] 容悦媚. 比迪特公司供应商评价优化研究［D］. 兰州：兰州大学，2018.
[79] 刘亚军. 试论汽车零部件供应商早期介入研发的必要性［J］. 内燃机与配件，2017（21）：87-88.
[80] 王洪亮. 全寿命周期价值工程在建设工程项目评标过程中的应用研究：以电梯实际评标过程为例［J］. 中国建筑金属结构，2013（8）：121.
[81] 张国勇. 价值工程在建筑工程管理中的应用［J］. 城市建设理论研究（电子版），2018（35）：57.

后语

市场经济条件下，建筑工程产品与其他商品在属性上没有多大差别，用户需要的仍然是产品性价比和提供产品全过程的服务质量，建筑工程承发包模式改革试图改变设计、采购、施工、运维分离的局面，对用户有清晰的产品责任人，建筑工程总承包企业管理研究应从行业现状出发，聚焦于企业提高产品质量与服务同时降低成本，从而实现高质量发展。

行业现状存在的产品质量（也称质量通病）、工期、投资等问题脱离设计，采购很难有根本的解决方案，所以，我们提出了“水土流失”现象及其治理方案，设计管理的重要性行业已有共识，但落地困难重重，根本原因在于采购与供应商管理方式以及对专项咨询价值的认识有待改进。在这个时间节点，我们将供应链采购管理理论与当下建筑工程总承包企业现状结合，提出采购管理变革，以解决企业降本增效面临的管理困境，但组织、流程、系统的变革要时间，考验的是企业决策层的决心、勇气和耐心。

采购管理变革之于工程总承包企业是一剂良药，可以解决我们降本增效的诸多问题，但由“小采购”到“大采购”的转变是巨大的，没有长期、大量的实践、总结、提升再实践，是很难完成的。

采购管理变革之于材料设备专业供应商是一个转型升级的良机，一方面，可以通过专注于产品性价比与上下游长期合作推动市场营销和企业发展，另一方面，对供应商的考核也提出一系列新的要求，特别是专业的深化设计、优化设计服务能力和新技术研发及运用能力将成为市场营销的核心推动力。在这样的环境下，产生众多可以传承、小而专的百年企业才有可能，行业生态因此而生机勃勃。

采购管理变革之于咨询服务企业，特别是众多的设计院从业人员长期远离采购、远离供应商、远离采购的“是是非非”，使我们对专业产品技术、性能、成本不熟悉，对服务质量至关重要的施工图设计深度，建筑产品性价比有难言之隐，可是市场经济下客户对产品的需求终将推动设计必须对产品的性价比负责。建筑师参与采购的供应商推荐、产品品质定义，并管理采购的落地，确认环节是建筑师对产品负责绕不开的环节，也因此改变建筑师的知识结构，实践能力，远离采购环节就远离了建筑工程生态的土壤，总承包、专业分包、材料设备供应商因建筑师有采购管理参与权而共生共成长。

采购管理变革之于业主，若业主像“附录一”中香港儿童医院的业主，通过专业咨询顾问用好“眼睛、嘴、鼻子和耳朵”，行使认可权，而不是动手亲自下场采购，这样明确总承包商的责任并约束其权力，验证产品过程质量，才是业主在采购管理中应有的地位、角色。而如何选择、信任、管理专业咨询顾问，仍是业主采购管理的主要内容。

采购管理变革之于法规制定者，改革是一个系统工程，当过去运行几十年的承发包方式需要改革时，涉及项目从立项、可行性研究、方案确定、初步设计、施工图到施工、竣工验收、决算审计、运维等原来较为完善、呈一个有机整体的有关规章制度是否也应有一些相应的改变？如果采购管理变革能促使行业效率大大提高、产品质量有根本性的改变（如基本杜绝房屋渗漏等）。相信各主管部门的政策制定者一定会与专业人士共同努力，因美好的目标而作出改变。

采购管理变革之于教育领域，设计、采购、施工、运维全过程形成了建筑工程产品的完整知识体系，并且在全生命周期的循环中不断总结提升并传承。采购、施工、运维Know-How不断反馈到设计中，不断反映到材料、设备、专业分包和总包的专业改进、提升中并被建筑师在设计中吸收，才能推动行业的进步。教育领域，当有了产品的全面的知识结构、认识，实践中不断积累的知识，总结应用于教育、人才培养。我国的建筑工程领域会因此而改变。

更新一代人对建筑产品的知识结构，让我们从改变对采购管理的认识开始。